Leitfäden der Informatik

Max Vetter
Objektmodellierung

Leitfäden der Informatik

Die Leitfäden der Informatik behandeln

- Themen aus der Theoretischen, Praktischen und Technischen Informatik entsprechend dem aktuellen Stand der Wissenschaft in einer systematischen und fundierten Darstellung des jeweiligen Gebietes.
- Methoden und Ergebnisse der Informatik, aufgearbeitet und dargestellt aus Sicht der Anwendungen in einer für Anwender verständlichen, exakten und präzisen Form.

Die Bände der Reihe wenden sich zum einen als Grundlage und Ergänzung zu Vorlesungen der Informatik an Studierende und Lehrende in Informatik-Studiengängen an Hochschulen, zum anderen an „Praktiker", die sich einen Überblick über die Anwendungen der Informatik(-Methoden) verschaffen wollen; sie dienen aber auch in Wirtschaft, Industrie und Verwaltung tätigen Informatikern und Informatikerinnen zur Fortbildung in praxisrelevanten Fragestellungen ihres Faches.

Objektmodellierung

Eine Einführung in die objektorientierte Analyse und das objektorientierte Design

Von Dr. sc. techn. Max Vetter, Zürich

B. G. Teubner Stuttgart 1995

PD Dr. sc. techn. Max Vetter, Dipl.-Ing. ETH Zürich

1938 geboren in Zürich. Von 1958 bis 1963 Studium der Chemie an der Eidg. Technischen Hochschule (ETH) in Zürich. 1964, nach erfolgter Diplomierung, Aufnahme der beruflichen Tätigkeit bei IBM in Basel. Daselbst in der Industrie während 10 Jahren mitverantwortlich für Entwurf und Realisierung technisch-wissenschaftlicher, kommerzieller sowie produktionssteuernder Datenbankanwendungen. Von 1973 bis 1978 Forschungs- und Lehrtätigkeit am European Systems Research Institute (ESRI) der IBM in Genf und La Hulpe, Brüssel. 1976 Promotion und 1982 Habilitation an der ETH in Zürich mit Arbeiten auf dem Gebiete der Anwendungsentwicklung und der Datenmodellierung.
Im Rahmen von Beratungs- und Lehrverpflichtungen zahlreiche Aufenthalte in 20 Ländern auf 4 Kontinenten (unter anderem an den IBM Systems Research Institutes in Itoh/Japan und Rio de Janeiro, an den IBM Systems Science Institutes in London, New York und Tokyo, an den IBM-Laboratorien in Santa Teresa und Palo Alto, Kalifornien, am IBM Africa Institute an der Elfenbeinküste sowie bei den IBM Niederlassungen in Istanbul und Tel Aviv).
Seit 1979 Berater und Dozent für Anwendungsentwicklung im allgemeinen sowie für Daten- bzw. Objektmodellierung im besonderen bei der IBM Schweiz in Zürich. In dieser Funktion wiederholt an der Konzeption von globalen Datenmodellen für Banken, Behörden, Fabrikationsunternehmungen, Transportunternehmungen sowie Versicherungen beteiligt.
Zudem: seit 1982 Privatdozent für angewandte Informatik an der ETH Zürich sowie gelegentlich Lehrbeauftragter am Institut für Informatik der Universität Zürich und an der Abteilung für Militärwissenschaften der ETH Zürich.
Seit 1994, nach 30 Jahren in Diensten der IBM, unabhängiger Unternehmensberater.
Zahlreiche, zum Teil in mehrere Sprachen übersetzte, in Brailleschrift sowie in Form von Video- und CD-ROM-Aufzeichnungen erhältliche Publikationen auf dem Gebiete der Anwendungsentwicklung sowie der Daten- bzw. Objektmodellierung.

Die Deutsche Bibliothek – CIP-Einheitsaufnahme

Vetter, Max:
Objektmodellierung : eine Einführung in die objektorientierte Analyse und das objektorientierte Design / von Max Vetter. – Stuttgart : Teubner, 1995
(Leitfäden der Informatik)
ISBN 978-3-519-02143-8 ISBN 978-3-322-94690-4 (eBook)
DOI 10.1007/978-3-322-94690-4

Gesamtherstellung: Zechnersche Buchdruckerei GmbH, Speyer
Einband: Peter Pfitz, Stuttgart

Vorwort

Mit dem *objektorientierten Ansatz* sind nach Auffassung zahlreicher Fachleute signifikante Verbesserungen bei Entwurf, Realisierung, Test und Wartung von Anwendungen zu erzielen. Viele prophezeien dem Ansatz eine grosse Zukunft und sprechen von der Methodik der 90er Jahre schlechthin. Was unterscheidet diesen so vielversprechenden Ansatz von der in meinen früheren Publikationen[1] vorgestellten *datenorientierten Vorgehensweise*?

Bei der *datenorientierten Vorgehensweise* konzentriert sich das Interesse zunächst auf Objekte der Realität. Die Ermittlung von Funktionen (Tätigkeiten) wird erst dann in Angriff genommen, nachdem besagte Objekte bestimmt sind und im Sinne eines Leitbildes modellmässig zur Verfügung stehen. Zu rechtfertigen ist dieses Vorgehen mit der kaum zu widerlegenden Tatsache, dass die für eine Unternehmung relevanten Objekte nicht nur leichter zu erkennen sind als Funktionen, sondern in der Regel auch eine längere Lebensdauer aufweisen als diese (für eine Unternehmung werden *Kunden, Lieferanten, Mitarbeiter, Produkte, Produktionsmittel* etc. mit Sicherheit auch in Zukunft von Bedeutung sein).

---

[1] Vetter M.: Aufbau betrieblicher Informationssysteme mittels objektorientierter, konzeptioneller Datenmodellierung. B.G. Teubner Stuttgart

Vetter M.: Strategie der Anwendungssoftware-Entwicklung (Methoden, Techniken, Tools einer ganzheitlichen, objektorientierten Vorgehensweise). B.G. Teubner Stuttgart

Genauso verhält es sich beim *objektorientierten Ansatz*. Dieser erfreut sich wie erwähnt einer zunehmenden Beachtung und hat aus gewichtigen Gründen einen kaum aufzuhaltenden Siegeszug angetreten. E. Denert[1] äussert sich dazu wie folgt: *"In der Vergangenheit war die Betrachtung eines DV-Systems sehr stark durch das Denken in Funktionen geprägt. Das rührt sicher auch daher, dass das Entwickeln von Software als Schreiben von Programmen gesehen wird, und ein Programm realisiert eben eine oder auch mehrere Funktionen. In den 80er Jahren haben die Daten zunehmend stärkere Beachtung erfahren. Indiz dafür ist die hohe Bedeutung, die man Datenmodellen, relationalen Datenbanken, Data Dictionaries, der Datenadministration u.ä.m. beimisst. Beide Sichten - die funktions- wie die datenorientierte - haben natürlich ihren Sinn, aber sie vermitteln jeweils nur einen einseitigen und somit unvollständigen Blick auf ein System. Von daher ist eine Methode, deren Wesen in einer organischen Verbindung von Daten und Funktionen liegt, genau das Richtige. Und so ist es bei der objektorientierten Methodik".*

Damit ist angedeutet, dass der *objektorientierte Ansatz* insofern über die *datenorientierte Vorgehensweise* hinausgeht, als Daten zusammen mit den darauf operierenden Funktionen als Modellierungskonstrukte aufzufassen sind. Aber noch einmal: Dies ändert nichts an der Tatsache, dass sich beide Ansätze zunächst an den Objekten der Realität und erst anschliessend an den Funktionen orientieren.

Das vorliegende Werk führt in die *objektorientierte Analyse* und das *objektorientierte Design* ein. Ich erhebe nicht den Anspruch, dass das dargelegte Vorgehen in jedem Falle angebracht ist. Für Wirtschafts- und Verwaltungsprobleme ausgelegt, orientiert sich das Vorgehen in erster Linie an den im Rahmen einer Anwendung zu produzierenden Ergebnissen (d.h. Bildschirmausgaben, Listen, Formularen, Belegen, etc.). Es versteht sich, dass dabei auch *ganzheitliche Gesichtspunkte* beachtet werden. *Ganzheitlich* bedeutet in diesem Zusammenhang, dass die Entwicklung von Anwendungen kooperativ - also mit Beteiligung von Führungskräften, Sachbearbeitern und Informatikern - erfolgt, und dass die entwickelten Lösungen allesamt in ein von der Geschäftsleitung verabschiedetes, von den Unternehmungszielen abgeleitetes Gesamtkonzept passen.

Leser meiner vorerwähnten Publikationen werden sich wundern, im vorliegenden Werk ein eigentliches Plädoyer für den *objektorientierten Ansatz* vorzufinden. Hat hier ein vehementer Verfechter des *datenorientierten Ansatzes* das Lager gewechselt? Die Frage ist insofern zu verneinen, als ich den datenorientierten

---

[1] Denert E.: Software-Engineering. Springer-Verlag, 1991, ISBN 3-540-53404-0 und ISBN 0-387-53404-0

Ansatz gewissermassen als Vorläufer des objektorientierten Vorgehens einstufe. Tatsächlich ermöglicht letzteres eine äusserst sinnvolle Ergänzung eines bewährten, mittlerweile vielerorts praktizierten Vorgehens[1].

Die Arbeit wendet sich entsprechend der Bestimmung der Teubner-Reihe *Leitfäden der angewandten INFORMATIK* in erster Linie an Praktiker wie Analytiker, Programmierer, Organisatoren und andere, die nach Hilfsmitteln zur Lösung von Problemen der täglichen Praxis Ausschau halten. Aber auch dem Fachmann eines anderen Gebietes, der sich mit Problemen der Datenverarbeitung beschäftigen muss, selbst aber keine Fachinformatik-Ausbildung besitzt, soll damit praxisrelevantes Wissen vermittelt werden.

Beim flüchtigen Durchblättern des Werkes fällt auf, dass es sich in der Aufmachung gegenüber andern Werken stark unterscheidet. So sind aussergewöhnlich viele Abbildungen sowie speziell markierte Texte, Hinweise, Definitionen wie auch Fragen und Übungen vorzufinden. Dies hat seinen guten Grund: Zum einen vermag ein Bild bekanntlich sehr oft mehr auszusagen als tausend Worte, zum andern soll das Werk vor allem für Schulungszwecke zum Einsatz gelangen. Ich bin nicht zuletzt aufgrund eigener Erfahrung überzeugt, dass die gewählte Aufmachung dem Lehrenden die Vermittlung und dem Lernenden das Verständnis der Materie erleichtert. Im übrigen ist darauf hinzuweisen, dass die Firma *NETG Applied Learning GmbH*[2] die vorliegende Arbeit für Lehrkräfte und Vortragende auch in Form Elektronischer Folien auf CD-ROM anbietet.

Obschon das vorliegende Werk während meiner Tätigkeit als selbständiger Unternehmensberater zustande kam, bin ich mir sehr wohl bewusst, dass ich meine Erkenntnisse mir wohlgesinnten Kollegen und Vorgesetzten aus der Zeit meiner früheren IBM-Tätigkeit zu verdanken habe. Stellvertretend für viele Kollegen sei hier Markus Birsfelder genannt, der mich in entgegenkommender und uneigennütziger Weise unterstützt und beraten hat.

Was meine ehemaligen Vorgesetzten anbelangt, so habe ich den leider viel zu früh verstorbenen, ehemaligen General-Direktor der IBM Schweiz, Herrn R. Strüby, sowie die Herren E. Marzorati, A. Butti, H. Vollmar und F. Neresheimer

---

[1] Eine kürzlich von der Universität Lausanne bei über 200 wichtigen Schweizer Unternehmungen durchgeführte Umfrage attestiert dem *datenorientierten Vorgehen* eine Spitzenstellung hinsichtlich Verbreitung in der Schweiz (siehe *io* Management Zeitschrift 60 (1991) Nr. 5).

[2] In Deutschland: Siemensring 54, D-47877 Willich, Tel. 0 21 54/929-3
In Österreich: Rainergasse 1, A-1040 Wien, Tel. 0222/505 17 78
In der Schweiz: Webereistrasse 47, CH-8134 Adliswil/Zürich, Tel. 01/709 02 02

in besonderem Masse in meinen Dank einzuschliessen. Den banalen Grundsatz beachtend, wonach einer Ernte immer auch eine Saat voranzugehen hat, haben die genannten Herren wiederholt wenig lukrative Phasen in Kauf genommen, mir erlaubend, zu neuen Erkenntnissen zu kommen und Begeisterung zur Sache zu erlangen. Begeisterung aber - und damit halte ich mich an Worte des vorerwähnten Herrn R. Strüby - *"Begeisterung ist eine Eigenschaft, die inspiriert, die Hoffnung schafft und Freude erzeugt. Wenn der Glaube Berge versetzen kann, dann lässt die Begeisterung Berge überwinden".*

Bliebe noch darauf hinzuweisen, dass die vorstehend genannten Herren wiederholt dafür gesorgt haben, dass ich meine Ideen auf internationaler Ebene durch Fachgremien überprüfen und bereichern lassen, sowie an praktischen Fällen ausprobieren konnte. Allerdings muss korrekterweise gesagt werden, dass ich nachstehend meine persönliche Meinung vertrete. Die Ausführungen sind also nicht im Sinne einer Stellungnahme oder gar Ankündigung der IBM (meinem ehemaligen Arbeitgeber) aufzufassen.

Zürich, im Herbst 1994

M. Vetter

Inhalt

1. Einleitung

In diesem Kapitel wird der Leser mit dem *Objektbegriff* vertraut gemacht. Er erfährt, dass im objektorientierten Umfeld Gesetzmässigkeiten zur Anwendung gelangen, die sich in der Natur seit Jahrmilliarden bewährt haben. Nachdem einige wichtige Unterschiede zum konventionellen Vorgehen zur Sprache gekommen sind, wird - vorerst noch ohne Begründung - dargelegt, welche Vorteile mit dem objektorientierten Ansatz zu erzielen sind und wie sich dieser auf den Anwendungsentwicklungszyklus auswirkt. Abschliessend wird die Gliederung des Buches präsentiert.

Der Mensch ist im allgemeinen gut gefahren, wenn er bei der Lösung seiner Probleme Gesetzmässigkeiten beachtet hat, die sich in der Natur seit Jahrmilliarden bewährt haben. Was hat nun diese Feststellung im Zusammenhang mit der *objektorientierten Anwendungsentwicklung* zu bedeuten?

Eine objektorientiert realisierte Anwendung besteht in Analogie zur Natur aus Objekten, die aufeinander einwirken und damit bestimmte Verhaltensmuster in Gang setzen. Wir illustrieren diesen Sachverhalt im folgenden zunächst anhand der Funktionsweise von Zellen (Abb. 1.1) und erklären alsdann die Analogie zu *informationstechnologischen Objekten* (Abb. 1.2).

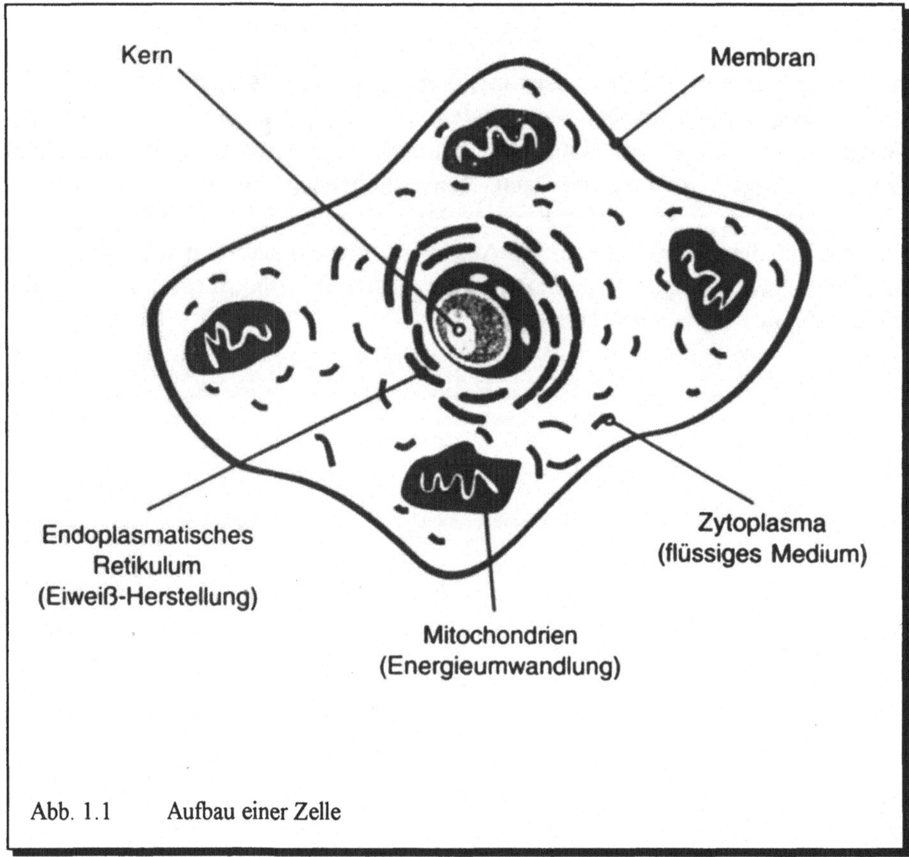

Abb. 1.1 Aufbau einer Zelle

Eine Zelle besteht gemäss Abb. 1.1 aus einer *Zellmembran*, welche die Zelle nach aussen abkapselt[1]. Im Zentrum befindet sich der als Informationsträger fungierende *Zellkern*. Darum herum gruppieren sich *Funktionen* zur Energieumwandlung (sog. *Mitochondrien)* sowie zur Eiweiss-Herstellung (sog. *Endoplasmatisches Retikulum*). Die Zellmembran ist in der Lage, von anderweitigen Zellen eintreffende *Nachrichten chemischer Art* zu empfangen und ins Zellinnere weiterzugeben, worauf die Zelle entsprechend reagiert. Eine Zelle versteckt also die innere Komplexität nach aussen und verkehrt mit dem übrigen Organismus über eine verhältnismässig einfache Schnittstelle.

Worin besteht nun die Analogie zu einem *informationstechnologischen Objekt*?

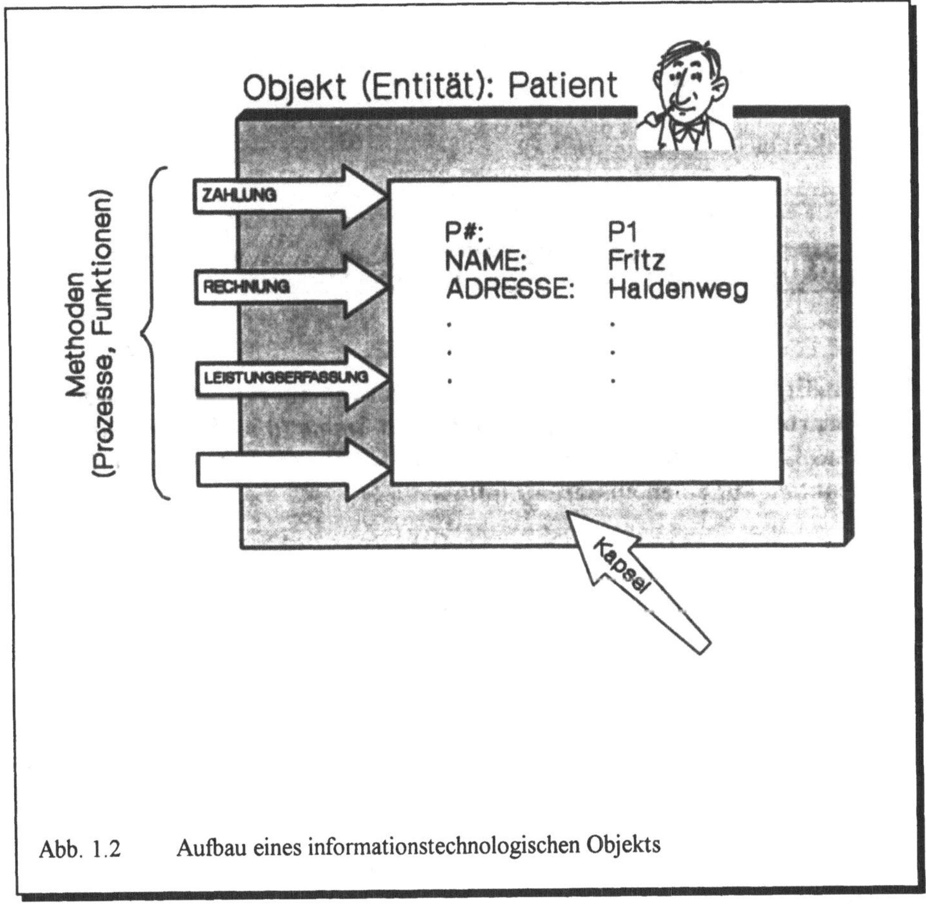

Abb. 1.2 Aufbau eines informationstechnologischen Objekts

[1] Das Bild ist dem lesenswerten Buch von Taylor D.A.: Objektorientierte Technologien (Ein Leitfaden für Manager), Addison-Wesley, 1992, entnommen.

Abb. 1.2 illustriert den Aufbau eines *informationstechnologischen Objekts*, einen der Realität angehörenden Patienten repräsentierend. Zu erkennen ist eine Kapsel, welche objektrelevante Daten wie *P#, Name, Adresse* nach aussen abschirmt. Die Abschirmung ist nur mit Hilfe von objektrelevanten Funktionen wie *Zahlung, Rechnung, Leistungserfassung* - normalerweise ist in diesem Zusammenhang von *Methoden*[1] oder *Services* die Rede - zu durchbrechen. Aus dieser Optik wird verständlich, warum ein Objekt mitunter auch als *Datenkapsel* bezeichnet wird und warum es - ähnlich einer Zelle - mit einer Blackbox zu vergleichen ist (die innere Struktur bleibt dem Anwender des Objekts verborgen).

Die Analogie zur Zelle geht aber noch weiter. So ist ein Objekt in der Lage, von anderweitigen Objekten eintreffende *Nachrichten* zu empfangen und mit objektrelevanten *Methoden* zu verarbeiten. Mithin weisen Objekte ein bestimmtes *Verhaltensmuster* auf, d.h. sie vermögen kraft der Einwirkung anderweitiger Objekte zu *agieren.*

Wir merken uns:

Ein informationstechnologisches Objekt[1]...

enthält abgeschirmte Daten sowie Methoden (Services) zu deren Verarbeitung. Die Daten bestimmen den *Status* (d.h. den *Zustand)* eines Objekts, die Methoden hingegen dessen *Verhalten* - also die Reaktion auf einen äusseren Einfluss.

[1] Weil aus dem Kontext in der Regel zu erkennen ist, ob von einem tatsächlichen, der Realität angehörenden oder aber einem informationstechnologischen Objekt die Rede ist, spricht man gemeinhin einfach nur von *Objekten.*

[1] Der Begriff *Methode* (griechisch: *methodos* = Weg zu etwas) umschreibt gemäss Lexikon ein planmässiges Verfahren zur Erreichung eines bestimmten Zieles. Beim objektorientierten Vorgehen ist mit dem Begriff *Methode* aber eine Abfolge von Operationen gemeint. Wird der Begriff *Methode* in der objektorientierten Welt demnach falsch verwendet? Wir meinen nein, wird doch mit einer *Methode* tatsächlich ein Weg festgelegt, um zu bestimmten Daten eines Objekts zu gelangen.

Zum konventionellen Vorgehen besteht gemäss Abb. 1.3 also insofern ein Unterschied, als im objektorientierten Umfeld Daten und darauf operierende Funktionen (d.h. Programme) als Einheit - eben als *Objekt* - aufgefasst werden. Anstelle von Funktionsaufrufen tauschen Objekte *Nachrichten* aus und setzen damit *Aktionen* in Gang. Zudem spielen im objektorientierten Umfeld nicht nur Beziehungen, sondern auch *Vererbungseffekte* wie Vererbung von Daten, von Beziehungen und von Funktionen eine wichtige Rolle.

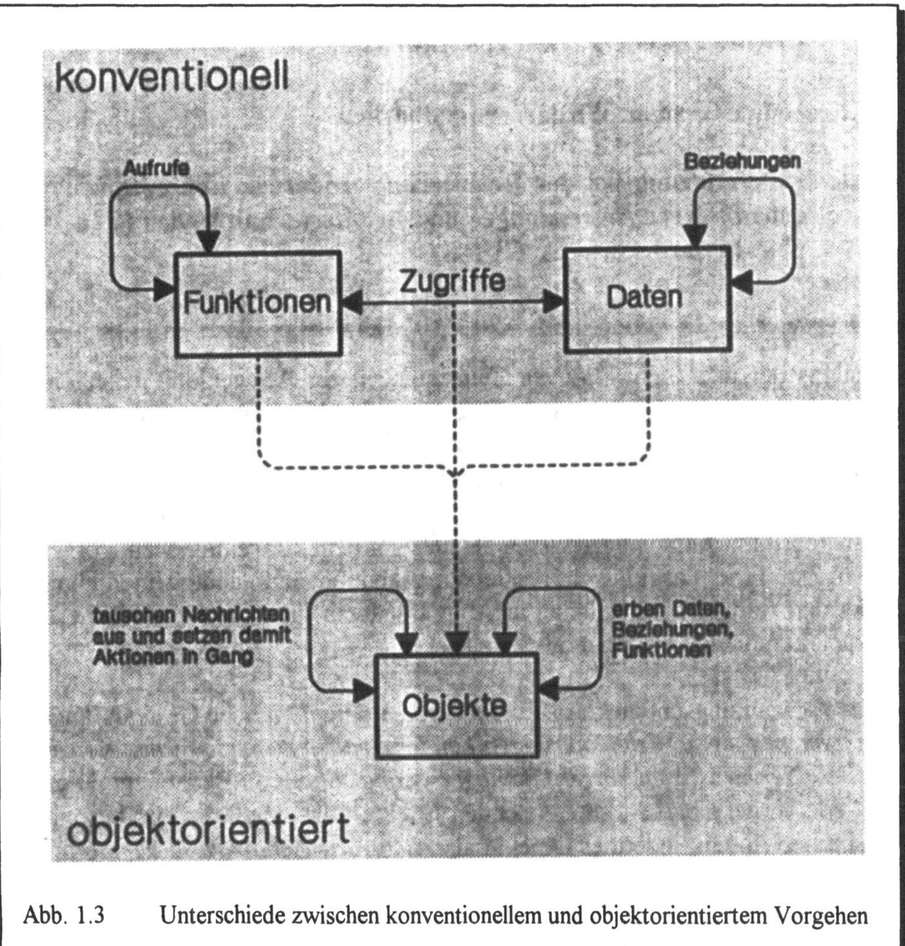

Abb. 1.3 Unterschiede zwischen konventionellem und objektorientiertem Vorgehen

Was haben die vorstehend ganz knapp zusammengefassten Unterschiede zwischen dem konventionellen und dem objektorientierten Vorgehen für eine Unternehmung im allgemeinen und für den Anwendungsentwickler im besonderen zu bedeuten? Die Antwort ist dem nachfolgenden Rahmen zu entnehmen.

Objektorientierung verheisst:

- **Produktivität**
- **Leichte Änderbarkeit von Anwendungen**
- **Leichte Erweiterbarkeit von Anwendungen**
- **Hoher Grad an Wiederverwendbarkeit**
- **Unterstützung bei der Realisierung moderner Konzepte wie Client/Server Anwendungen und Benutzerschnittstellen (Graphical User Interfaces: GUI's)**

Angesichts der in ständig kürzeren Zeitabständen zur Abwicklung gelangenden Erneuerungszyklen im Informationsbedarf, dürften für eine Unternehmung in erster Linie die *Produktivität* sowie *leichte Änderbarkeit* und *Erweiterbarkeit von Anwendungen* von Bedeutung sein. Tatsächlich sind in einem objektorientierten Umfeld gemäss Abb. 1.4 Anwendungen kontinuierlicher veränderten Informationsbedürfnissen anzupassen als dies mit dem konventionellen Vorgehen der Fall ist. Eine das konventionelle Vorgehen bevorzugende Unternehmung erleidet demzufolge beträchtliche, in Abb. 1.4 durch die schattierte Fläche zum Ausdruck kommende Informationsdefizite.

Für den Anwendungsentwickler ist vor allem der potentiell hohe Grad an *Wiederverwendbarkeit* sowie *Erleichterungen bei der Realisierung moderner Konzepte* wie *Client/Server Anwendungen, Benutzerschnittstellen* von Bedeutung. Die mit der Wiederverwendbarkeit zu erzielenden Effekte führt uns B.J. Cox[1] besonders plastisch vor Augen, indem er Objekte als *integrierte Schaltkreise der Software* (*Software IC's*) apostrophiert. So wie komplexe Hardware durch ein Zusammenstecken integrierter Schaltkreise zustande kommt, kann man sich eine Anwendung als Kombination einfacher Software IC's vorstellen. Ob damit - wie von Enthusiasten prognostiziert - Nichtinformatiker je in die Lage kommen, eigene Anwendungen gewissermassen "legomässig zusammenzustecken", wird

---

[1] Cox B.J.: Object Oriented Programming, An Evolutionary Approach. Addison-Wesley Publishing Company, 1987, ISBN 0-201-10393-1

die Zukunft zeigen. Im Moment ist jedenfalls mit Nachdruck darauf hinzuweisen, dass sich Wiederverwendbarkeit nicht von selbst ergibt, sondern Massnahmen erfordert, die später zu diskutieren sein werden.

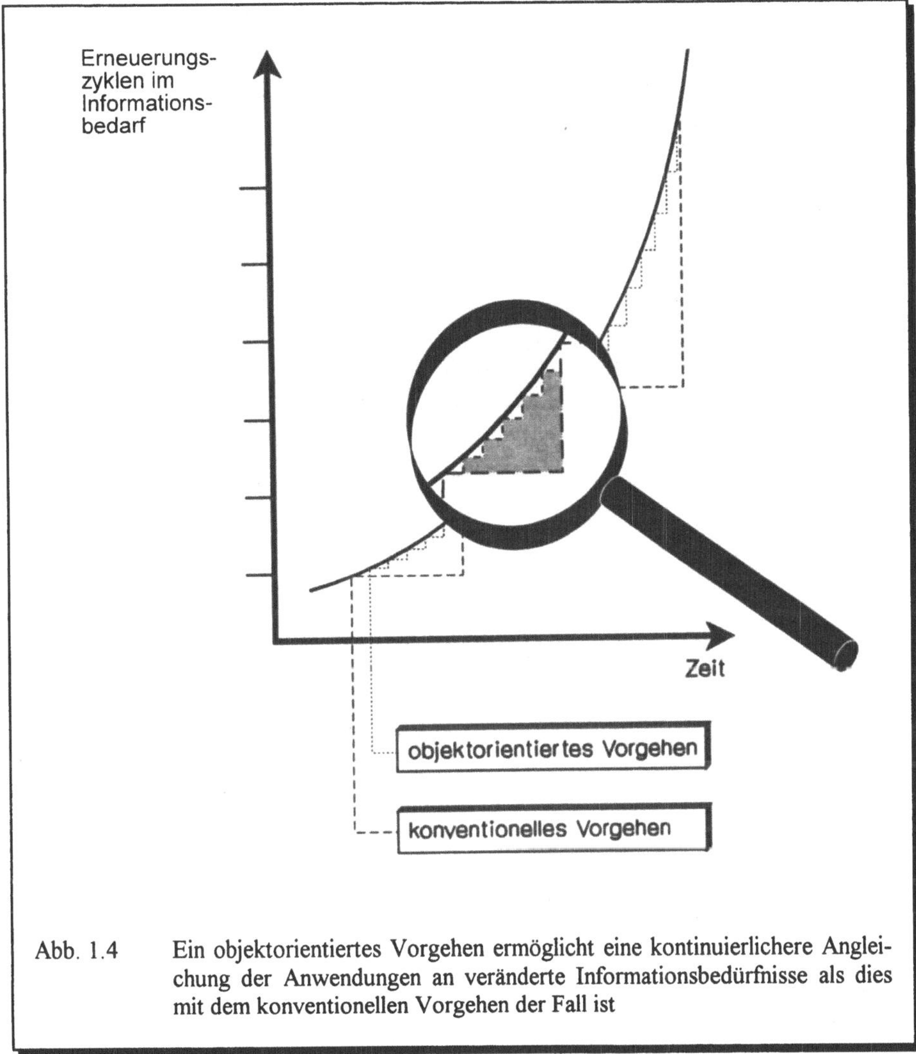

Abb. 1.4 Ein objektorientiertes Vorgehen ermöglicht eine kontinuierlichere Angleichung der Anwendungen an veränderte Informationsbedürfnisse als dies mit dem konventionellen Vorgehen der Fall ist

Beeinflussen die Unterschiede zwischen dem konventionellen und dem objektorientierten Ansatz den *Anwendungsentwicklungszyklus*? Obschon eine Gegenüberstellung des klassischen (Abb. 1.5) und des objektorientierten Vorgehens (Abb. 1.6) eine scheinbare Übereinstimmung ergibt, unterscheiden sich die beiden Vorgehensarten doch in wesentlichen Belangen. So ist im objektorientierten

Umfeld ein iteratives, inkrementelles Vorgehen an der Tagesordnung und sind die Übergänge zwischen den einzelnen Phasen viel weniger prägnant. Beispielsweise gehen die Phasen der *Analyse* und des *Designs* oft so ineinander über, dass man sie nicht mehr unterscheidet und zusammenfassend von *objektorientierter Modellierung* spricht (ein Sachverhalt, dem auch der Titel des vorliegenden Buches gebührend Rechnung trägt).

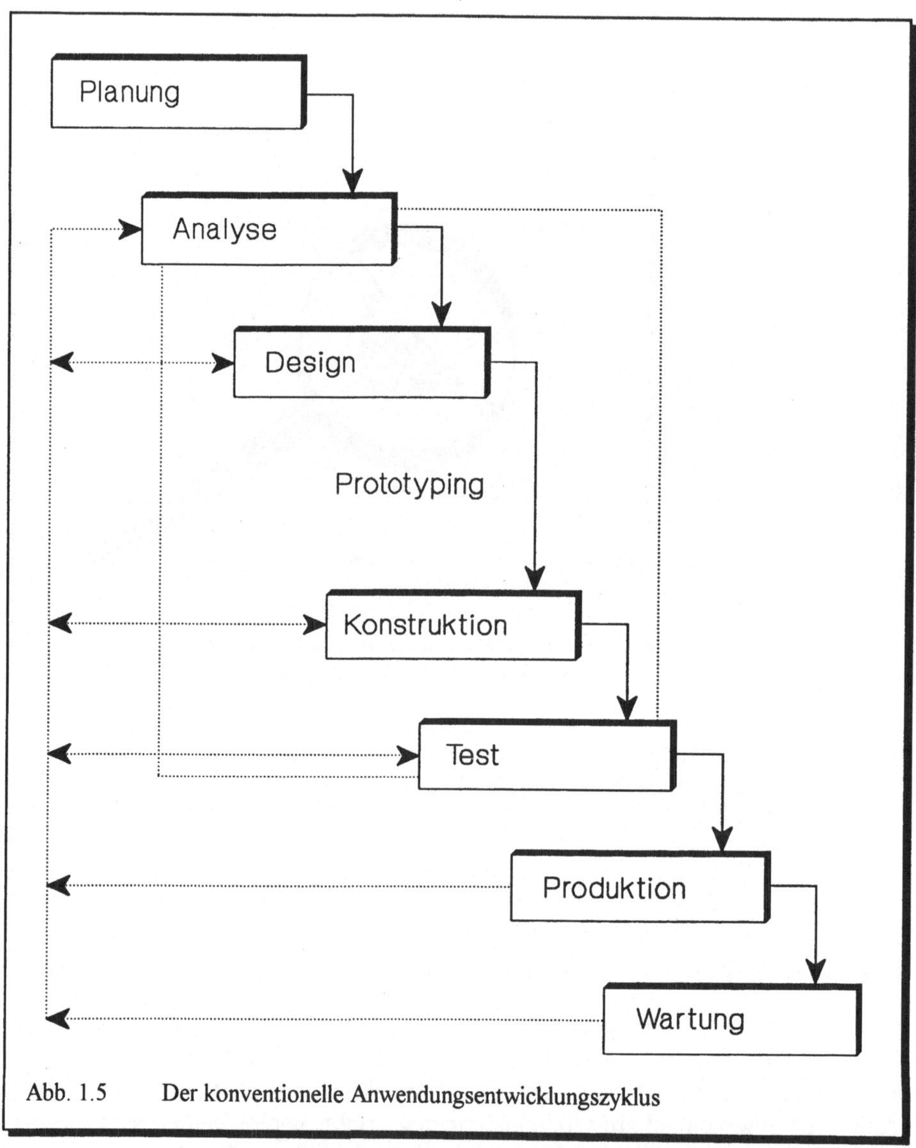

Abb. 1.5 Der konventionelle Anwendungsentwicklungszyklus

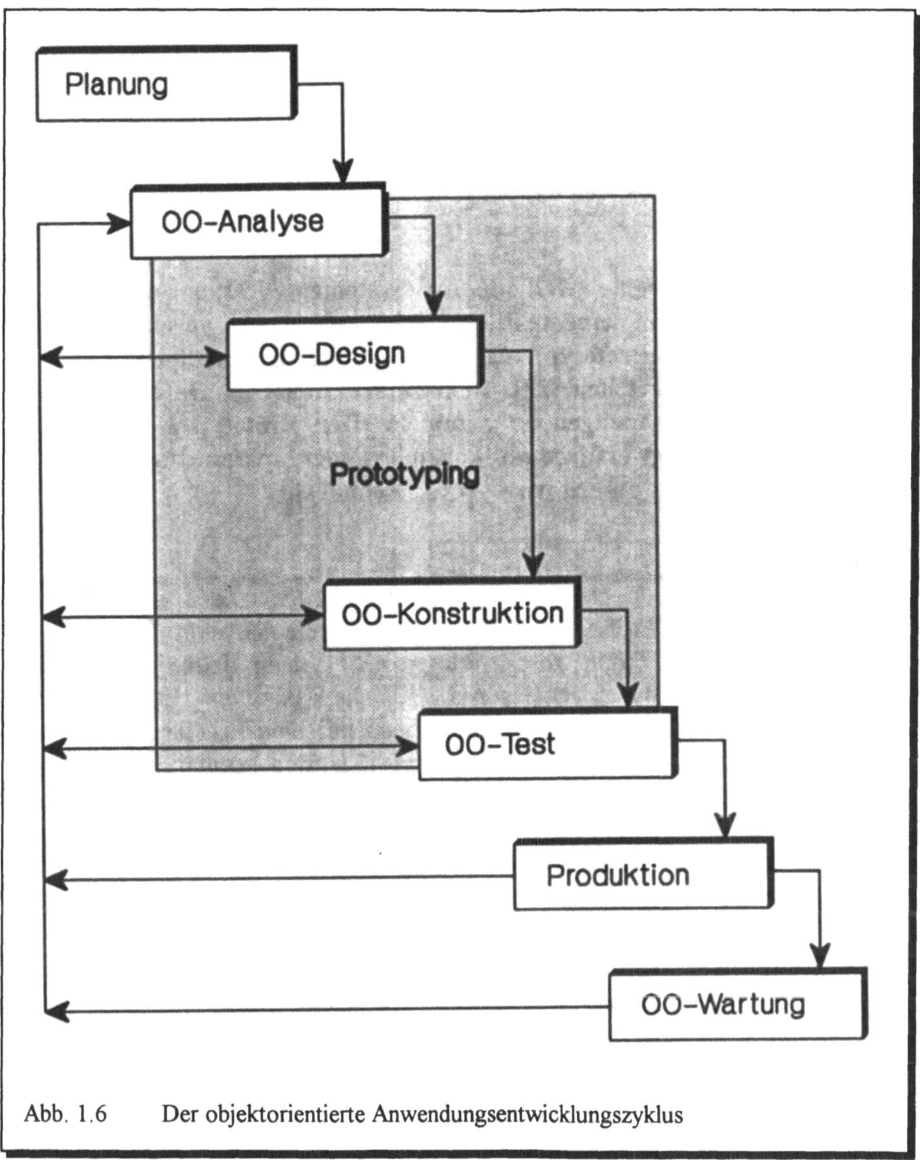

Abb. 1.6 Der objektorientierte Anwendungsentwicklungszyklus

Rückkoppelungsschritte zu vorangehenden Phasen sind beim objektorientierten Vorgehen nicht eine Ausnahme, sondern repräsentieren die eigentliche Vorgehensweise. Dabei spielt das *Prototyping* insofern eine wichtige Rolle, als es die Entwicklung und Realisierung von Anwendungen *evolutionär* voranzutreiben erlaubt. Wie ist diese Aussage zu interpretieren? Bevor wir die Frage beantworten, seien zunächst einige Bemerkungen zu den im nachfolgenden

Rahmen festgehaltenen, das *klassische Prototyping* betreffenden Ausführungen gestattet.

Was ist Prototyping?

"Prototyping ist eine Methode zur Systementwicklung, bei der möglichst früh in einem Pilotprojekt eine erste vereinfachte Version (d.h. ein Prototyp) realisiert wird, um in wichtigen, aber noch offenen Bereichen (z.B. Benützerschnittstellen, Datenstrukturen, etc.) Erfahrungen zu sammeln. Der Prototyp ist dabei bewusst als Wegwerfprodukt konzipiert, der später durch das definitive Produkt ersetzt wird" [C.A. Zehnder].

Die Ausführungen von Prof. C.A. Zehnder[1] betreffen die *konventionelle, zweistufige Prototypentechnik* (d.h. zuerst Pilotprojekt - dann definitives Projekt). Nachteilig wirkt sich dabei gemäss Abb. 1.7 aus, dass die Benützer in der Pilotphase im Verlaufe der Zeit mit zunehmend besseren Ergebnissen versorgt werden. Hat sich der Benützer schliesslich an zufriedenstellende Ergebnisse gewöhnt, so wird die Pilotphase abgebrochen und die Entwicklung und Realisierung des definitiven Produkts in Angriff genommen. Bis zum Beginn des definitiven Betriebs hat der Benützer zu warten, was sich auf diesen erfahrungsgemäss frustrierend und kontraproduktiv auswirkt. Aus diesem Grunde kommt man mehr und mehr vom *zweistufigen Prototyping* ab und praktiziert statt dessen - wie etwa beim objektorientierten Vorgehen - ein sogenanntes *evolutionäres Prototyping*. Dieses wird im nachfolgenden Rahmen umschrieben.

"Evolutionäres Prototyping" - so Prof. C.A. Zehnder - *"ist attraktiv, weil die Erfahrung zeigt, dass die Anforderungen an eine Informatiklösung nur in den seltensten Fällen ein und für allemal festgelegt werden können. Einerseits ändert sich das organisatorische Umfeld, in das eine Lösung eingebettet ist und andrerseits erzeugt jede neue Applikation bald nach ihrer Einführung neue Anwenderwünsche".*

[1] Zehnder C.A.: Informatik-Projektentwicklung. B.G. Teubner, 1986

Was ist evolutionäres Prototyping?

Beim evolutionären Prototyping (auch *Versioning* genannt) stellt der Prototyp kein Wegwerfprodukt, sondern den Kern eines neuen Produktes dar. Dieser Kern wird im Verlaufe der Zeit iterativ und inkrementell verfeinert und damit den Bedürfnissen der Benützer allmählich angepasst.

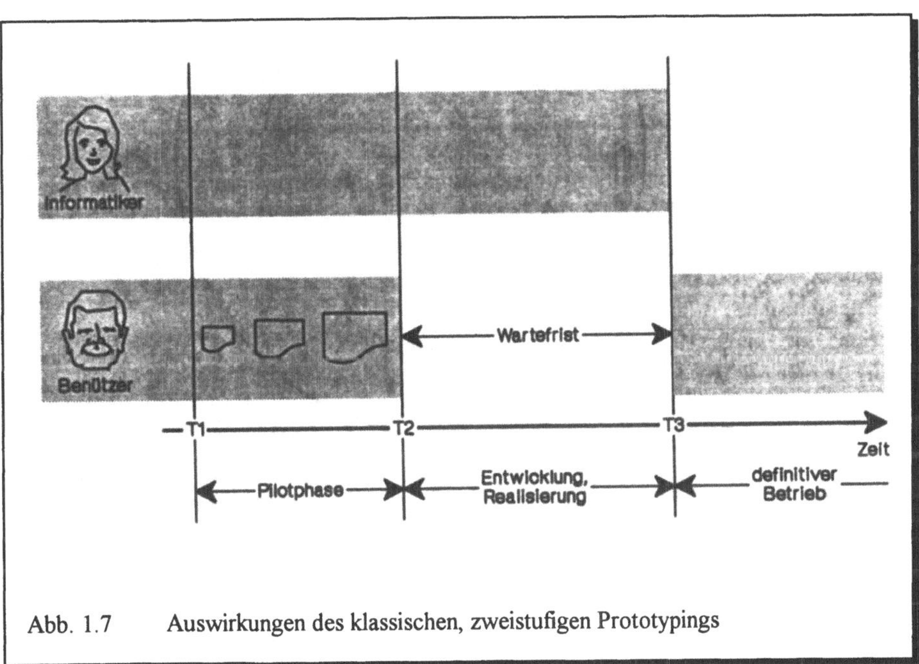

Abb. 1.7 Auswirkungen des klassischen, zweistufigen Prototypings

Es ist schwierig, das für eine objektorientierte Anwendungsentwicklung typische, mit dem Kern einer Anwendung beginnende, iterativ und inkrementell fortschreitende Vorgehen zu visualisieren. Der Sachlage am ehesten gerecht zu werden vermag entsprechend Abb. 1.8 eine Spirale - umsomehr, als damit sehr schön zum Ausdruck kommt, dass auch im Falle wiederholten Durchspielens des Anwendungsentwicklungszykluses der *Konstruktion* ein *Design* und diesem eine *Analyse* voranzugehen hat. Oder mit andern Worten: bevor die Konstruktion in

Angriff zu nehmen ist, ist die Frage nach dem WAS im Sinne von: *"WAS für Ergebnisse sind erwünscht"* (Analyse) sowie die Frage nach dem WIE im Sinne von: *"WIE ist eine Anwendung zu realisieren, um zu den in der Analyse festgelegten Ergebnissen zu kommen"* (Design) zu beantworten.

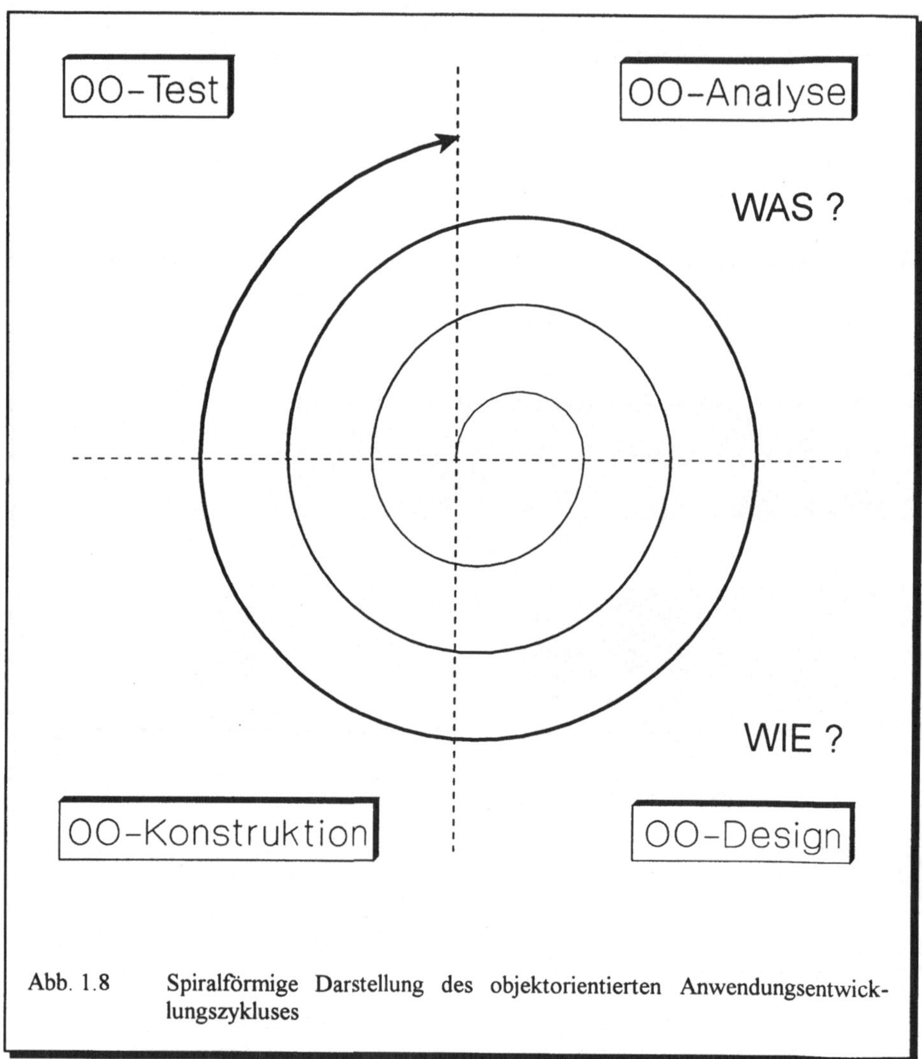

Abb. 1.8 Spiralförmige Darstellung des objektorientierten Anwendungsentwicklungszykluses

Die dargelegten Unterschiede zwischen konventionellem und objektorientiertem Vorgehen kommen nicht von ungefähr. Sie sind darauf zurückzuführen, dass im konventionellen Vorgehen gemäss Abb. 1.9 je nach Phase ganz unterschiedliche Techniken zum Einsatz gelangen, während man beim objektorientierten Vorgehen gemäss Abb. 1.10 ständig in objektmässigen Dimensionen denkt. Folge davon ist, dass konventionell ermittelte Phasenergebnisse bei jedem Phasenübergang mühsam zu konvertieren sind, während das objektorientierte Vorgehen einem kontinuierlichen Verfeinern eines zu Beginn festgelegten Grobkonzepts gleichkommt.

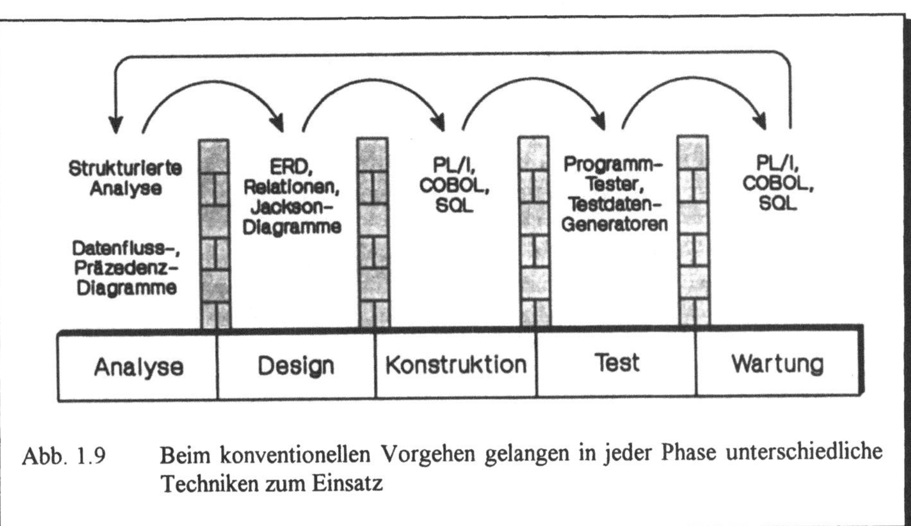

Abb. 1.9 Beim konventionellen Vorgehen gelangen in jeder Phase unterschiedliche Techniken zum Einsatz

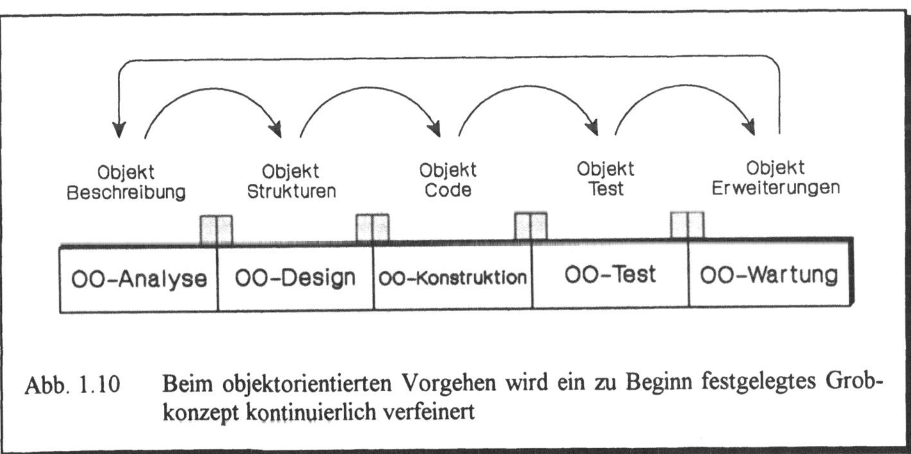

Abb. 1.10 Beim objektorientierten Vorgehen wird ein zu Beginn festgelegtes Grobkonzept kontinuierlich verfeinert

Selbstverständlich wird im folgenden zu zeigen sein, warum die dargelegten Vorteile auch tatsächlich zu erzielen sind. Und damit zu einem Ausblick auf die verbleibenden Kapitel dieses Buches.

Nachdem wir zur Kenntnis genommen haben, dass die Daten den *Status* (d.h. den *Zustand*) eines Objekts, die Methoden hingegen dessen *Verhalten* bestimmen, ist es naheliegend, im folgenden zunächst auf die *Zustandsmodellierung* (2. Kapitel) und anschliessend auf die *Verhaltensmodellierung* (3. Kapitel) zu sprechen zu kommen. Selbstverständlich wird auch zu zeigen sein, wie die dargelegten Prinzipien im Rahmen eines *ganzheitlichen Vorgehens* zur Anwendung gelangen und mit welchen Massnahmen zu bewirken ist, dass die angesprochene *Wiederverwendbarkeit* tatsächlich zum Tragen kommt (4. Kapitel). *Ganzheitlich* bedeutet in diesem Zusammenhang, dass die Entwicklung von Anwendungen kooperativ - also mit Beteiligung von Führungskräften, Sachbearbeitern und Informatikern - erfolgt, und dass die entwickelten Lösungen allesamt in ein von den Unternehmungszielen abgeleitetes Gesamtkonzept passen.

Zusammenfassend ergibt sich die im nachfolgenden Rahmen festgehaltene Gliederung.

Gliederung

1. **Einleitung**
2. **Zustandsmodellierung**
3. **Verhaltensmodellierung**
4. **Ganzheitliche Anwendungsentwicklung**
5. **Konklusion**

Fragen zum Stoff des 1. Kapitels

1. **Was ist ein Objekt?**

2. **Worin besteht der Unterschied zwischen dem konventionellen und dem objektorientierten Ansatz?**

3. **Was verheisst Objektorientierung?**

4. **Worin besteht der Unterschied zwischen konventionellem und objektorientiertem Anwendungsentwicklungszyklus?**

5. **Was ist klassisches Prototyping?**

6. **Was ist evolutionäres Prototyping?**

7. **Nennen Sie die Nachteile klassischen Prototypings!**

8. **Warum sind die Phasenübergänge beim objektorientierten Vorgehen weniger prägnant als beim konventionellen Vorgehen?**

9. **Welche Fragen sind in der Analyse bzw. im Design zu beantworten?**

2. Zustandsmodellierung

In diesem Kapitel befassen wir uns mit der *statischen Objektmodellierung*. Zu diesem Zwecke ergänzen wir in Abschnitt 2.1 zunächst unsere objektspezifischen Aussagen aus dem 1. Kapitel. Objekte - so werden wir erkennen - repräsentieren individuelle und identifizierbare *Exemplare* von Dingen, Personen oder Begriffen der realen oder der Vorstellungswelt. Ein Objekt entspricht also einem *Einzelfall* und ist als solcher wenig geeignet, die Realität modellhaft abzubilden. Man *abstrahiert* vielmehr und arbeitet bei der Realitätsmodellierung mit Konstrukten, die stellvertretend für viele Einzelfälle in Erscheinung zu treten vermögen. Diesen Konstrukten werden wir in Abschnitt 2.2 in Form von sogenannten *Klassen* begegnen. In der Folge werden wir darlegen, wie Klassen zu strukturieren sind. In diesem Zusammenhang werden wir nacheinander auf *Vererbungsstrukturen* (Abschnitt 2.3), *Beziehungsstrukturen* (Abschnitt 2.4) sowie *Aggregationsstrukturen* (Abschnitt 2.5) zu sprechen kommen. Fragen zum Stoff sowie Übungen (Abschnitt 2.6) runden das Kapitel ab.

Und noch eine Anmerkung: Mit der *Entitäten-Beziehungs-Modellierung* vertraute Leser werden in diesem Kapitel viele Parallelen zu bereits Bekanntem vorfinden. Tatsächlich verwendet man für die Realitätsmodellierung schon längst - wenn auch unter andern Begriffen bekannt - den *Vererbungs-*, *Beziehungs-* sowie *Aggregationsstrukturen* entsprechende Modellierungskonstrukte.

2.1 Objekte

Abb. 2.1.1 erinnert in Form einer sogenannten *Doughnut View* (*Pfannkuchensicht*), dass ein Objekt abgeschirmte Daten sowie Methoden (Services) zu deren Verarbeitung aufweist. Die Daten bestimmen den *Status* (d.h. den *Zustand*) eines Objekts, die Methoden hingegen dessen *Verhalten* - also die Reaktion auf einen äusseren Einfluss. Neben dem *Status* und dem *Verhalten* ist auch bedeutsam, dass jedes Objekt *eindeutig identifizierbar* ist. Zu beachten ist, dass das Identifikationsmerkmal in einer geeigneten Softwareumgebung bei der Generierung eines Objekts automatisch vergeben wird.

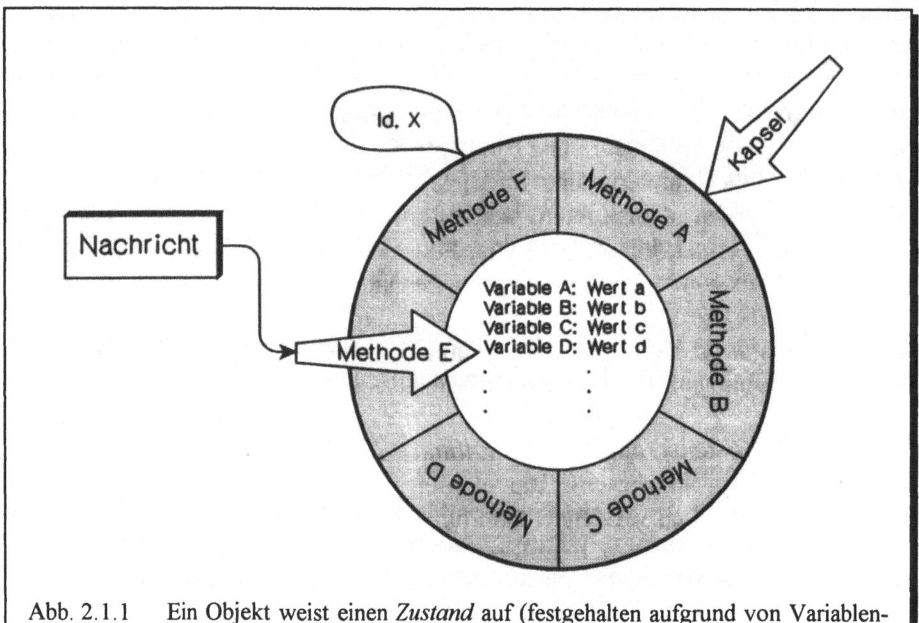

Abb. 2.1.1 Ein Objekt weist einen *Zustand* auf (festgehalten aufgrund von Variablenwerten), zeigt ein bestimmtes *Verhalten* (zuständig dafür sind durch Nachrichten aktivierbare Methoden) und ist *eindeutig identifizierbar*

Sind die nach aussen abgeschirmten Daten eines Objekts zu lesen oder zu verändern, so ist mittels einer dem Objekt zugestellten Nachricht eine geeignete Methode zu aktivieren. Diese verarbeitet die Daten des Objekts in der gewünschten Weise und stellt das Ergebnis dem die Nachricht absendenden Objekt zur Verfügung. Letzterem kommt selbstverständlich eine abschlägige Nachricht zu, falls eine unbekannte Methode aufgerufen wird.

Wir verdeutlichen den geschilderten Vorgang am Beispiel einer Rechnungsbezahlung. Zu diesem Zweck unterstellen wir, dass der in Abb. 2.1.2 in Form eines Objekts mit dem Identifikationsmerkmal 15 778 gezeigte Patient P1 die Rechnung mit der Nummer R200, lautend auf den Rechnungsbetrag 500.-, bezahlt hat. Die Rechnungsnummer und der Rechnungsbetrag seien in einem weiteren Objekt mit dem Identifikationsmerkmal 20 801 vorzufinden.

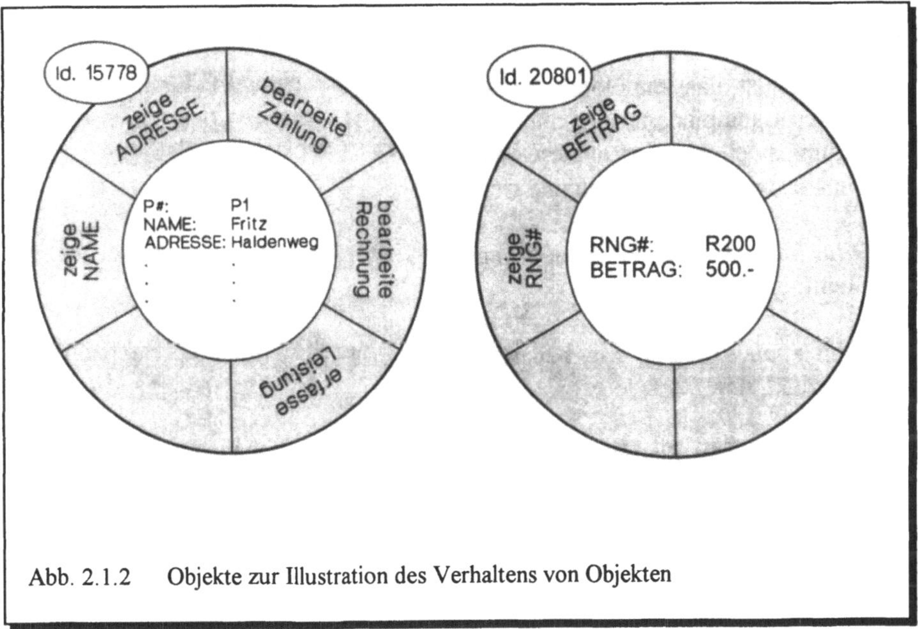

Abb. 2.1.2 Objekte zur Illustration des Verhaltens von Objekten

Abb. 2.1.3 zeigt die dem Objekt mit dem Identifikationsmerkmal 15 778 zwecks Aktivierung der Methode *bearbeite Zahlung* zu übermittelnde Nachricht. Offenbar sind in einer Nachricht neben dem Identifikationsmerkmal des anzusprechenden Objekts und dem Namen der zu aktivierenden Methode auch sogenannte *Argumente* vorzufinden. Mit letzteren sind der Methode die zur Verabeitung erforderlichen Daten bekanntzugeben.

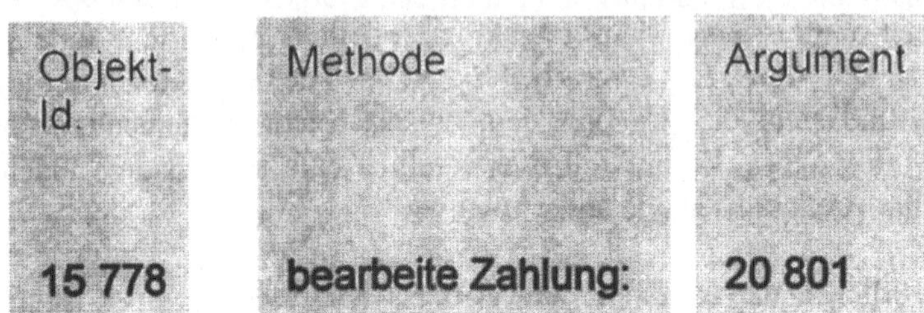

Abb. 2.1.3 Nachricht an das Objekt mit dem Identifikationsmerkmal *15 778* zwecks Aktivierung der Methode ***bearbeite Zahlung***. In Form eines Arguments wird das Identifikationsmerkmal eines Objekts bekanntgegeben, in welchem die zur Verarbeitung erforderlichen Daten vorzufinden sind.

Zu beachten ist, dass ein Objekt grundsätzlich irgend ein individuelles und identifizierbares Exemplar von Dingen, Personen oder Begriffen der realen oder der Vorstellungswelt zu repräsentieren vermag. Ein Objekt kann also gemäss Abb. 2.1.4 insbesondere in Erscheinung treten für:

- Ein *Individuum* wie beispielsweise ein Einwohner, ein Mitarbeiter, ein Student, ein Dozent, usw.

- Ein *reales Objekt* wie beispielsweise eine Maschine, ein Gebäude, ein Produkt, usw.

- Ein *abstraktes Konzept* wie beispielsweise ein Fachgebiet, eine Vorlesung, usw.

- Ein *Ereignis* wie beispielsweise die Immatrikulation eines Studenten, eine Rechnungsverbuchung, usw.

- Eine *Beziehung* wie beispielsweise eine Ehe

- Ein *Softwarekonstrukt* wie beispielsweise eine Linked List

- Ein *Ergebnis* wie beispielsweise eine Bildschirmausgabe, eine Liste, ein Formular, ein Beleg, usw.

Ein Objekt kann sein:	Beispiele
Ein Individuum	 Einwohner Mitarbeiter Student Dozent
Ein reales Objekt	 Maschine Gebäude Produkt
Ein abstraktes Konzept	Fachgebiet "Informatik" Vorlesung "Mathematik"
Ein Ereignis	Immatrikulation eines Studenten Rechnungsverbuchung
Eine Beziehung	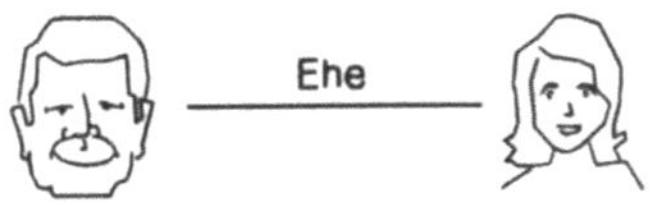 Ehe
Ein Software-Konstrukt	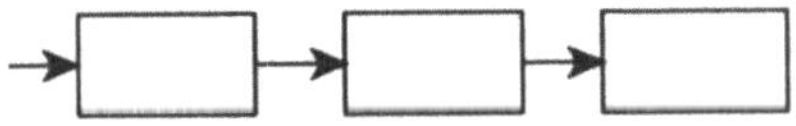 Linked List
Ein Ergebnis	

Abb. 2.1.4 Ein Objekt repräsentiert ein individuelles und identifizierbares Exemplar von Dingen, Personen oder Begriffen der realen oder der Vorstellungswelt

Wir merken uns:

Objektmerkmale[1]

- Ein Objekt ist ein individuelles Exemplar von Dingen, Personen oder Begriffen der realen oder der Vorstellungswelt

- Jedes Objekt ist eindeutig identifizierbar. Das Identifikationsmerkmal wird bei der Generierung automatisch vergeben

- Ein Objekt besitzt individuelle Eigenschaften, die sich in Daten (Variablen, Attributen) sowie Verhalten (Methoden) gliedern lassen

- Die Kommunikation zwischen Objekten erfolgt ausschliesslich durch das Senden von Nachrichten

- Das Verhalten eines Objekts wird durch seine Methoden bestimmt. Erhält ein Objekt eine Nachricht, so wählt es eine geeignete Methode aus, welche ein Ergebnis ermittelt und dieses an das Sender-Objekt zurückschickt

- Ein Objekt kann mehrere Zustände einnehmen und in jedem Zustand anders reagieren. Der Zustand eines Objekts wird mittels Daten (Variablen, Attributen) festgehalten

- Ein Objekt verkapselt sowohl seine Daten (Variablen, Attribute) wie auch seine Methoden und verkehrt mit der Aussenwelt über eine wohldefinierte Schnittstelle

- Ein Objekt ist vergleichbar mit einer Entität im Entitäten-Beziehungsmodell

---

[1] In Anlehnung an: Balzert H.: Objektorientierte Software-Entwicklung. Beitrag zur Fachkonferenz *Objektorientierung*, Institute for International Research, Köln, 1993

Von besonderer Bedeutung ist die auch unter dem Begriff *Geheimnisprinzip (information hiding)* bekannte Verkapselung von Daten und Methoden. Damit sind nämlich

- Implementationsdetails zu verstecken und damit
- Benutzer von Implementationsdetails zu entlasten (man arbeitet sozusagen mit Bausteinen)
- Benutzer von gekapselten Daten fernzuhalten und damit
- bessere Datenintegrität zu gewährleisten
- Implementationsänderungen von Bausteinen möglich, ohne dass die Anwendung zu ändern ist
- Bausteine von der Anwendung getrennt zu warten
- Wesentliches von Details zu trennen

Ein methodisches Vorgehen, das ausschliesslich das Prinzip der Daten- und Funktionskapselung nutzt, bezeichnet man gemäss Wegner[1] als *objektbasiertes Vorgehen* (Abb. 2.1.5)

Daten- und Funktions-Kapselung

Objekt-basiert

Abb. 2.1.5 Ein *objektbasiertes Vorgehen* nutzt ausschliesslich das Prinzip der Daten- und Funktionskapselung

Beim objektbasierten Vorgehen ist man gezwungen, die Realität aufgrund von *Einzelfällen* modellhaft abzubilden. Dies ist nicht sehr zweckmässig. Wesentlich bessere Ergebnisse sind zu erzielen, wenn man *abstrahierend* mit Konstrukten arbeitet, die stellvertretend für viele Einzelfälle in Erscheinung zu treten vermögen. Diesen Konstrukten werden wir im nächsten Abschnitt in Form von sogenannten *Klassen* begegnen.

---

[1] Wegner P.: The Object-Oriented Classification Paradigm. In: Research Directions in Object-Oriented Programming. Ed. Schriver B., Wegner P., Cambridge, MA: The MIT Press

Fragen zum Stoff von Abschnitt 2.1

1. Nennen Sie drei Merkmale eines Objekts!
2. Womit ist der *Zustand* eines Objekts festzuhalten?
3. Was bestimmt das *Verhalten* eines Objekts?
4. Erklären Sie den Begriff *Datenkapsel*!
5. Warum spricht man im Zusammenhang mit Objekten vom *Geheimnisprinzip* (*Information hiding*)?
6. Was ist mit dem Geheimnisprinzip zu bewirken?
7. Was repräsentiert ein informationstechnologisches Objekt tatsächlich?
8. Wie erfolgt die Kommunikation zwischen Objekten?
9. Was ist in einer *Nachricht* vorzufinden?
10. Was geschieht, wenn ein Objekt eine unbekannte Nachricht erhält?
11. Womit ist ein Objekt im konventionellen Vorgehen vergleichbar?
12. Anstelle von *Objekten* spricht man auch von der ... einer Klasse.
13. Wie nennt man ein Vorgehen, das ausschliesslich das Prinzip der Daten- und Funktionskapselung nutzt?

2.2 Klassen

Abb. 2.2.1 illustriert das Prinzip einer *Klasse*. Zu erkennen ist, dass einer Klasse lauter *Objekte des gleichen Typs* angehören (im Beispiel: lauter Patienten). Von Objekten gleichen Typs spricht man, wenn ihr *Status* aufgrund identischer *Variablen*[1] festzuhalten ist (jeder Patient hat eine P#, einen NAMEN sowie eine ADRESSE) und ein identisches *Verhalten* vorliegt (d.h. identische Methoden wie ZAHLUNG, RECHNUNG, LEISTUNGSERFASSUNG zur Anwendung gelangen).

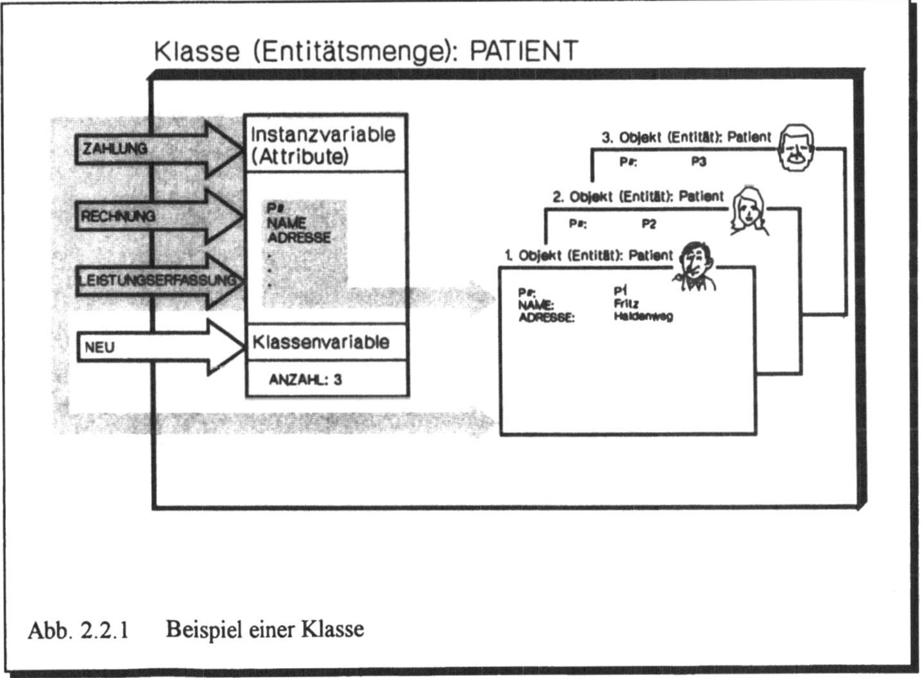

Abb. 2.2.1 Beispiel einer Klasse

[1] Anstelle von *Variablen* spricht man auch von *Attributen*.

Zu erkennen ist auch, dass zwischen *Instanz-Variablen* wie P#, NAME, ADRESSE sowie *Klassen-Variablen* wie ANZAHL zu unterscheiden ist. Beide werden pro Klasse definiert, wobei Instanz-Variablen die Objekte der Klasse und Klassen-Variable die Klasse selber betreffen (ANZAHL: 3 bedeutet beispielsweise, dass der Klasse PATIENT zur Zeit 3 Objekte angehören).

In analoger Weise ist zwischen *Instanz-Methoden* wie ZAHLUNG, RECHNUNG, LEISTUNGSERFASSUNG und *Klassen-Methoden* wie NEU zu unterscheiden. Beide sind wiederum pro Klasse zu definieren, wobei erstere die Objekte der Klasse und letztere die Klasse selber betreffen.

Wir merken uns:

Ein Klasse...

repräsentiert das Muster für die Kreierung von Objekten gleichen Typs. In einer Klasse sind somit Methoden und Variablen vorzufinden, welche an die zu kreierenden Objekte weiterzugeben sind.

Zu unterscheiden ist zwischen

- *konkreten* (d.h. *instanzierbaren*) *Klassen*
- *abstrakten* (d.h. *nicht instanzierbaren*) *Klassen*

Eine *konkrete Klasse* enthält im Normalfall Objekte, während in einer *abstrakten Klasse* niemals Objekte vorzufinden sind. Der Zweck einer abstrakten Klasse liegt darin, Variable (Attribute) und Methoden an konkrete Klassen zu vererben[1].

In der Literatur gibt es zahlreiche Vorschläge für die Notation von Klassen. Abb. 2.2.2 zeigt beispielsweise die Notation gemäss Coad/Yourdon[2] bzw. gemäss Booch[3].

---

[1] Die *Vererbung* von Variablen und Methoden kommt in Abschnitt 2.3 im Detail zur Sprache.

[2] Coad P., Yourdon E.: Object-Oriented Analysis. Prentice Hall, 1990, ISBN 0-13-629122-8

[3] Booch G.: Object-Oriented Analysis and Design with Applications. The Benjamin/ Cummings Publishing Company, Inc., Second Edition (1994), ISBN 0-8053-5340-2

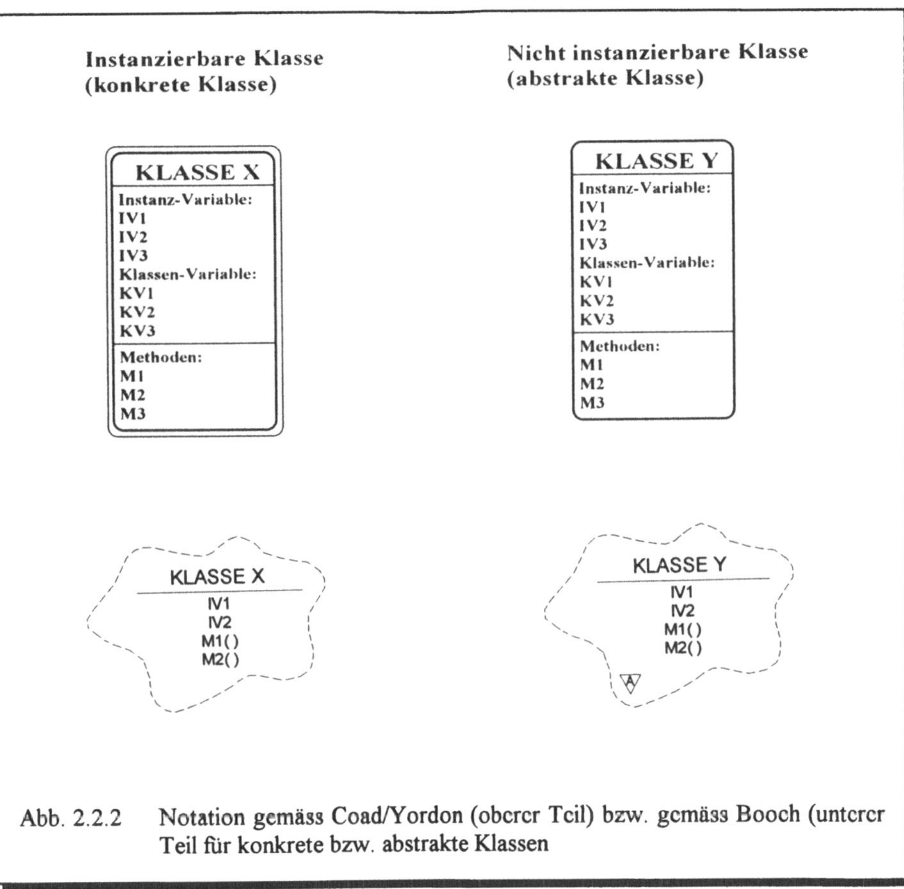

Abb. 2.2.2 Notation gemäss Coad/Yordon (oberer Teil) bzw. gemäss Booch (unterer Teil für konkrete bzw. abstrakte Klassen

Zur Funktionsweise: Wird die Klassen-Methode NEU mittels einer Nachricht aktiviert, so wird ein Objekt generiert. Diesem stehen sämtliche Instanz-Variablen sowie Instanz-Methoden der Klasse zur Verfügung. Von Bedeutung ist auch, dass jedem Objekt bei der Generierung automatisch ein eindeutiges *Identifikationsmerkmal* zugeordnet wird. Die das Identifikationsmerkmal betreffende Variable (Id-Variable genannt) wird per Konvention einfach als existent vorausgesetzt und nicht ausgewiesen. Man verwechsle also die Variable P# in Abb. 2.2.1 nicht mit der Id-Variablen. Die Variable P# dient der Identifikation eines tatsächlichen Patienten, nicht aber jener des den Patienten repräsentierenden informationstechnologischen Objekts. Daraus ergeben sich die in Abb. 2.2.3 in Form einer *Doughnut View* festgehaltenen Konsequenzen. Zu erkennen ist, dass es grundsätzlich beliebig viele Objekte geben kann, die für alle Variablen (ausser für die Id-Variable natürlich) identische Werte aufweisen können.

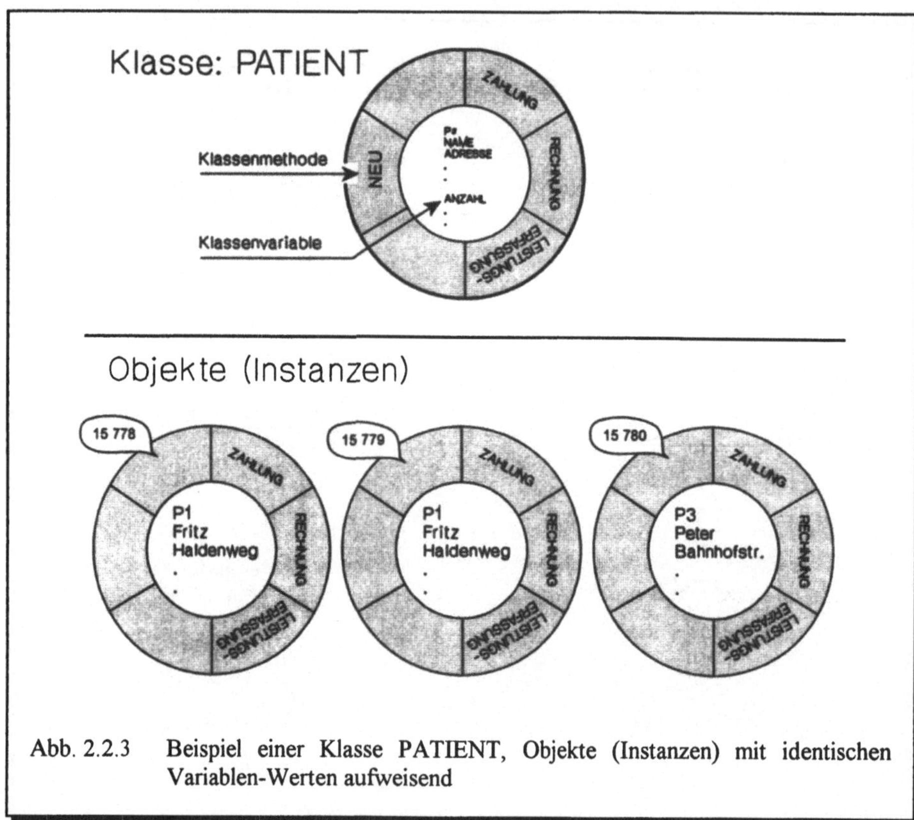

Abb. 2.2.3 Beispiel einer Klasse PATIENT, Objekte (Instanzen) mit identischen Variablen-Werten aufweisend

Im folgenden kommen wir zunächst kurz auf *Methoden* zu sprechen (die eigentliche *Verhaltensmodellierung* kommt ja im 3. Kapitel im Detail zur Sprache), lernen hierauf einige Kriterien kennen, die bei der Bestimmung von *Variablen* (*Attributen*) zu beachten sind und erfahren schliesslich, wie *Klassen* ausfindig zu machen sind. Zunächst also zu den *Methoden.*

Abb. 2.2.4 illustriert, dass folgende Methoden-Arten zu unterscheiden sind:

- Implizite Instanz-Methoden
- Explizite Instanz-Methoden
- Implizite Klassen-Methoden
- Explizite Klassen-Methoden

Hierzu folgende Erläuterungen:

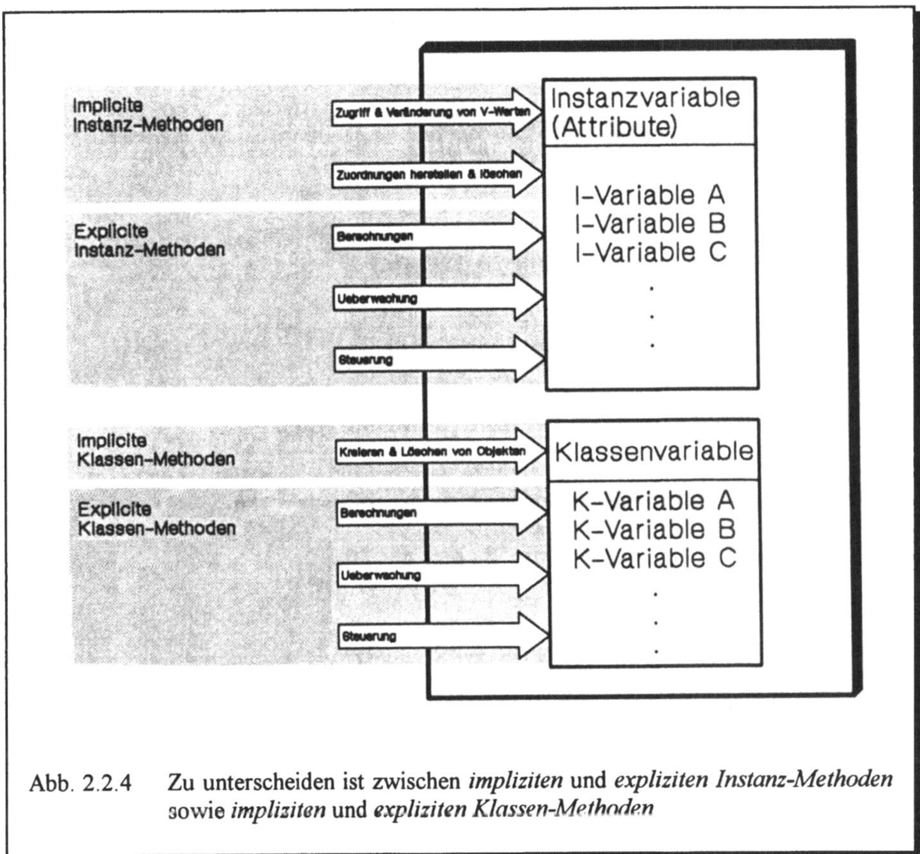

Abb. 2.2.4 Zu unterscheiden ist zwischen *impliziten* und *expliziten Instanz-Methoden* sowie *impliziten* und *expliziten Klassen-Methoden*

Implizite Methoden sind für einfachere Aufgaben vorgesehen und gelten standardmässig als vorhanden (d.h. man weist sie gar nicht aus). Beispiele:

- Erstellen und Löschen von Objekten
- Zuordnungen (Beziehungen) herstellen und aufheben
- Zugriff auf und Veränderung der Variablenwerte

Explizite Methoden sind für komplexere Aufgaben vorgesehen wie beispielsweise:

- Berechnungen
- Überwachung
- Steuerung
- Zusammenarbeit mit andern Objekten

Was die *Variablen* (*Attribute*) anbelangt, so unterscheidet man:

Variablen- (Attribut-) Arten

- ❑ **Identifizierende Variable (Attribute)**
- ❑ **Beschreibende Variable (Attribute)**
- ❑ **Variable (Attribute) für Statusinformationen**

Identifizierende Variable (*Attribute*) dienen der Identifikation von tatsächlichen Objekten. Beispiele sind etwa:

- Sozialversicherungs-Nummer (in der Schweiz AHV-Nummer)
- Personal-Nummer

Zur Erinnerung: Man verwechsle identifizierende Variable nicht mit der Id-Variable. Bekanntlich kann es durchaus mehrere Objekte für ein und dieselbe Person geben.

Mit *beschreibenden Variablen (Attributen)* sind Eigenschaften von tatsächlichen Objekten festzuhalten. Beispiele sind etwa:

- Personen-Name
- Geburtsdatum

Mit *Variablen (Attributen) für Statusinformationen* sind Aussagen über den aktuellen Zustand von tatsächlichen Objekten festzuhalten. Beispiele sind etwa:

- Gewicht
- Grösse
- Zivilstand
- Wohnort

Variablen sind wie folgt zu prüfen:

Prüfung von Variablen (Attributen)

- ❑ **Ist ein Variablenwert jederzeit berechenbar?**
- ❑ **Repräsentiert die Variable eine Wiederholungsgruppe?**
- ❑ **Ist die Variable strukturiert?**
- ❑ **Gehört die Variable tatsächlich zur Klasse?**

Zu den vorstehenden Fragen folgende Erläuterungen:

- *Ist ein Variablenwert jederzeit berechenbar?* Eine Variable, deren Werte jederzeit aus andern Variablen (der gleichen Klasse oder anderer Klassen) zu berechnen ist, ist überflüssig und sollte durch eine Methode ersetzt werden.

  Beispiel: Eine Variable WERT wäre nicht zweckmässig, weil sich deren Werte mit der Multiplikation MENGE x EINHEITSPREIS ermitteln lassen.

- *Repräsentiert die Variable eine Wiederholungsgruppe*[1]*?* Falls ja, ist die Variable nicht atomar. Zweckmässig ist in diesem Fall, die Variable mit einer neuen Klasse zu implementieren und die ursprüngliche Klasse mit der neuen Klasse in Beziehung zu setzen (siehe Abschnitt 2.4: *Beziehungsstrukturen*).

  Beispiel: Für die Klasse PATIENT wäre eine Variable KRANKHEIT nicht zweckmässig, da ein Patient mehrere Krankheiten aufweisen kann. Zu prüfen wäre die Definition einer Klasse KRANKHEIT, mit welcher die Klasse PATIENT in Beziehung zu setzen wäre.

[1] Von einer *Wiederholungsgruppe* spricht man, wenn eine Variable pro Objekt mehrere Werte aufweisen kann.

- *Ist die Variable strukturiert?* Dies ist nicht unbedingt ein Nachteil, wird aber zu Schwierigkeiten führen, wenn einzelne Komponenten der Variablen anzusprechen sind.

  Beispiel: Wenn hinsichtlich der Variable ADRESSE einzelne Komponenten wie STRASSE, NUMMER, POSTLEITZAHL, ORT von Interesse sind, dann sind die Komponenten einzeln als Variable zu deklarieren.

- *Gehört die Variable tatsächlich zur Klasse?* Im Abschnitt 2.3: *Vererbungsstrukturen* werden wir erfahren, dass Variablen an untergeordnete Klassen zu vererben sind. Um möglichst viele Klassen von einer Variablen profitieren zu lassen, muss diese in der richtigen Klasse implementiert werden. Darüber später mehr.

Im Zusammenhang mit der Definition der Variablen einer Klasse taucht oft die Frage auf, ob die von der Datenmodellierung her bekannten *Normalisierungskriterien* zu beachten seien. Wenn Coad/Yourdon[1] auch der Meinung sind, dass die Normalisierung im objektorientierten Umfeld an Bedeutung verloren hat, sollte man bei der Festlegung der Variablen einer Klasse schon gewisse Gesetzmässigkeiten beachten. Andernfalls resultieren *Redundanzen* und damit einhergehend über kurz oder lang *Inkonsistenzen* in den Datenbeständen.

Abb. 2.2.5 illustriert den geschilderten Sachverhalt am Beispiel einer Klasse PATIENT mit den Variablen P#, PATIENT.NAME, A#, ARZT.NAME, R# sowie RAUM.BEZEICHNUNG. Wir gehen davon aus, dass ein Patient normalerweise von mehreren Ärzten behandelt wird und ein Arzt mehrere Patienten behandeln kann. Ferner unterstellen wir, dass ein Patient immer nur in einem Raume liegt, in einem Raume aber normalerweise mehrere Patienten vorzufinden sind. Wenn man jetzt noch fordert, dass ein Patient bzw. ein Arzt jederzeit nur einen Namen und ein Raum nur eine Bezeichnung aufweisen darf, dann lassen sich Redundanzen hinsichtlich der Variablen PATIENT.NAME, ARZT.NAME sowie RAUM.BEZEICHNUNG nicht vermeiden[2].

Zugegeben: Selbst ein über keine Normalisierungskenntnisse verfügender Modellierungsexperte hätte die vorerwähnten Variablen vermutlich zum vornherein auf die drei Klassen PATIENT, ARZT und RAUM verteilt, damit Redundanzen aus dem Wege gehend. Deswegen aber von einer völligen Bedeutungslosigkeit der

[1] Coad P., Yourdon E.: Object-Oriented Analysis. Prentice Hall, 1990, ISBN 0-13-629122-8

[2] Die dargelegten Annahmen führen zu einer Verletzung der dritten Normalform. Siehe hierzu: Vetter M.: Strategie der Anwendungssoftware-Entwicklung (Methoden, Techniken, Tools einer ganzheitlichen, objektorientierten Vorgehensweise). B.G. Teubner, Stuttgart

Normalisierung zu reden, ist doch etwas abwegig - umsomehr, als in der Praxis im allgemeinen ja nicht banale Fälle der vorstehenden Art zu bearbeiten sind. Aber wie auch immer: Nachdem die Normalisierung in der einschlägigen Literatur[1] hinreichend diskutiert wird, soll dieses Thema in diesem Buche nicht nochmals zur Sprache kommen.

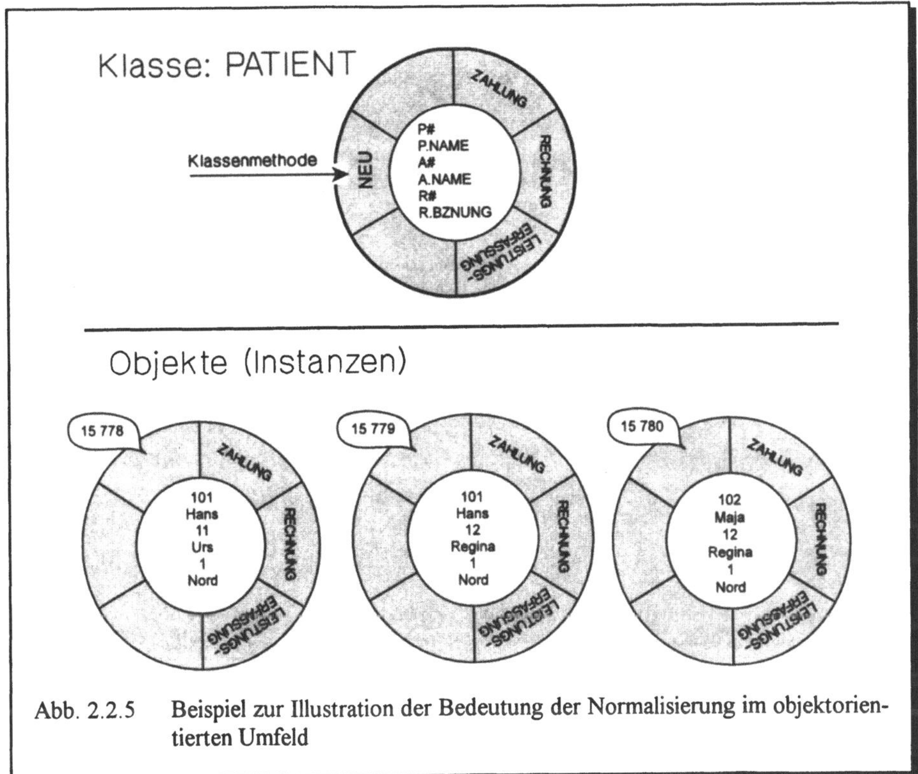

Abb. 2.2.5 Beispiel zur Illustration der Bedeutung der Normalisierung im objektorientierten Umfeld

Und damit zum letzten Punkt dieses Abschnittes, dem Ausfindigmachen von Klassen nämlich.

Fest steht: Das Kernproblem objektorientierter Anwendungsentwicklung liegt in der Ermittlung der richtigen Klassen. Grundsätzlich geht es darum, die für einen Problembereich relevanten Objekte zu bestimmen und geeignet zu klassieren. Hierfür gibt es leider kein Verfahren, mit dem zu gewährleisten wäre, dass verschiedene Anwendungsentwickler unabhängig voneinander zum gleichen Ergebnis kommen. Der Grund hierfür sei mit einem kleinen Experiment kurz

[1] Siehe beispielsweise: Vetter M.: Aufbau betrieblicher Informationssysteme mittels objektorientierter, konzeptioneller Datenmodellierung. B.G. Teubner, Stuttgart

dargelegt. Man versuche einmal, die in Abb. 2.2.6 gezeigten Züge zu klassieren. Je nach dem, ob man die Länge eines Zuges, das Aussehen einer Lokomotive, identische Ladungen oder was auch immer als Klassierungsmerkmal heranzieht, werden unterschiedliche Lösungen resultieren.

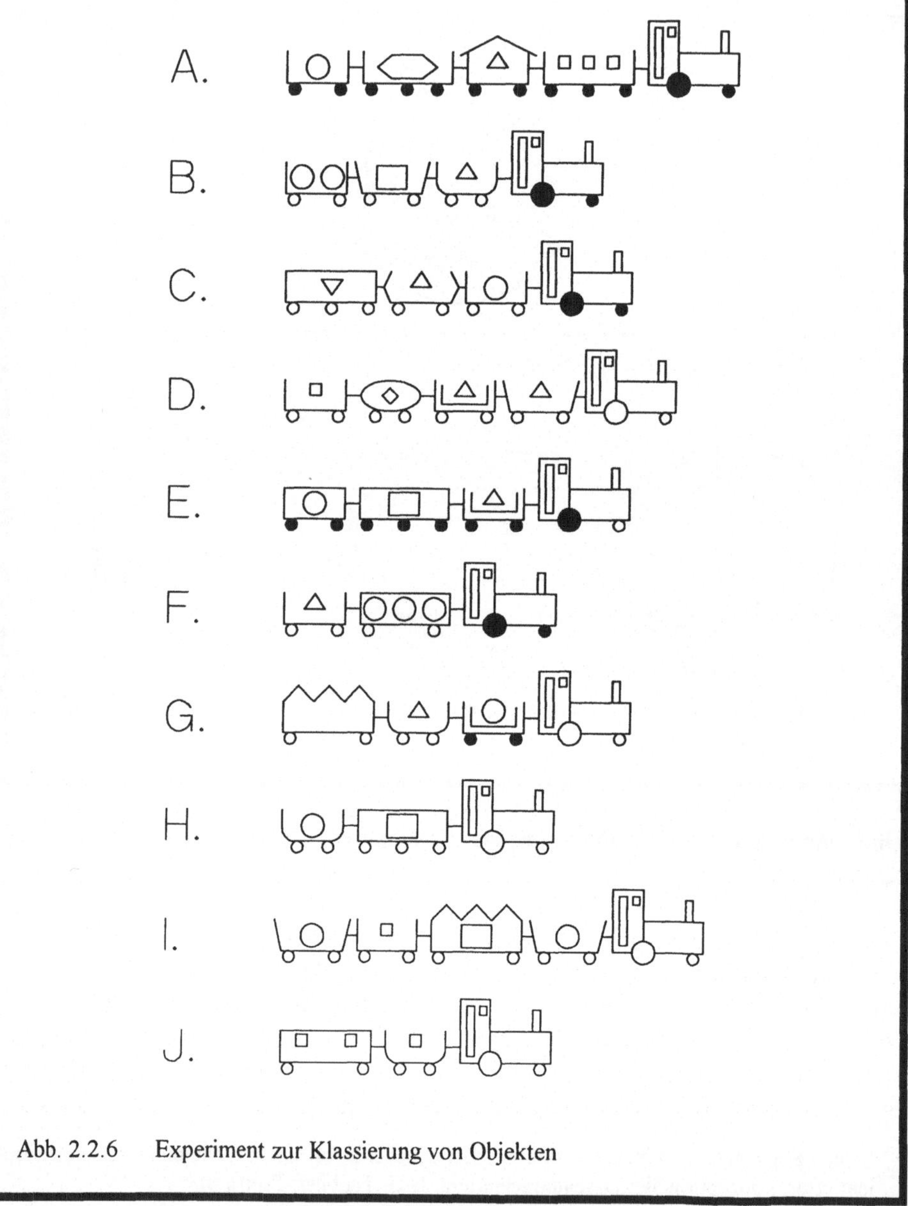

Abb. 2.2.6 Experiment zur Klassierung von Objekten

R. Stepp und R. Michalski[1], denen das vorstehende Klassierungsexperiment zu verdanken ist, haben für die in Abb. 2.2.6 gezeigten Züge insgesamt 93 Klassierungsmöglichkeiten ausfindig gemacht. Diese Anzahl ist sogar zu übertreffen, wenn man den Symbolen für die Wagenladungen Bedeutungen beimisst (Kreise repräsentieren beispielsweise *giftige Stoffe*, Rechtecke *Baumaterial* und alle übrigen Symbole *Fahrgäste*).

Das Experiment von R. Stepp und R. Michalski illustriert hervorragend, dass die Bestimmung von Klassen ein fundiertes Verständnis der für einen Problemkreis relevanten Objekte erfordert und dass das Anwendungsentwicklungsteam hinsichtlich der erforderlichen Klassen einen möglicherweise sehr mühsamen, Kompromisse erheischenden Erkenntnisprozess zu durchschreiten hat.

Nun ist aber das geschilderte Phänomen hinlänglich bekannt, tritt es doch in der klassischen Datenmodellierung genau so auf, wenn es darum geht, die für einen Problemkreis relevanten *Entitätsmengen* festzulegen. Dies deutet darauf hin, dass klassische Datenmodellierungstechniken durchaus auch für die Festlegung von Klassen einzusetzen sind. Tatsächlich kommen in Frage:

Klassische Techniken zur Ermittlung von Klassen

- ❑ **Die Textanalyse**
- ❑ **Realitätsbeobachtungen**
- ❑ **Die Benützersichtanalyse**
- ❑ **Die Generalisierung und Spezialisierung**
- ❑ **Die Ereignisanalyse**

Zu diesen Techniken folgende Erläuterungen:

[1] Stepp R., Michalski R.: Conceptual Clustering of Structured Objects: A Goal-Oriented Approach. Artificial Intelligence vol. 28(1), 1986

Die Textanalyse

Liegt für ein Problem eine textuelle Beschreibung vor, so kann diese entsprechend eines Vorschlags von R. Abbot[1] systematisch nach *Substantiven* und damit nach Kandidaten für *Klassen* durchkämmt werden. In analoger Weise sind *Variable* anhand von *Adjektiven* und *Methoden* anhand von *Verben* ausfindig zu machen. Zugegeben: Dieses Verfahren ist nicht perfekt, führt aber sehr schnell zu ersten Hinweisen. Selbstverständlich steht und fällt das Verfahren mit der Qualität des verfügbaren Textes.

Beispiel: Eine Unternehmung möchte die Administration ihrer internen Kurse automatisieren[2]. Hinsichtlich der Kursorganisation liegen die im nachfolgenden Rahmen festgehaltenen Hinweise vor. Eine Textanalyse liefert folgende Kandidaten für *Klassen* (im Text durch unterstrichene Substantive markiert):

MITARBEITER
DOZENT
STUDENT
KURSTYP
KURS
LOKAL
SCHLAFRAUM

Zudem sind folgende *Methoden* in Betracht zu ziehen (im Text kursiv markiert):

Kursanmeldungen pro Student durchführen
Kursabschlüsse pro Student durchführen
Teilnehmerliste pro Kurs erstellen
Atteste pro Kurs erstellen
Kursliste pro Dozent erstellen
Belegungsplan pro Lokal bzw. Schlafraum ermitteln

Offensichtlich sind mittels einer Textanalyse neben Klassen, Variablen sowie Methoden auch *Beziehungen* zwischen Klassen ausfindig zu machen. Beispielsweise deutet die Aussage *"Jeder Kurs erfordert einen Dozenten"* darauf hin, dass die Klassen KURS und DOZENT miteinander in Beziehung stehen (mehr darüber in Abschnitt 2.4: *Beziehungsstrukturen*).

[1] Abbot R.: Program Design by Informal English Descriptions. Communications of the ACM vol. 26 (11), 1983

[2] Das Beispiel basiert auf einer am *International Education Center* (IEC) der IBM in La Hulpe, Brüssel, realisierten Anwendung.

Kursorganisation

1. Es werden Kurse unterschiedlichen Typs (beispielsweise Informatik, Betriebswirtschaftslehre, Branchenkunde, etc.) angeboten. Für jeden Kurstyp gibt es mehrere Kurse (beispielsweise Informatik im Frühjahr, Sommer und Herbst).

2. Jeder Kurs erfordert einen Dozenten. Ein Dozent ist in der Regel für mehrere Kurse zuständig.

3. Ein Kurs kann von mehreren Studenten besucht werden. Umgekehrt kann ein Student mehrere Kurse besuchen.

4. Dozenten und Studenten sind Mitarbeiter ein und derselben Firma.

5. Jeder Kurs findet in einem Lokal statt. Ein Lokal kann im Verlaufe der Zeit von verschiedenen Kursen belegt sein.

6. Jeder Dozent und jeder Student braucht normalerweise einen Schlafraum. Ein Schlafraum kann im Verlaufe der Zeit von verschiedenen Mitarbeitern belegt werden.

7. Pro Student sind *Kursanmeldungen* sowie *Kursabschlüsse durchzuführen.*

8. Pro Kurs ist eine *Teilnehmerliste* und sind *Kursatteste zu erstellen.*

9. Pro Dozent ist eine *Kursliste zu erstellen.*

10. Pro Lokal ist ein *Belegungsplan zu erstellen.*

11. Pro Schlafraum ist ein *Belegungsplan zu erstellen.*

etc.

Zu beachten ist, dass Variable nicht nur anhand von Adjektiven, sondern auch von Methoden her abzuleiten sind. So ist beispielsweise die Methode *Belegungsplan pro Lokal ermitteln* nur dann zu realisieren, wenn bekannt ist, welche Kurse von wann bis wann in welchen Lokalen stattfinden. Hierfür sind aber die Variablen AB.DATUM und BIS.DATUM für die Klasse KURS erforderlich.

Realitätsbeobachtungen

Bei diesem Verfahren werden die für einen Problembereich relevanten Objekttypen und damit Klassen aufgrund von Realitätsbeobachtungen ermittelt. Auch dem vorstehend analysierten Text liegen Realitätsbeobachtungen zugrunde. Statt diese Beobachtungen nun aber mühsam in textueller Form festzuhalten, dokumentiert man sie gleich in objektgerechter Form. Wie man sich dies für das Beispiel *Kursorganisation* vorzustellen hat, ist Abb. 2.2.7 (OO-Diagramm nach Coad/Yourdon) bzw. Abb. 2.2.8 (OO-Diagramm nach Booch) zu entnehmen.

Empfehlenswert ist, bei der Definition einer Klasse gleich auch die zur Identifikation tatsächlicher Objekte erforderliche Variable - die *identifizierende Variable* also - festzulegen. Für die Klasse MITARBEITER kommt hierfür beispielsweise die Variable M# in Frage.

Realitätsbeobachtungen eignen sich hervorragend, um möglichst rasch ein, wenn auch grobes, OO-Modell zu ermitteln.

Die Benützersichtanalyse

Bei der Bearbeitung von Wirtschafts- und Verwaltungsproblemen geht man zweckmässigerweise *ergebnisorientiert* vor. Zu diesem Zwecke ermittelt man kooperativ - also mit Beteiligung von Führungskräften, Sachbearbeitern und Informatikern - die für eine Anwendung zu produzierenden Ergebnisse in Form von Benützersichten (d.h. Anordnungen (Layouts) für Bildschirmausgaben, Listen, Formulare, Belege, etc.). Heute setzt man hierfür geeignete Tools ein, mit denen die angesprochenen Ergebnisse prototypmässig zu erzeugen sind (das heisst: ohne dass die gezeigten Daten in gespeicherter Form vorliegen oder die sie verarbeitenden Programme existieren müssen).

Wir illustrieren die Benützersichtanalyse im folgenden an einem Beispiel und unterstellen zu diesem Zweck, dass für den Problembereich *Kursorganisation* die in Abb. 2.2.9 gezeigte *Kursbeschreibung* zu erstellen ist.

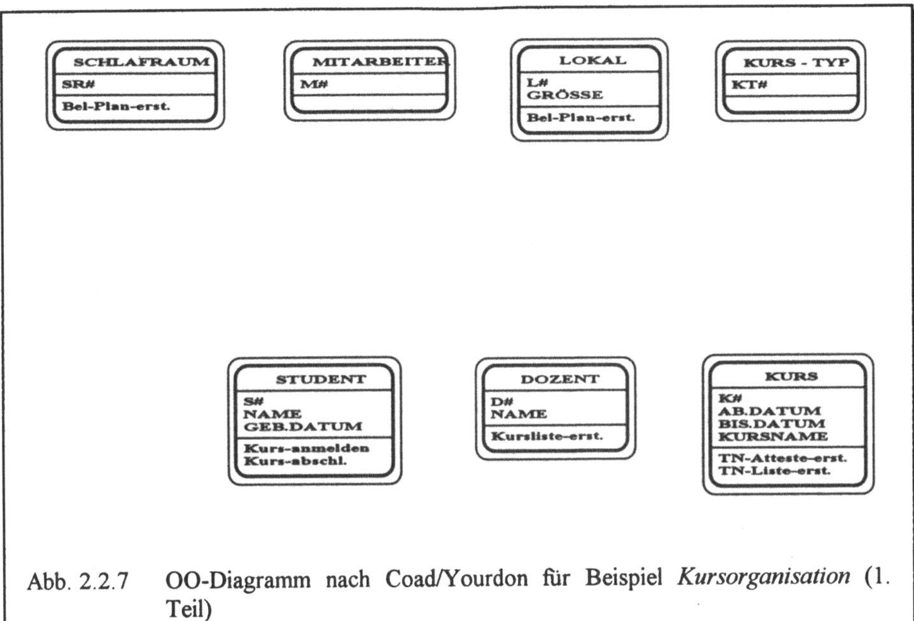

Abb. 2.2.7 OO-Diagramm nach Coad/Yourdon für Beispiel *Kursorganisation* (1. Teil)

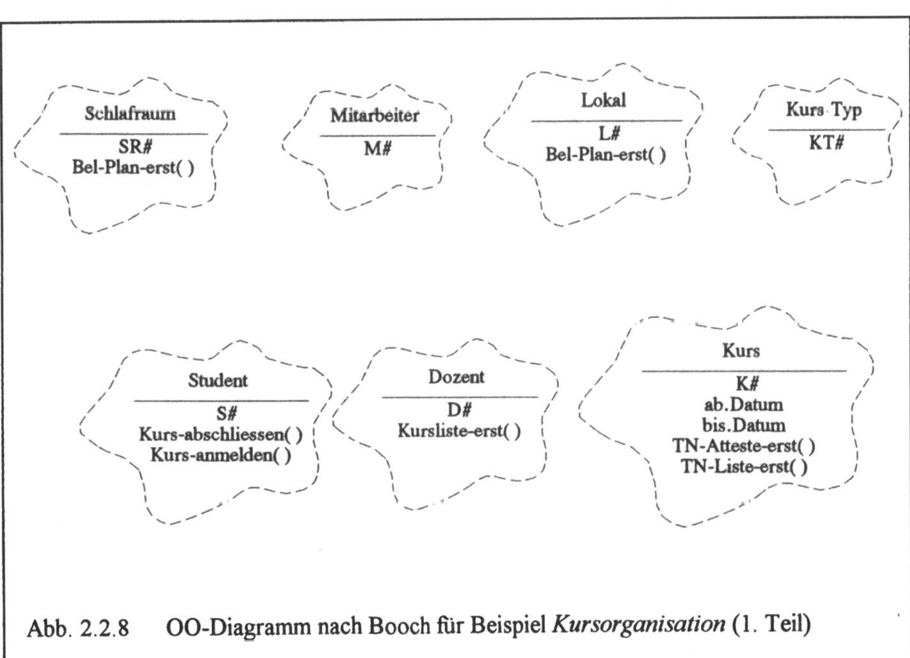

Abb. 2.2.8 OO-Diagramm nach Booch für Beispiel *Kursorganisation* (1. Teil)

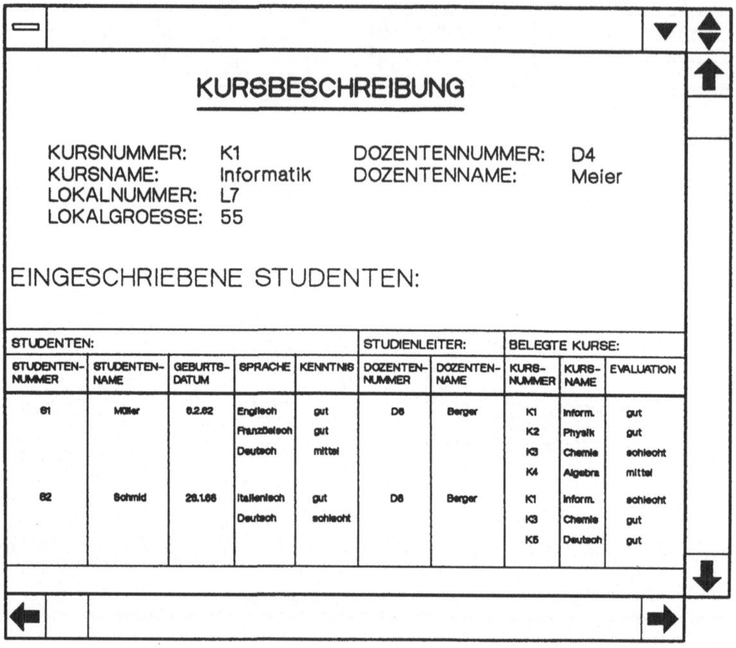

KURSBESCHREIBUNG

KURSNUMMER: K1 DOZENTENNUMMER: D4
KURSNAME: Informatik DOZENTENNAME: Meier
LOKALNUMMER: L7
LOKALGROESSE: 55

EINGESCHRIEBENE STUDENTEN:

STUDENTEN:					STUDIENLEITER:		BELEGTE KURSE:		
STUDENTEN-NUMMER	STUDENTEN-NAME	GEBURTS-DATUM	SPRACHE	KENNTNIS	DOZENTEN-NUMMER	DOZENTEN-NAME	KURS-NUMMER	KURS-NAME	EVALUATION
S1	Müller	6.2.62	Englisch	gut	D6	Berger	K1	Inform.	gut
			Französisch	gut			K2	Physik	gut
			Deutsch	mittel			K3	Chemie	schlecht
							K4	Algebra	mittel
S2	Schmid	26.1.66	Italienisch	gut	D6	Berger	K1	Inform.	schlecht
			Deutsch	schlecht			K3	Chemie	gut
							K5	Deutsch	gut

Abb. 2.2.9 Beispiel zur Illustration der Benützersichtanalyse

Pro Kurs ist also das *Lokal*, der *Dozent*, die *Studenten*, deren *Studienleiter* sowie die *pro Student besuchten Kurse* auszuweisen. Damit sind aber auch schon die wesentlichen Objekttypen und damit Klassen genannt, die von der in Abb. 2.2.9 gezeigten Benützersicht abzuleiten sind. Wenn man sich jetzt noch in Erinnerung ruft, dass Wiederholungsgruppen zweckmässigerweise als Klassen zu implementieren sind, so wird man auch die *von den Studenten gesprochenen Sprachen* als Klasse definieren und hierfür die Variablen SPRACHE sowie KENNTNIS vorsehen.

Abb. 2.2.10 zeigt das Ergebnis der Analyse der in Abb. 2.2.9 aufgeführten Benützersicht (schattierte Ellipsen kennzeichnen die relevanten Objekttypen und damit die Klassen). Zu beachten ist, dass ein Objekttyp durchaus mehrmals - wenn auch in unterschiedlichen Funktionen - in Erscheinung treten kann. Auf unser Beispiel bezogen ist dies für die mit A bzw. B gekennzeichneten Objekttypen KURS bzw. DOZENT der Fall.

KURSBESCHREIBUNG

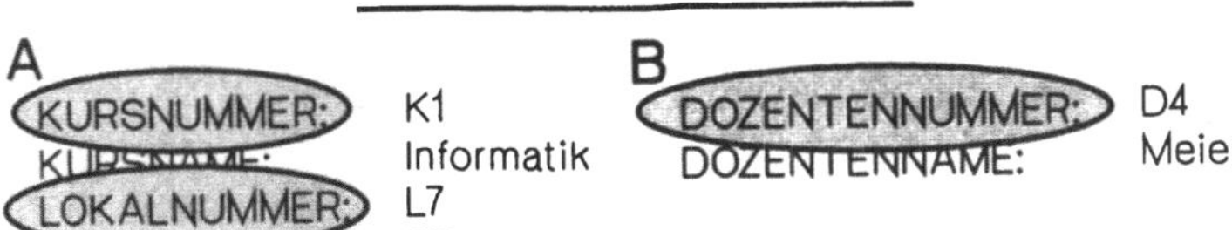

EINGESCHRIEBENE STUDENTEN:

STUDENTEN:					STUDIENLEITER:		BELEGTE KURSE:		
STUDENTEN-NUMMER	STUDENTEN-NAME	GEBURTS-DATUM	SPRACHE	KENNTNIS B	DOZENTEN-NUMMER	DOZENTEN-NAME A	KURS-NUMMER	KURS-NAME	EVALUATION
S1	Müller	6.2.62	Englisch	gut	D8	Berger	K1	Inform.	gut
			Französisch	gut			K2	Physik	gut
			Deutsch	mittel			K3	Chemie	schlecht
							K4	Algebra	mittel
S2	Schmid	26.1.68	Italienisch	gut	D8	Berger	K1	Inform.	schlecht
			Deutsch	schlecht			K3	Chemie	gut
							K5	Deutsch	gut

Abb. 2.2.10 Die von der Benützersicht aus Abb. 2.2.9 abgeleiteten Objekttypen (Klassen)

Bliebe darauf hinzuweisen, dass mit einer Benützersichtanalyse auch Beziehungen zwischen Klassen (wird in Abschnitt 2.4: *Beziehungsstrukturen* diskutiert) sowie Variable (Attribute) zu ermitteln sind. So ist beispielsweise zu erkennen, dass für die Klasse KURS eine Variable KURSNAME, für LOKAL eine Variable GRÖSSE, für STUDENT die Variablen NAME sowie GEBURTSDATUM und für DOZENT die Variable NAME erforderlich sind (auf die Variable EVALUATION kommen wir später zu sprechen). Diese Variablen sind nun gemäss Abb. 2.2.11 (Coad/Yourdon) bzw. Abb. 2.2.12 (Booch) im OO-Modell aus Abb. 2.2.7 bzw. Abb. 2.2.8 zu "versorgen".

Eine Benützersichtanalyse eignet sich hervorragend, wenn ein grobes, beispielsweise mittels Realitätsbeobachtungen ermitteltes OO-Modell zu verfeinern ist.

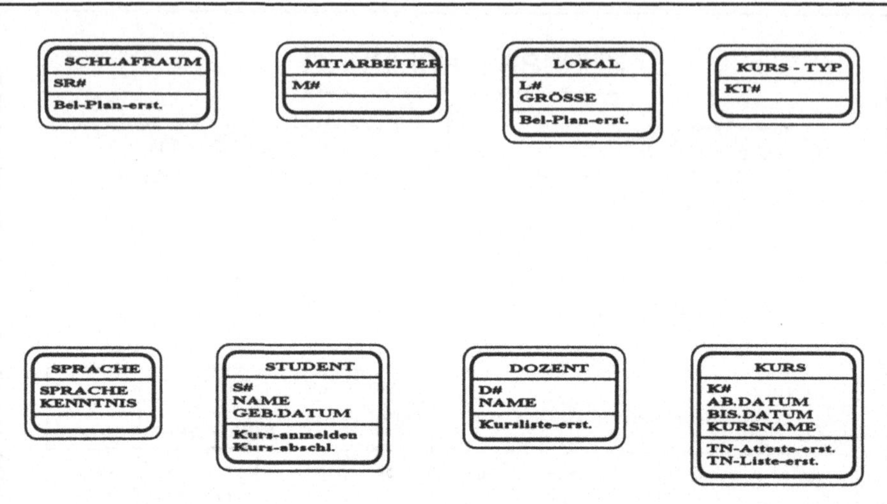

Abb. 2.2.11 Mit Variablen ergänztes OO-Diagramm nach Coad/Yourdon für Beispiel *Kursorganisation* (2. Teil)

Schlafraum
SR#
Bel-Plan-erst( )

Mitarbeiter
M#

Lokal
L#
Grösse
Bel-Plan-erst( )

Kurs-Typ
KT#

Dozent
D#
Name
Kursliste-erst( )

Student
S#
Geb.Datum
Name
Kurs-abschliessen( )
Kurs-anmelden( )

Kurs
K#
ab.Datum
bis.Datum
Kursname
TN-Atteste-erst( )
TN-Liste-erst( )

Sprache
Kenntnis
Sprache

Abb. 2.2.12 Mit Variablen ergänztes OO-Diagramm nach Booch für Beispiel *Kursorganisation* (2. Teil)

Die Generalisierung und Spezialisierung

Bei dieser Technik überlegt man sich:

1. Ist für eine (oder mehrere) Klasse(n) eine generellere, also allgemeinere Klasse denkbar?

   Beispiel: Hätte man für den Problembereich *Kursorganisation* entsprechend Abb. 2.2.13 zunächst nur die Klassen STUDENT und DOZENT festgelegt, dann hätte eine *Generalisierung* die Klasse MITARBEITER ergeben.

2. Sind für eine Klasse *Spezialisierungen* denkbar, oder mit andern Worten: Ist eine Klasse nach innen zu gliedern?

   Beispiel: Hätte man für den Problembereich *Kursorganisation* entsprechend Abb. 2.2.13 zunächst nur die Klasse MITARBEITER festgelegt, dann hätte eine *Spezialisierung* die Klassen STUDENT und DOZENT ergeben.

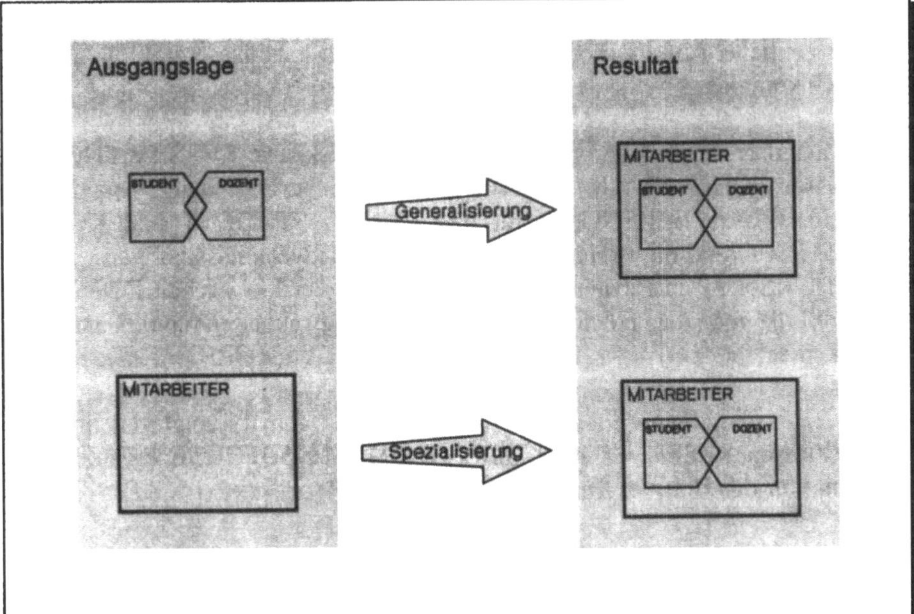

Abb. 2.2.13 Generalisierung und Spezialisierung zur Identifikation von Klassen

Wie Generalisierungen und Spezialisierungen in einem OO-Diagramm darzustellen sind, wird in Abschnitt 2.3: *Vererbungsstrukturen* erläutert.

Die Ereignisanalyse

Sind über bereits erfolgte oder zu erwartende Ereignisse Informationen festzuhalten, so sind hierfür Ereignisklassen vorzusehen. Mit Ereignisklassen ist also das Geschehen auf der Zeitachse zu modellieren.

Beispiel: Im Problembereich *Kursorganisation* erfordert die *Reservierung von Schlafräumen* eine die Variablen AB.DATUM sowie BIS.DATUM aufweisende Ereignisklasse RESERVATION, denn nur so ist die zukünftige Belegung von Schlafräumen aufzuzeichnen. Analog erfordert die *Belegung von Kursen durch Studenten* eine Ereignisklasse BELEGUNG, denn nur so sind die von den Studenten im Verlaufe der Zeit erbrachten Kursleistungen festzuhalten. Letztere sind in Abb. 2.2.9 mit EVALUATION bezeichnet und müssten im OO-Modell als Variable der Klasse BELEGUNG berücksichtigt werden.

Eine Ereignisklasse ist auch erforderlich, wenn die zeitliche Abfolge von Kursen zu modellieren ist (einem Kurs für Anfänger folgen normalerweise mehrere Kurse für Fortgeschrittene, oder umgekehrt: einem Kurs für Fortgeschrittene gehen normalerweise mehrere einfachere Kurse voraus). In unserem OO-Modell soll die zeitliche Abfolge von Kursen mit der Ereignisklasse ABFOLGE zum Ausdruck kommen.

Wie später darzulegen sein wird, steht die Ereignisklasse RESERVATION mit den Klassen SCHLAFRAUM und MITARBEITER in Beziehung. Analog steht die Ereignisklasse BELEGUNG mit den Klassen STUDENT und KURS in Beziehung, während die Ereignisklasse ABFOLGE zweckmässigerweise mit der Klasse KURS-TYP in Beziehung zu setzen ist. In der klassischen Datenmodellierung würde man bezüglich der genannten Ereignisklassen von *Beziehungsmengen* sprechen.

Abb. 2.2.14 (Coad/Yourdon) bzw. Abb. 2.2.15 (Booch) zeigt das mit den Ereignisklassen RESERVATION, BELEGUNG und ABFOLGE ergänzte OO-Diagramm für das Beispiel *Kursorganisation.*

Neben den klassischen, der Datenmodellierung entlehnten Techniken zur Bestimmung von Klassen, gelangen im objektorientierten Umfeld zunehmend auch die im nachfolgenden Rahmen aufgeführten Techniken zum Einsatz.

Weitere Techniken zur Ermittlung von Klassen

- ❑ **Verhaltensanalyse (Behavior Analysis)**
- ❑ **CRC-Karten (Class-Responsibility-Collaboration)**

Zu diesen Techniken folgende Erläuterungen:

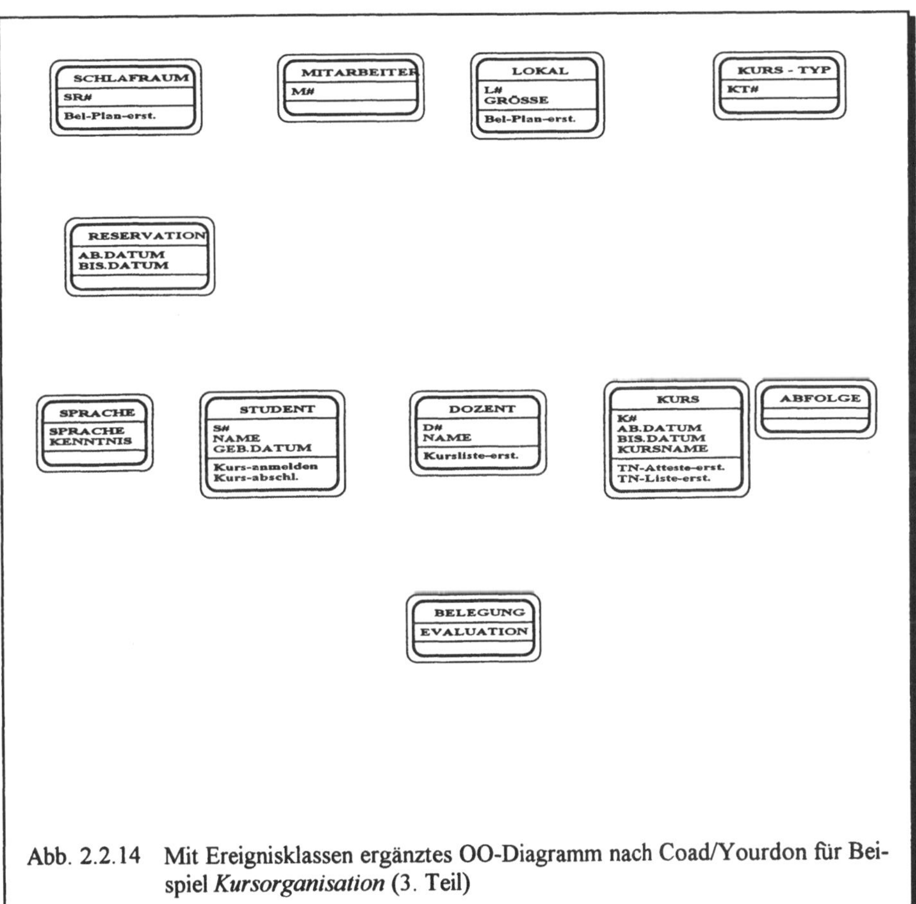

Abb. 2.2.14 Mit Ereignisklassen ergänztes OO-Diagramm nach Coad/Yourdon für Beispiel *Kursorganisation* (3. Teil)

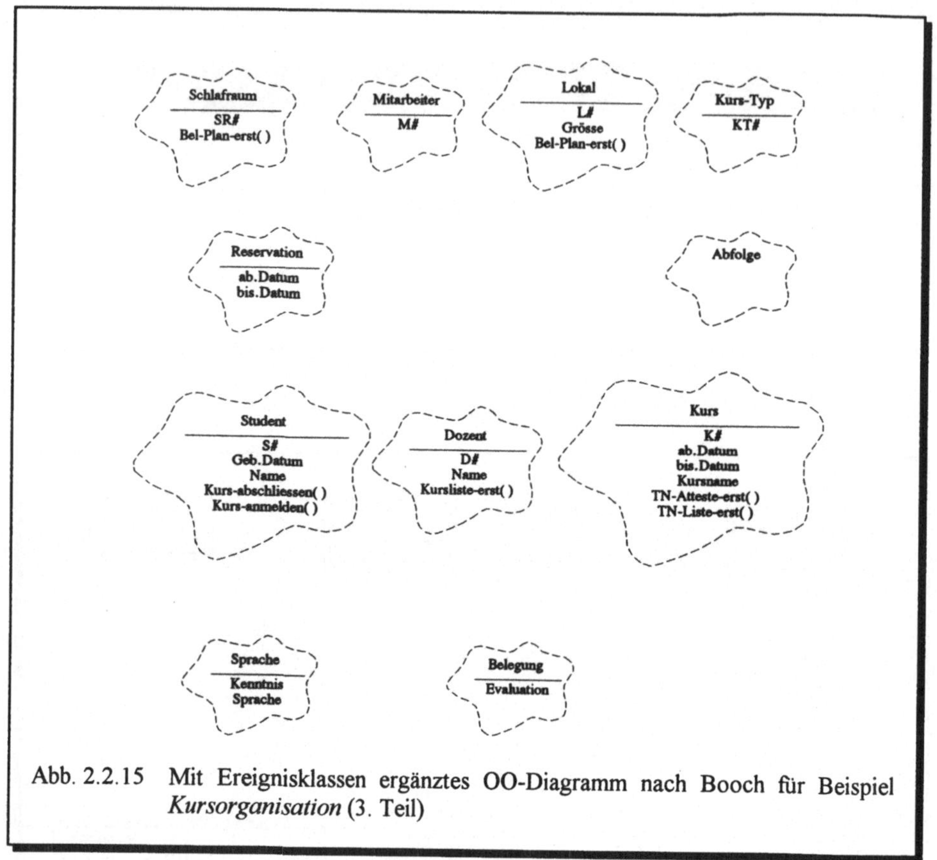

Abb. 2.2.15 Mit Ereignisklassen ergänztes OO-Diagramm nach Booch für Beispiel *Kursorganisation* (3. Teil)

Verhaltensanalyse (Behavior Analysis)

In dieser von Elizabeth Gibson[1] und Adele Goldberg[2] (beide von Parc Place Systems, früher XEROX Palo Alto Research Center) entwickelten Vorgehensweise, werden folgende Dimensionen berücksichtigt:

- **Initiator:** d.h. das einen Vorgang auslösende Objekt
- **Action:** d.h. die auszuführende(n) Aktion(en)
- **Participant:** d.h. zur Durchführung des Vorganges beitragende(s) Objekt(e)

---

[1] Gibson E.: Objects - Born and Bred. In: Byte Vol. 15, Nr. 10, October 1990

[2] Rubin K., Goldberg A.: Object Behavior Analysis. In: Communications of the ACM, September 1992, Vol. 35, No. 9

Abb. 2.2.16 bzw. Abb. 2.2.17 illustrieren das Vorgehen am Beispiel *Einzahlung auf Sparkonto* bzw. *Kreditvergabe*.

Initiator:	Action:	Participant:
Kunde	wählt Einzahlung auf Sparkonto	Kassierer
Kassierer	addiert Einzahlungsbetrag	Konto
Kassierer	erstellt neuen Saldo	Konto
Kassierer	erstellt Einzahlungsbeleg für	Kunde

Abb. 2.2.16 Script: Einzahlung auf Sparkonto

Initiator:	Action:	Participant:
Kunde	beantragt Kredit	Kreditsachbearbeiter
Kreditsachbearbeiter	fragt nach Referenzen	Kunde
Kunde	gibt Referenzen an	Kreditsachbearbeiter
Kreditsachbearbeiter	prüft die Kundendaten	Kreditreferenzen
Kundendaten	orientieren über Kreditvergangenheit	Kreditsachbearbeiter
Kreditsachbearbeiter	befürwortet	Kredit
Kreditsachbearbeiter	benachrichtigt	Kunde

Abb. 2.2.17 Script: Kreditvergabe

Entsprechend Abb. 2.2.16 bzw. Abb. 2.2.17 erstellte Scripts ermöglichen Aussagen über:

- Systemgrenzen, d.h. über
  1. Ereignisse, die auf das System einwirken
  2. Reaktionen des Systems auf eintreffende Ereignisse
  3. ausserhalb des Systems befindliche Objekte (z.B. Kassierer, Kreditsachbearbeiter, Kunde, Kreditreferenzen)
  4. innerhalb des Systems befindliche Objekte (z.B. Sparkonto, Kredit, Informationen über Kunden)
- gemeinsames Verhalten von Objekten (z.B. Reaktion auf Anfragen nach dem Saldo)
- Interaktionen unter Objekten

CRC-Karten (Class-Responsibility-Collaboration)

Die Ermittlung von Klassen mittels CRC-Karten spielt beim Vorgehen gemäss Rebecca Wirfs-Brock[1] eine zentrale Rolle. Abb. 2.2.18 zeigt den Aufbau einer Karte (empfohlen wird ein Ausmass von 3 × 5 oder besser 5 × 7 Zoll).

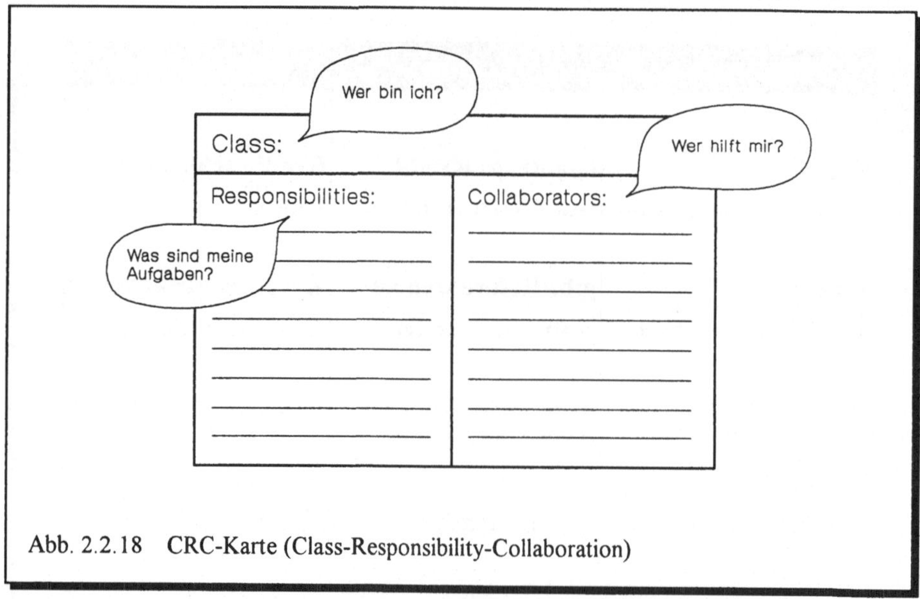

Abb. 2.2.18 CRC-Karte (Class-Responsibility-Collaboration)

[1] Wirfs-Brock R., Wilkerson B., Wiener L.: Objektorientiertes Software-Design, Hanser, 1993, ISBN 3-446-16319-0

Wir illustrieren das Vorgehen anhand eines Beispiels und unterstellen zu diesem Zweck, dass ein Bibliotheksmitglied x ein Buch y eines Autors z entleihen möchte. Abb. 2.2.19 zeigt zunächst ein entsprechendes Script.

Initiator:	Action:	Participant:
Mitglied x	erkundigt sich bei	Bibliothekarin
Bibliothekarin	schaut nach im	Autorenverzeichnis
Bibliothekarin	entnimmt Autoren-verzeichnis	Karten
Bibliothekarin	zeigt Karten	Mitglied x
Mitglied x	wählt aus	Buchtitel
Bibliothekarin	schaut nach im	Verzeichnis der verfügbaren Bücher
Bibliothekarin	entnimmt	Buch
Bibliothekarin	durchsucht	Mitgliederkartei
Bibliothekarin	notiert Titel und Ausgabe auf	Mitgliedskarte
Bibliothekarin	notiert Mitglieds-nummer auf	Buchkarte
Bibliothekarin	legt Buchkarte in	Ausleihkartei

Abb. 2.2.19 Script: Entleihung eines Buches

Vom Script sind folgende Objekte (bzw. Klassen) mit zugehörigen Verantwortlichkeiten (Responsibilities) abzuleiten:

- Mitgliederkartei
  Mitglied anhand des Namens aufsuchen

- Mitglied
  Ausleihung eines Buches festhalten

- Autorenverzeichnis
  Titel mit Hilfe des Autorennamens suchen

- Buchtitel
  Titel, Autor und Inhaltsangabe anzeigen

- Verzeichnis der verfügbaren Bücher
  verfügbare Bücher anzeigen

- Ausgabe
  Standort anzeigen
  Mitgliedsnummer als "Standort" festhalten
  Ausleihstatus vermerken

Abb. 2.2.20 illustriert, wie man sich die CRC-Karte für die Klasse *Buchtitel* vorzustellen hat.

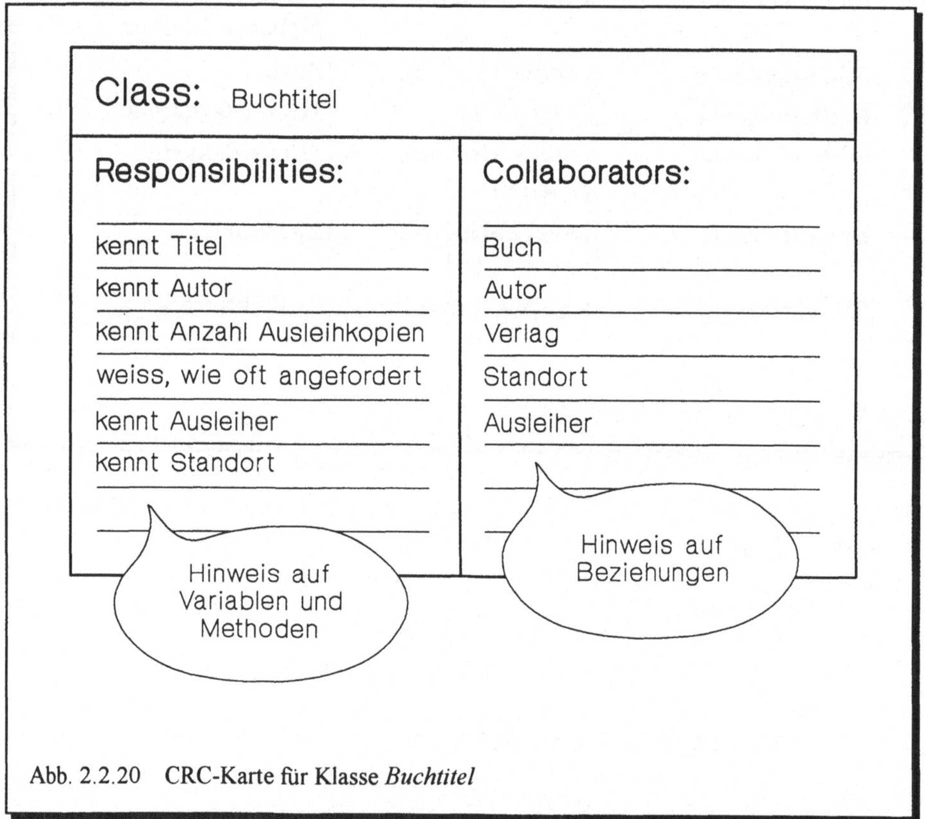

Abb. 2.2.20 CRC-Karte für Klasse *Buchtitel*

Auch wenn die vorstehenden Beispiele noch nicht erschöpfend ausdiskutiert wurden, so ist ein wesentliches Element der objektorientierten Vorgehensweise bereits deutlich geworden. Man beginnt - wir haben im 1. Kapitel: *Einleitung* bereits darauf hingewiesen - mit einem Grobkonzept und verfeinert dieses anschliessend im Verlaufe der Zeit, indem man einerseits zusätzliche Klassen einbringt und andrerseits Variablen und Methoden in existierenden Klassen "versorgt".

Bei grösseren Projekten ist es ratsam, einen Problembereich zwecks besserer Übersichtlichkeit zunächst nach *Subjektgruppen* (Coad/Yourdon sprechen von *Subjects* und Booch von *Class Categories*) zu gliedern und erst anschliessend die für eine Subjektgruppe relevanten Klassen zu bestimmen. Mit einer Subjektgruppe (man könnte auch von *Fachbereich* sprechen) sind somit logisch zusammengehörende Klassen zusammenzufassen. Heute stehen Tools zur Verfügung, mit denen Subjektgruppen zu expandieren (Abb. 2.2.21bzw. zu kollabieren (Abb. 2.2.22) sind.

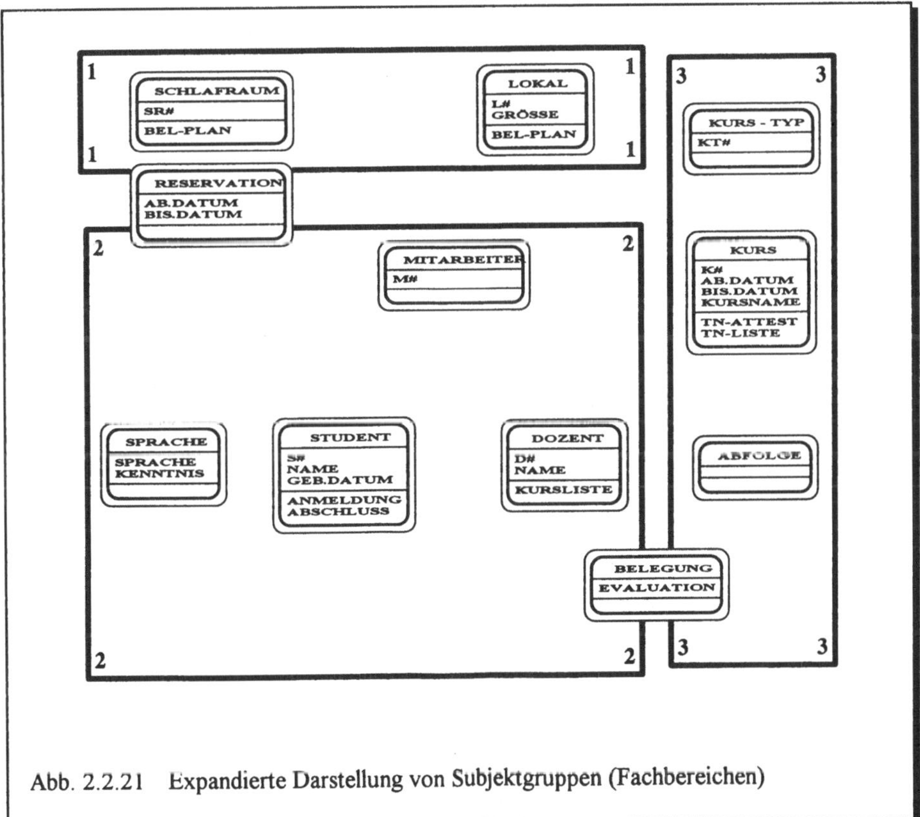

Abb. 2.2.21 Expandierte Darstellung von Subjektgruppen (Fachbereichen)

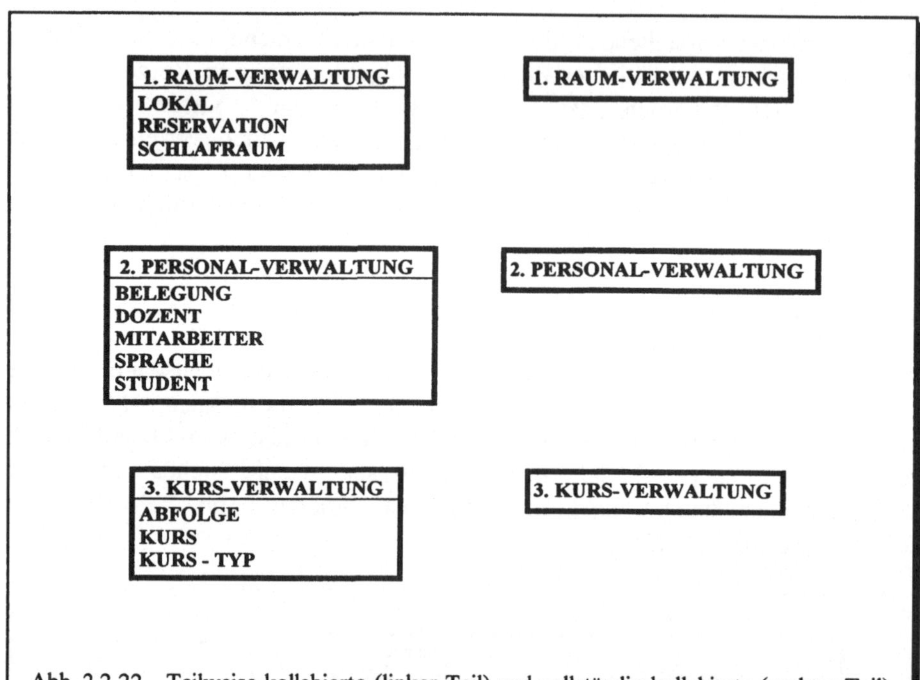

Abb. 2.2.22 Teilweise kollabierte (linker Teil) und vollständig kollabierte (rechter Teil) Darstellung von Subjektgruppen (Fachbereichen)

Wie man sich die expandierte bzw. kollabierte Darstellung einer Subjektgruppe für das Beispiel *Kursorganisation* vorzustellen hat, ist Abb. 2.2.21 sowie Abb. 2.2.22 zu entnehmen. In der expandierten Version (Abb. 2.2.21) sind die einer Subjektgruppe angehörenden Klassen im Detail zu erkennen. So sind beispielsweise in der 1. Subjektgruppe die für die *Raum-Verwaltung* relevanten Klassen vorzufinden, die 2. Subjektgruppe enthält die für die *Personal-Verwaltung* und die 3. Subjektgruppe schliesslich die für die *Kurs-Verwaltung* erforderlichen Klassen. Zu erkennen ist auch, dass eine Klasse grundsätzlich mehreren Subjektgruppen angehören kann. Beispielsweise ist die Klasse RESERVATION sowohl für den Fachbereich *Raum-Verwaltung* wie auch *Personal-Verwaltung* von Bedeutung. Ähnlich verhält es sich für die Klasse BELEGUNG, ist diese doch sowohl für den Fachbereich *Personal-Verwaltung* wie auch *Kurs-Verwaltung* relevant.

In der teilweise kollabierten Version (linker Teil von Abb. 2.2.22) sind die einer Subjektgruppe angehörenden Klassen wenigstens noch dem Namen nach aufgeführt, während in der vollständig kollabierten Version (rechter Teil von Abb. 2.2.22) nur noch der Name der Subjektgruppe zu erkennen ist.

Wir merken uns:

Klassenmerkmale[1]

- ❑ **Eine Klasse repräsentiert das *Muster* für die Kreierung von Objekten gleichen Typs. Zum Muster gehören *Variablen* (Attribute) sowie *Methoden* (Services). Variablen bestimmen den *Status*, Methoden hingegen das *Verhalten* von Objekten.**

- ❑ **Handelt es sich um eine *konkrete Klasse*, so wird das Muster auf die instanzierten Objekte der Klasse übertragen.**

- ❑ **Handelt es sich um eine *abstrakte Klasse*, so wird das Muster an konkrete Klassen vererbt.**

- ❑ **Eine konkrete Klasse ist also eine Zusammenfassung von einem oder mehreren Objekten mit identischen Variablen (Attributen) und Methoden (Services) unter einem gemeinsamen Oberbegriff. Zu einer konkreten Klasse gehört immer eine Klassenmethode, mit welcher neue Objekte der Klasse zu kreieren sind.**

- ❑ **Ein Objekt gehört genau zu einer Klasse.**

- ❑ **Eine Klasse ist vergleichbar mit einer Entitätsmenge oder einer Beziehungsmenge im Entitäten-Beziehungsmodell.**

[1] In Anlehnung an: Balzert H.: Objektorientierte Software-Entwicklung. Beitrag zur Fachkonferenz *Objektorientierung*, Institute for International Research, Köln, 1993

Ein methodisches Vorgehen bezeichnet man gemäss Wegner[1] als *klassenbasiertes Vorgehen* falls es entsprechend Abb. 2.2.23

1. Die Daten- und Funktionskapselung nutzt,

2. Mit Klassen arbeitet und damit die Möglichkeit zur *Abstraktion* nutzt.

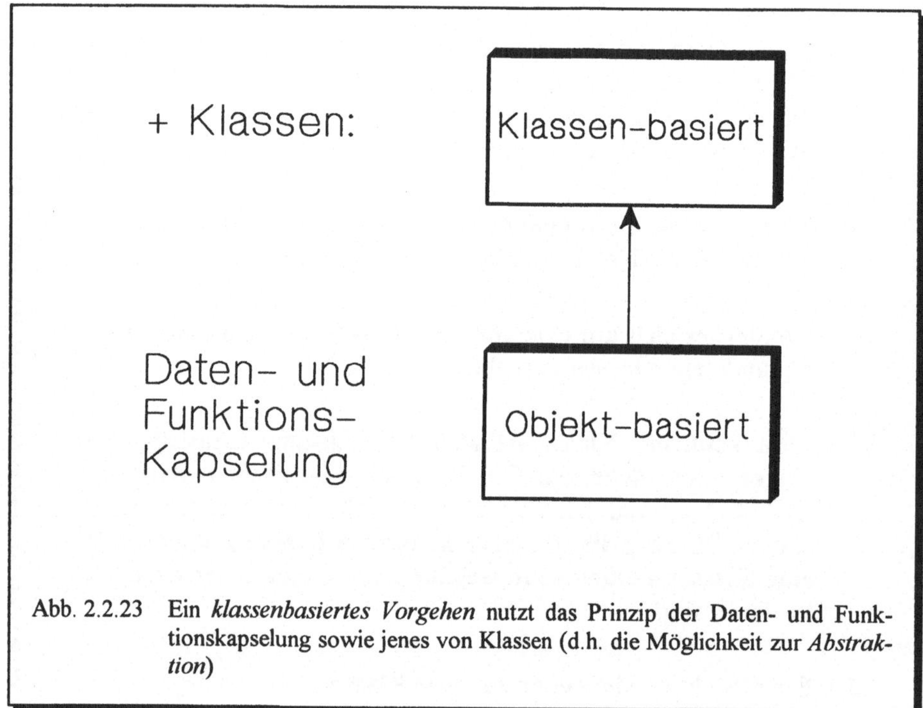

Abb. 2.2.23 Ein *klassenbasiertes Vorgehen* nutzt das Prinzip der Daten- und Funktionskapselung sowie jenes von Klassen (d.h. die Möglichkeit zur *Abstraktion*)

Soweit unsere klassenspezifischen Überlegungen.

In den folgenden Abschnitten dieses Kapitels wird zu zeigen sein, wie die Komplexität eines Problems mittels *Ordnungsstrukturen* zu reduzieren ist. Auch wenn wir uns dessen nicht immer bewusst sind, wenden wir im täglichen Leben permanent an:

[1] Wegner P.: The Object-Oriented Classification Paradigm. In: Research Directions in Object-Oriented Programming. Ed. Schriver B., Wegner P., Cambridge, MA: The MIT Press

Ordnungsstrukturen

- **Die *Klassifikation***

  Ordnet Dinge nach einem bestimmten Kriterium.

- **Die *Aggregation***

  Vereinigt Teile zu einem Ganzen.

Abb. 2.2.24[1] und Abb. 2.2.25 illustrieren das Prinzip der *Klassifikation*. Man sieht, dass damit Objekte nach einem bestimmten Kriterium geordnet werden, wodurch Ähnlichkeiten zum Ausdruck kommen.

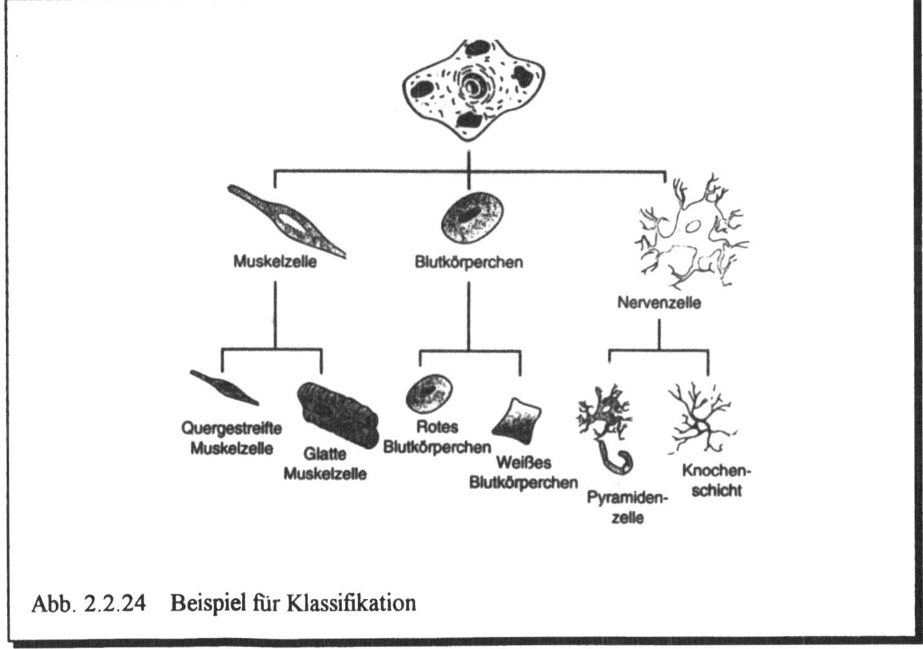

Abb. 2.2.24 Beispiel für Klassifikation

[1] Das Bild ist dem lesenswerten Buch von Taylor D.A.: Objektorientierte Technologien (Ein Leitfaden für Manager), Addison-Wesley, 1992, entnommen.

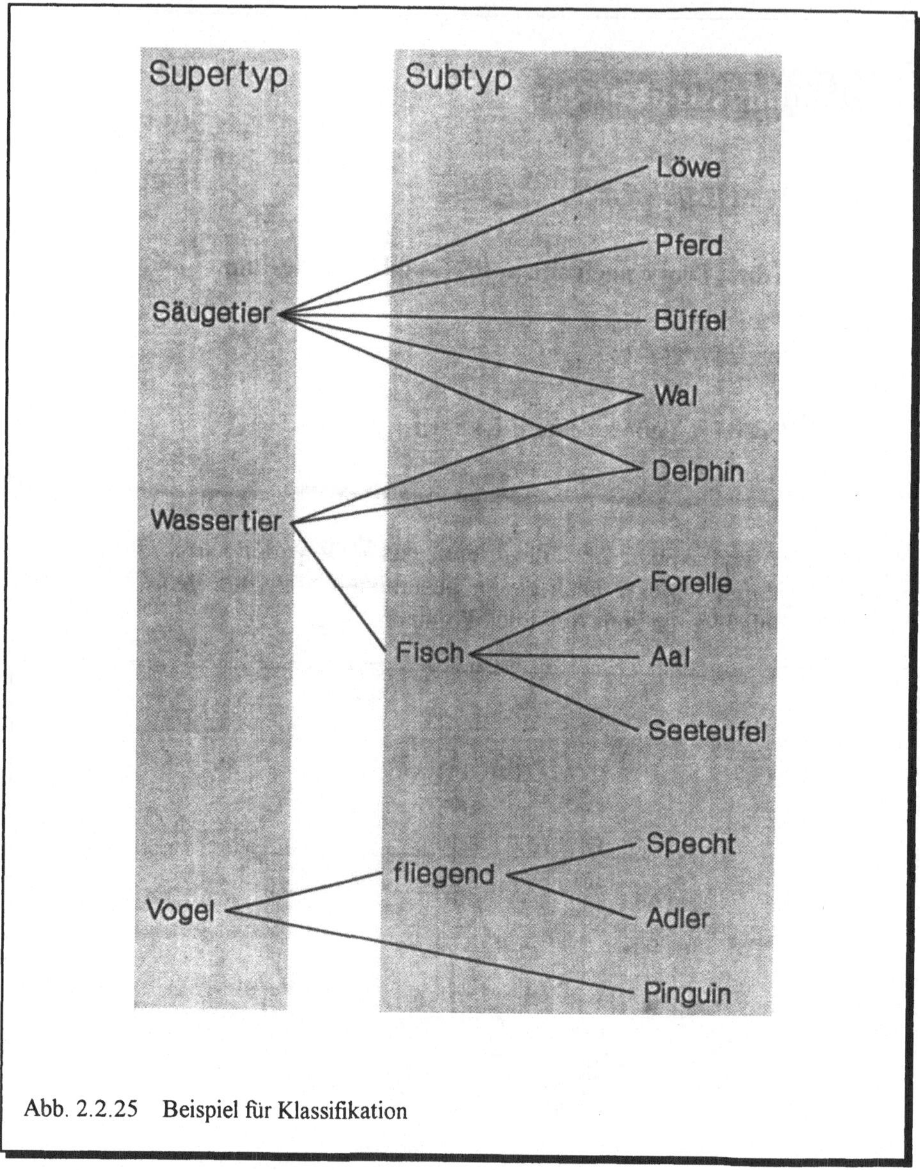

Abb. 2.2.25 Beispiel für Klassifikation

Die in Abb. 2.2.24 gezeigten Zellen oder die in Abb. 2.2.25 gezeigten Säugetiere weisen allesamt ähnliche, aber eben nicht identische Merkmale auf.

Im objektorientierten Umfeld spricht man bezüglich einer Klassifikation von einer *Generalisierungs-Spezialisierungs-Struktur* oder von einer *Vererbungsstruktur*. Darüber mehr in Abschnitt 2.3.

Abb. 2.2.26 illustriert das Prinzip der *Aggregation*. Man sieht, dass damit die Zusammensetzung eines Ganzen aus mehreren Teilen zum Ausdruck zu bringen ist. Darüber mehr in Abschnitt 2.5.

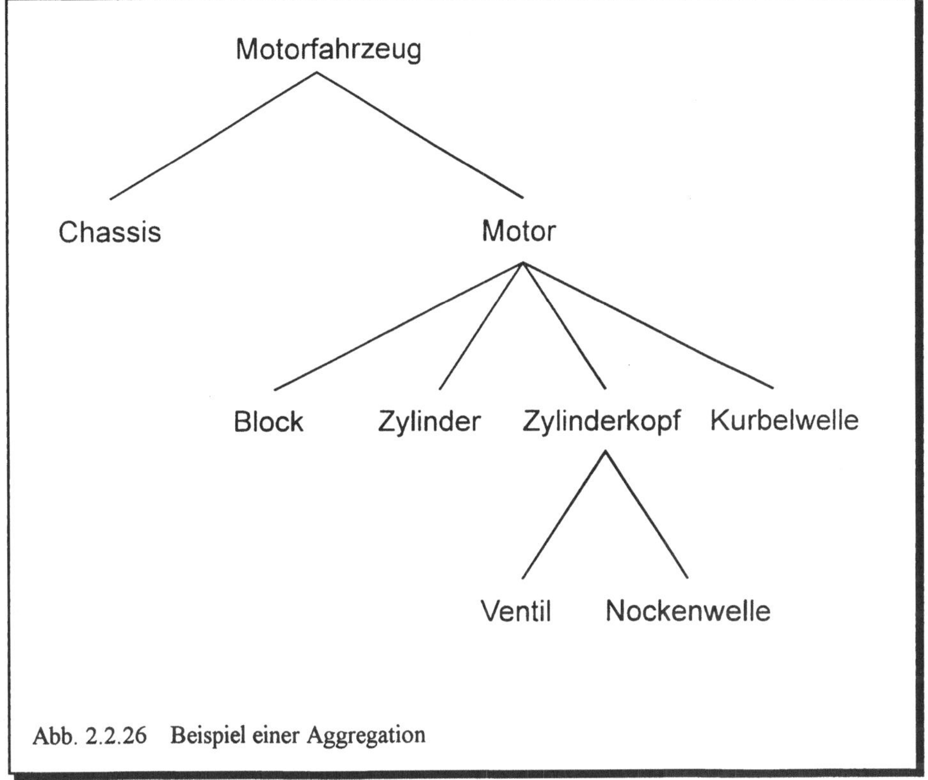

Abb. 2.2.26 Beispiel einer Aggregation

Fragen zum Stoff von Abschnitt 2.2

1. Was ist eine Klasse?
2. Wodurch sind Objekte gleichen Typs charakterisiert?
3. Man unterscheidet zwischen ... und ... Klassen.
4. Wie muss man sich die Funktionsweise einer Klasse vorstellen?
5. Welche Methodenarten unterscheidet man?
6. Welche Variablenarten unterscheidet man?
7. Wie sind Variable zu prüfen?
8. Welche Bedeutung hat die Normalisierung im objektorientierten Umfeld?
9. Wie sind Klassen ausfindig zu machen?
10. Man spezialisiere die Klasse TIER!
11. Man generalisiere die Klasse TIER!
12. Was ist eine Subjektgruppe und wozu dient sie?
13. Wie ist die Komplexität eines Problems zu reduzieren?
14. Was bedeutet *Klassifikation* und *Aggregation*?

2.3 Vererbungsstrukturen

Vererbungsstrukturen resultieren, wenn man die Objekte einer Klasse nach bestimmten Kriterien gruppiert. Der Vorgang läuft darauf hinaus, dass man die Objekte einer sogenannten *Superklasse* als Menge auffasst und diese unter Bildung von Untermengen - sogenannten *Subklassen* - nach innen gliedert.

Abb. 2.3.1 illustriert den Vorgang anhand unseres *Spitalbeispiels*. Zu erkennen ist eine nach innen gegliederte Menge (*Superklasse*) PERSON. Als Untermengen (*Subklassen*) treten zunächst MITARBEITER und PATIENT in Erscheinung. Die Menge MITARBEITER ist ihrerseits nach innen gegliedert und ist daher gegenüber der Subklasse ARZT als Superklasse aufzufassen. Mit der Überschneidung der Mengen ist angedeutet, dass gewisse Personen sowohl als Arzt, Mitarbeiter und Patient in Erscheinung treten (Fläche 1). Andere Personen wiederum sind entweder nur Patient (2), nur Mitarbeiter (3), Mitarbeiter und Arzt (4) oder Mitarbeiter und Patient (5). Grundsätzlich sind auch Personen denkbar, die weder Mitarbeiter noch Patient noch Arzt sind (6).

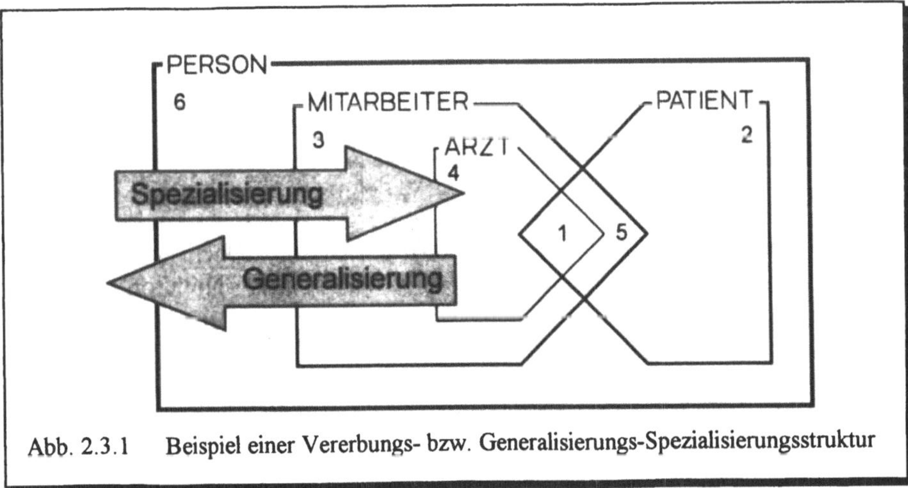

Abb. 2.3.1 Beispiel einer Vererbungs- bzw. Generalisierungs-Spezialisierungsstruktur

Weil man auf dem Wege von einer äusseren Menge zu inneren Mengen (bzw. von einer inneren Menge zu äusseren Mengen) zunehmend auf spezialisiertere (bzw. generellere) Objekte trifft, spricht man mitunter auch von *Generalisierungs-Spezialisierungsstrukturen.*

Was hat nun aber die in Abb. 2.3.1 gezeigte Anordnung mit *Vererbung* zu tun? Die Antwort ist Abb. 2.3.2 zu entnehmen, kommt doch mit der Schattierung zum Ausdruck, dass für Superklassen definierte Variable (Attribute) und Methoden an Subklassen weitergegeben - eben *vererbt* - werden (später wird zu zeigen sein, dass auch *Beziehungen* zu vererben sind). So weist die Subklasse ARZT neben der Variablen FACHGEBIET und der Methode X auch die Variablen SALÄR, NAME und ADRESSE wie auch die Methoden SALÄR-VERW. und ADR.-VERW. der Superklassen MITARBEITER und PERSON auf.

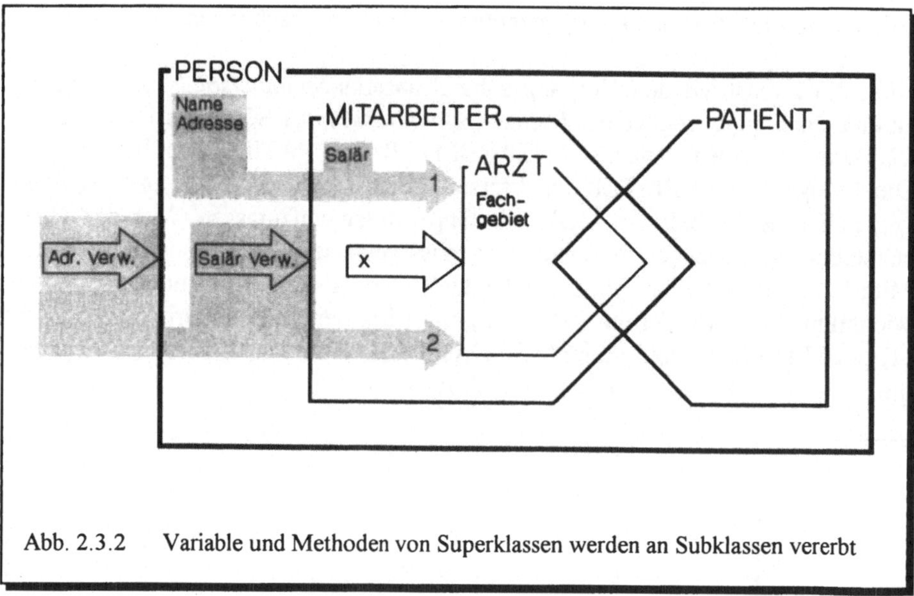

Abb. 2.3.2 Variable und Methoden von Superklassen werden an Subklassen vererbt

Abb. 2.3.3 illustriert, wie die in Abb. 2.3.2 gezeigte Vererbungsstruktur mit der Notation von Coad/Yourdon (linker Teil) bzw. von Booch (rechter Teil) darzustellen ist. Nicht unwichtig ist in der Coad/Yourdon-Notation, dass die Verbindungslinien zwischen den Klassen am inneren, die Klasse repräsentierenden Rechteck enden (das äussere Rechteck symbolisiert bekanntlich Instanzen der Klasse). Damit wird angedeutet, dass sich die Vererbung auf die Klassen, nicht aber auf die Objekte bezieht. Die daraus resultierenden Auswirkungen kommen später zur Sprache.

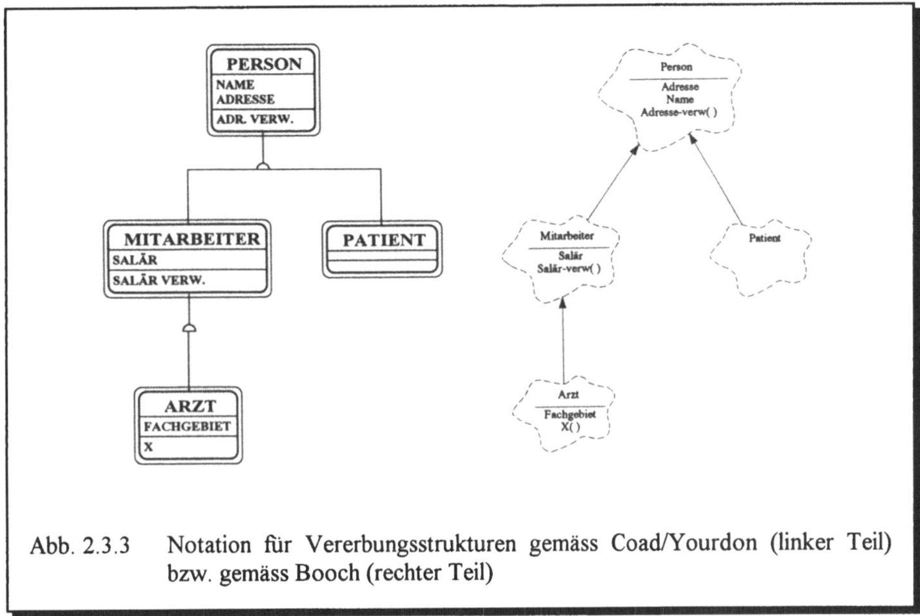

Abb. 2.3.3 Notation für Vererbungsstrukturen gemäss Coad/Yourdon (linker Teil) bzw. gemäss Booch (rechter Teil)

Und damit nochmals zurück zu dem in Abschnitt 2.2 diskutierten Beispiel *Kursorganisation.* Diesem Beispiel liegt bekanntlich insofern eine Vererbungsstruktur zugrunde, als Studenten und Dozenten als Spezialisierung von Mitarbeitern (bzw. Mitarbeiter als Generalisierung von Studenten und Dozenten) aufzufassen sind. Abb. 2.3.4 bzw. Abb. 2.3.5 illustrieren, wie das Beispiel mit einem OO-Diagramm gemäss Coad/Yourdon bzw. Booch zu dokumentieren ist.

Es empfiehlt sich, bei der Spezialisierung bzw. Generalisierung folgende in Abb. 2.3.6 in Form von Venn-Diagrammen gezeigte Fälle zu unterscheiden:

1. Sämtliche Objekte einer Menge M1 sind in den Untermengen M2 oder M3 enthalten. M2 und M3 sind disjunkt (d.h. die Untermengen überschneiden sich nicht).

2. Einige Objekte von M1 sind in M2 oder M3 enthalten. M2 und M3 sind disjunkt.

3. Sämtliche Objekte von M1 sind in M2 und/oder M3 enthalten. M2 und M3 überschneiden sich.

4. Einige Objekte von M1 sind in M2 und/oder M3 enthalten. M2 und M3 überschneiden sich.

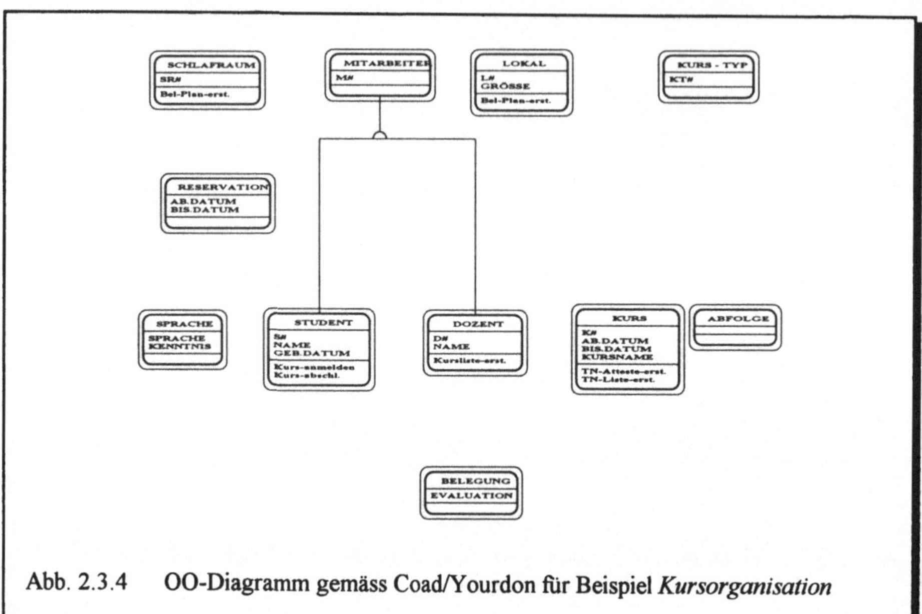

Abb. 2.3.4 OO-Diagramm gemäss Coad/Yourdon für Beispiel *Kursorganisation*

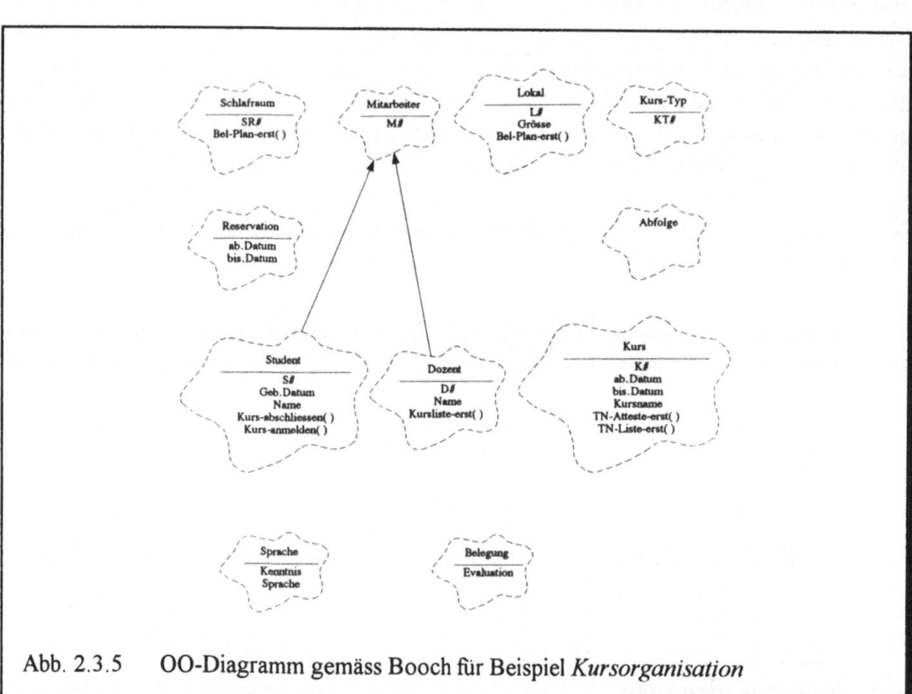

Abb. 2.3.5 OO-Diagramm gemäss Booch für Beispiel *Kursorganisation*

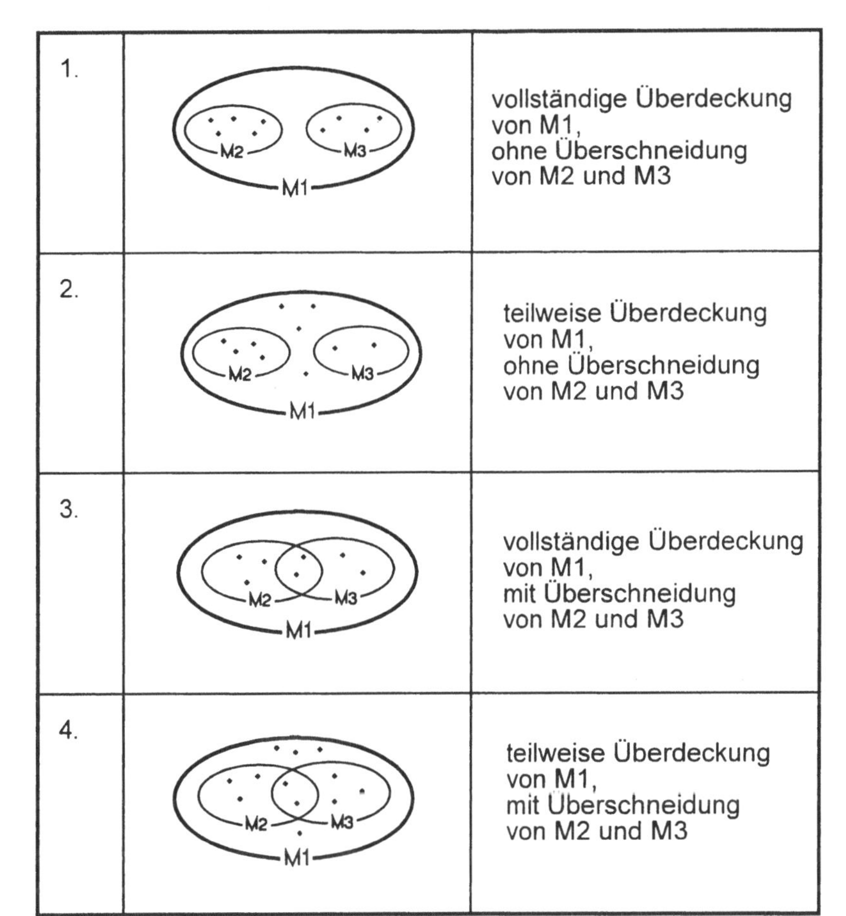

Abb. 2.3.6 Bei der Generalisierung bzw. Spezialisierung zu unterscheidende Fälle

Im folgenden ist anhand unseres Spitalbeispiels dargelegt, wie die vorgenannten Fälle in einem objektorientierten Umfeld zu behandeln sind. Jeder Fall wird mittels eines Venn-Diagrammes, dann in Form eines OO-Diagrammes gemäss Coad/ Yourdon und schliesslich in Form einer Doughnut View präsentiert.

Zum ersten Fall: Aus Abb. 2.3.7 geht hervor, dass *jede* Person entweder der Subklasse ARZT oder PATIENT zuzuordnen ist (die Superklasse PERSON enthält keine Objekte). Entsprechend sind die genannten Subklassen als *konkrete Klassen*, die Superklasse PERSON hingegen als *abstrakte Klasse* zu implementieren (zur Erinnerung: Mit einer *abstrakten Klasse* sind Variable (Attribute) sowie Methoden an *konkrete Klassen* zu vererben).

Abb. 2.3.8 illustriert den ersten Fall mittels eines OO-Diagrammes gemäss Coad/ Yourdon, während dem oberen Teil von Abb. 2.3.9 das Klassenmodell und dem unteren Teil einige Instanzen in Form von Doughnut Views zu entnehmen sind.

Abb. 2.3.7 1. Fall: Vollständige Überdeckung von PERSON, ohne Überschneidung von ARZT und PATIENT (mengenmässige Darstellung)

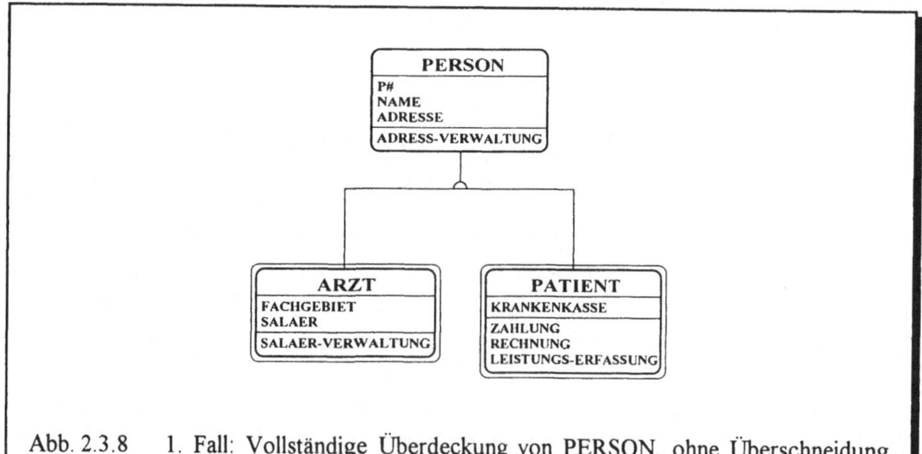

Abb. 2.3.8 1. Fall: Vollständige Überdeckung von PERSON, ohne Überschneidung von ARZT und PATIENT (OO-Diagramm gemäss Coad/Yourdon)

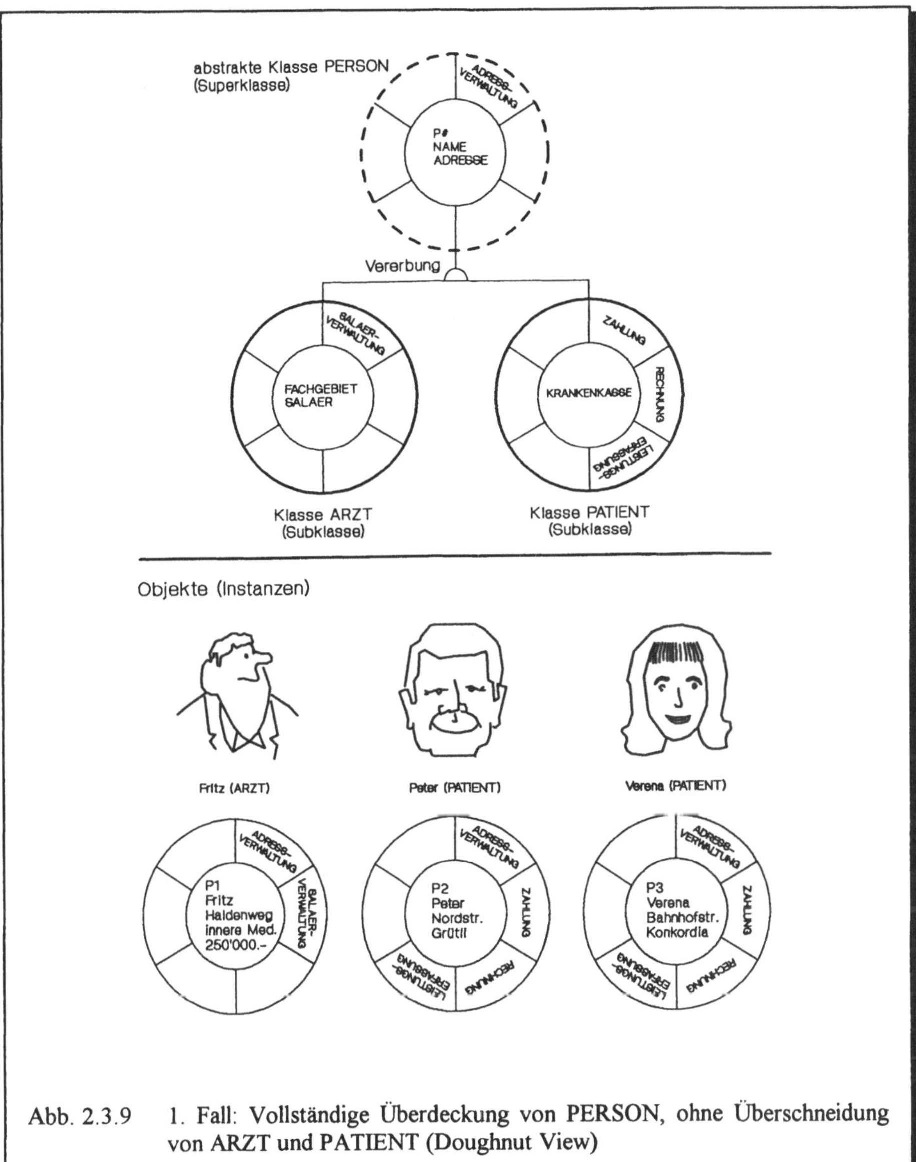

Abb. 2.3.9 1. Fall: Vollständige Überdeckung von PERSON, ohne Überschneidung von ARZT und PATIENT (Doughnut View)

Zum zweiten Fall: Aus Abb. 2.3.10 geht hervor, dass nur *gewisse* Personen entweder der Subklasse ARZT oder PATIENT zuzuordnen sind (die Superklasse PERSON enthält Objekte). Entsprechend sind sowohl die Superklasse PERSON wie auch die Subklassen ARZT und PATIENT als *konkrete Klassen* zu implementieren.

Abb. 2.3.11 illustriert den zweiten Fall mittels eines OO-Diagrammes gemäss Coad/Yourdon, während dem oberen Teil von Abb. 2.3.12 das Klassenmodell und dem unteren Teil einige Instanzen in Form von Doughnut Views zu entnehmen sind.

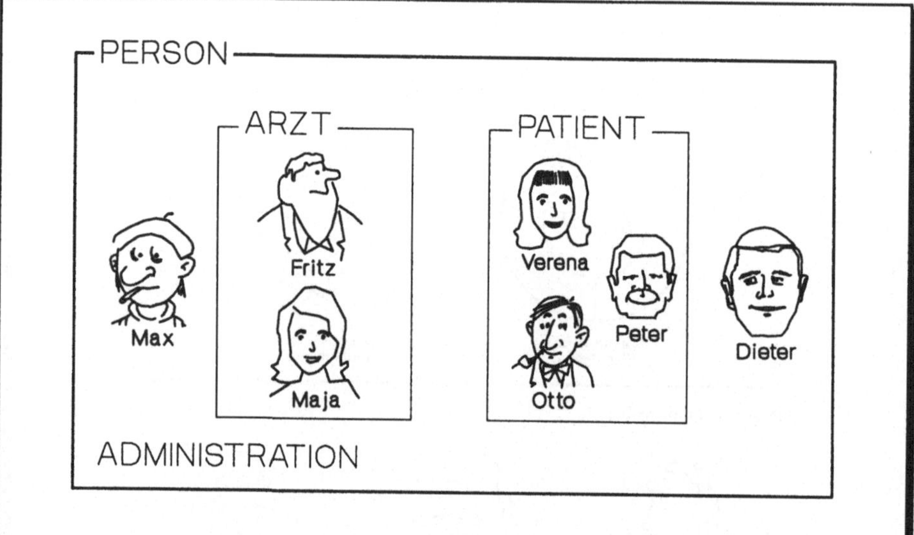

Abb. 2.3.10 2. Fall: Teilweise Überdeckung von PERSON, ohne Überschneidung von ARZT und PATIENT (mengenmässige Darstellung)

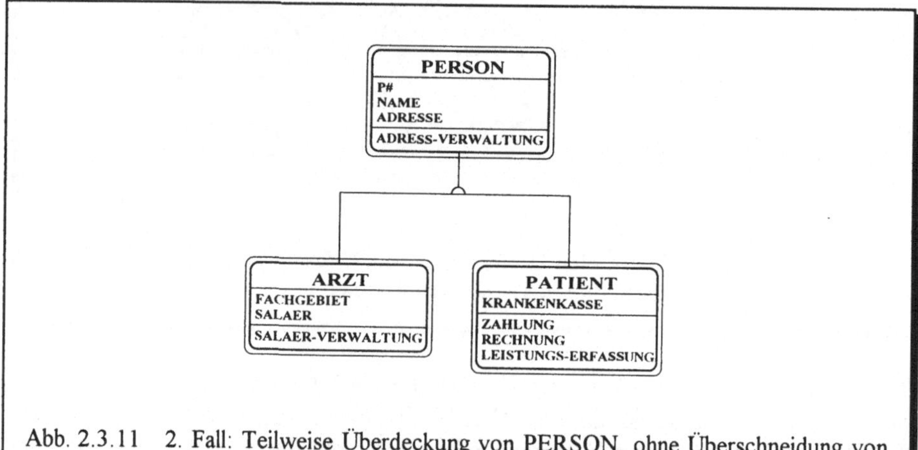

Abb. 2.3.11 2. Fall: Teilweise Überdeckung von PERSON, ohne Überschneidung von ARZT und PATIENT (OO-Diagramm gemäss Coad/Yourdon)

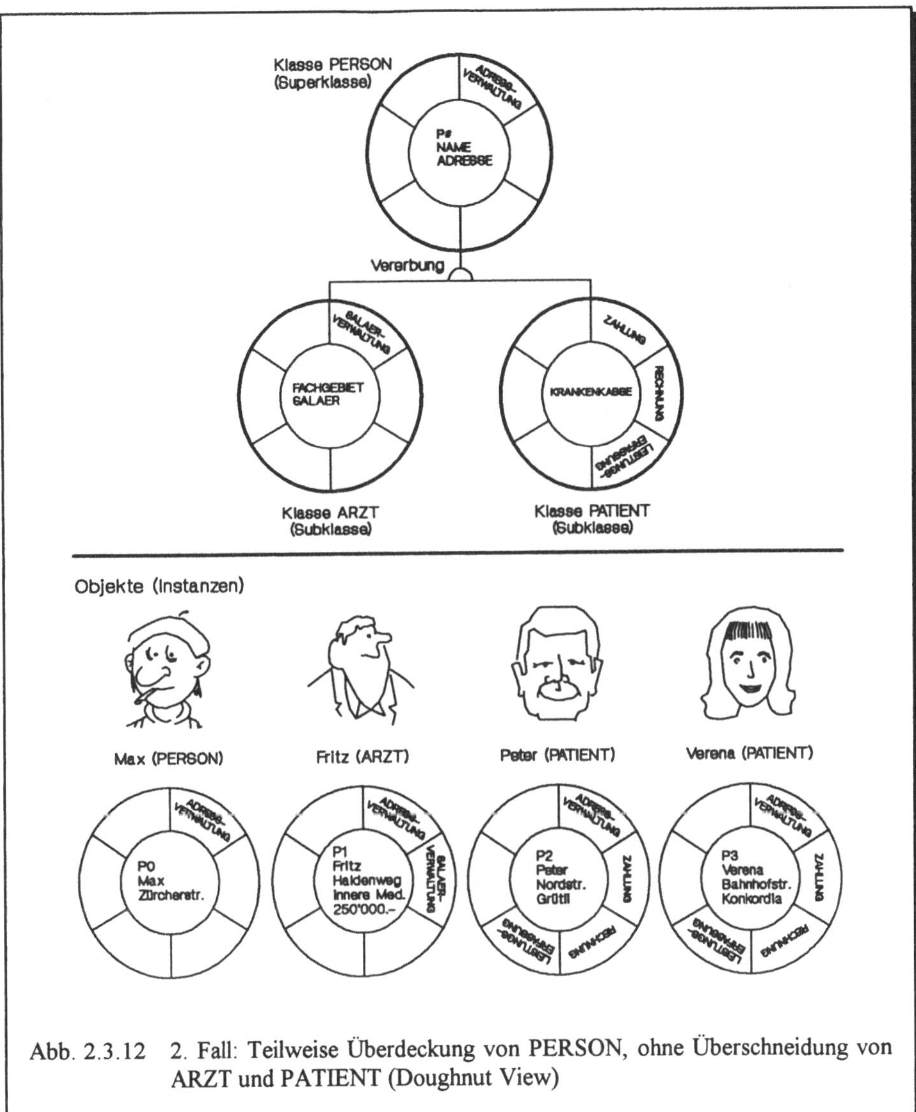

Abb. 2.3.12 2. Fall: Teilweise Überdeckung von PERSON, ohne Überschneidung von ARZT und PATIENT (Doughnut View)

Zu Beginn dieses Abschnittes wurde angedeutet, dass sich die Vererbung auf die Klassen, nicht aber auf die Objekte bezieht. Die Auswirkungen sind Abb. 2.3.13 zu entnehmen. Dem 2. Fall zwar zuwiderlaufend, ist mit dem OO-Modell aus Abb. 2.3.12 für eine tatsächliche Person grundsätzlich für jede Klasse ein Objekt (ja sogar mehrere Objekte) zu instanzieren. Wesentlich ist dabei, dass in jedem einer tatsächlichen Person entsprechenden Objekt Werte für die Variablen P#,

NAME und ADRESSE vorzufinden sind. Die genannten Variablenwerte werden also nicht etwa vom instanzierten Objekt der Klasse PERSON auf die instanzierten Objekte der Klassen ARZT und PATIENT übertragen. Falls die in Abb. 2.3.13 aufgeführten Objekte tatsächlich erwünscht sind und Redundanz zu vermeiden ist, so sind Massnahmen zu treffen, die im Zusammenhang mit dem dritten Fall zur Sprache kommen werden.

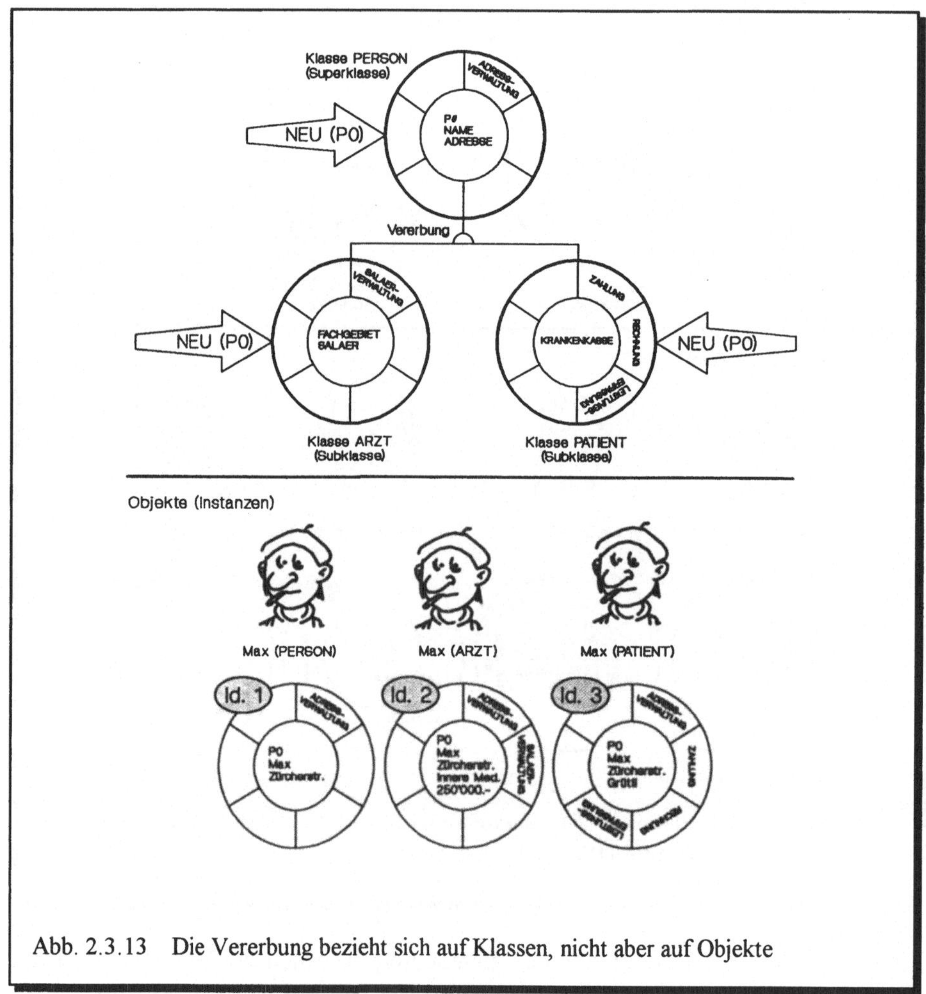

Abb. 2.3.13 Die Vererbung bezieht sich auf Klassen, nicht aber auf Objekte

Zum dritten Fall: Aus Abb. 2.3.14 geht hervor, dass *jede* Person der Subklasse ARZT und/oder PATIENT zuzuordnen ist (die Superklasse PERSON enthält keine Objekte). Entsprechend sind die genannten Subklassen als *konkrete Klassen,* die Superklasse PERSON hingegen als *abstrakte Klasse* zu implementieren.

Abb. 2.3.15 zeigt im oberen Teil das dem dritten Fall entsprechende Klassenmodell, während im unteren Teil einige Instanzen vorzufinden sind. Zu erkennen ist, dass für tatsächliche, sowohl als Arzt wie auch als Patient in Erscheinung tretende Personen Redundanz hinsichtlich der Variablen P#, NAME sowie ADRESSE ohne vorsorgliche Massnahmen nicht zu vermeiden ist.

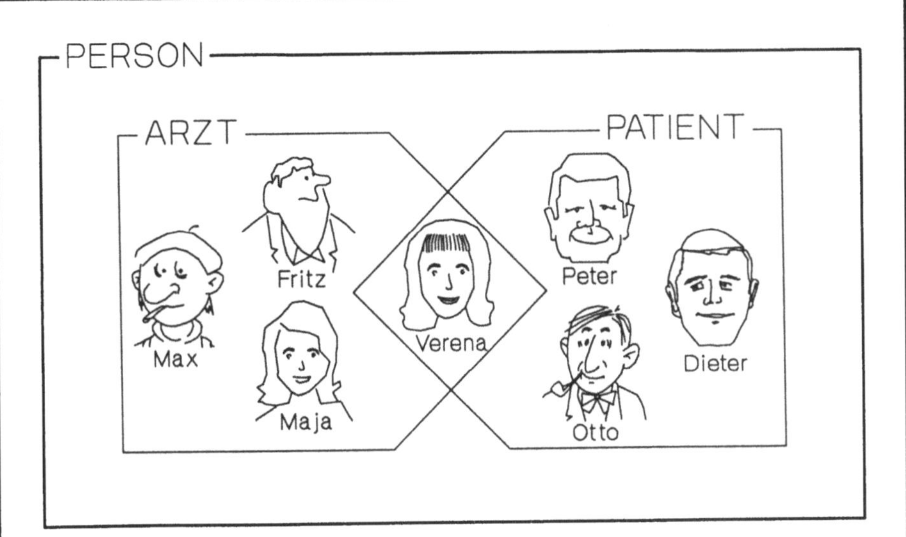

Abb. 2.3.14 3. Fall: Vollständige Überdeckung von PERSON, mit Überschneidung von ARZT und PATIENT (mengenmässige Darstellung)

Die angesprochene Redundanz ist mit den in Abb. 2.3.16 gezeigten Massnahmen zu vermeiden. Man sieht, dass die Variablen P#, NAME und ADRESSE in einer separaten Klasse ADRESSE aufzuführen sind, und dass die Klasse PERSON mit der Klasse ADRESSE mittels einer sogenannten *Aggregationsstruktur* (*ist-enthalten-in-Struktur*) in Beziehung zu setzen ist. Darüber mehr in Abschnitt 2.5.

Zu beachten ist, dass für die Klasse PERSON nach wie vor eine Methode ADRESS-VERWALTUNG nötig ist. Diese Methode wird bekanntlich an die Subklassen ARZT und PATIENT vererbt, mit der Folge, dass Objekte der genannten Subklassen auf Objekte der Klasse ADRESSE zugreifen können (tatsächlich wird nicht auf Objekte zugegriffen, sondern es wird die Methode ADRESS-VERWALTUNG der Klasse ADRESSE aktiviert). Für einen Benützer der Klassen ARZT und PATIENT erwächst damit der Eindruck, als ob die Werte für die Variablen P#, NAME und ADRESSE nach wie vor in Objekten der Klassen ARZT und PATIENT enthalten sind.

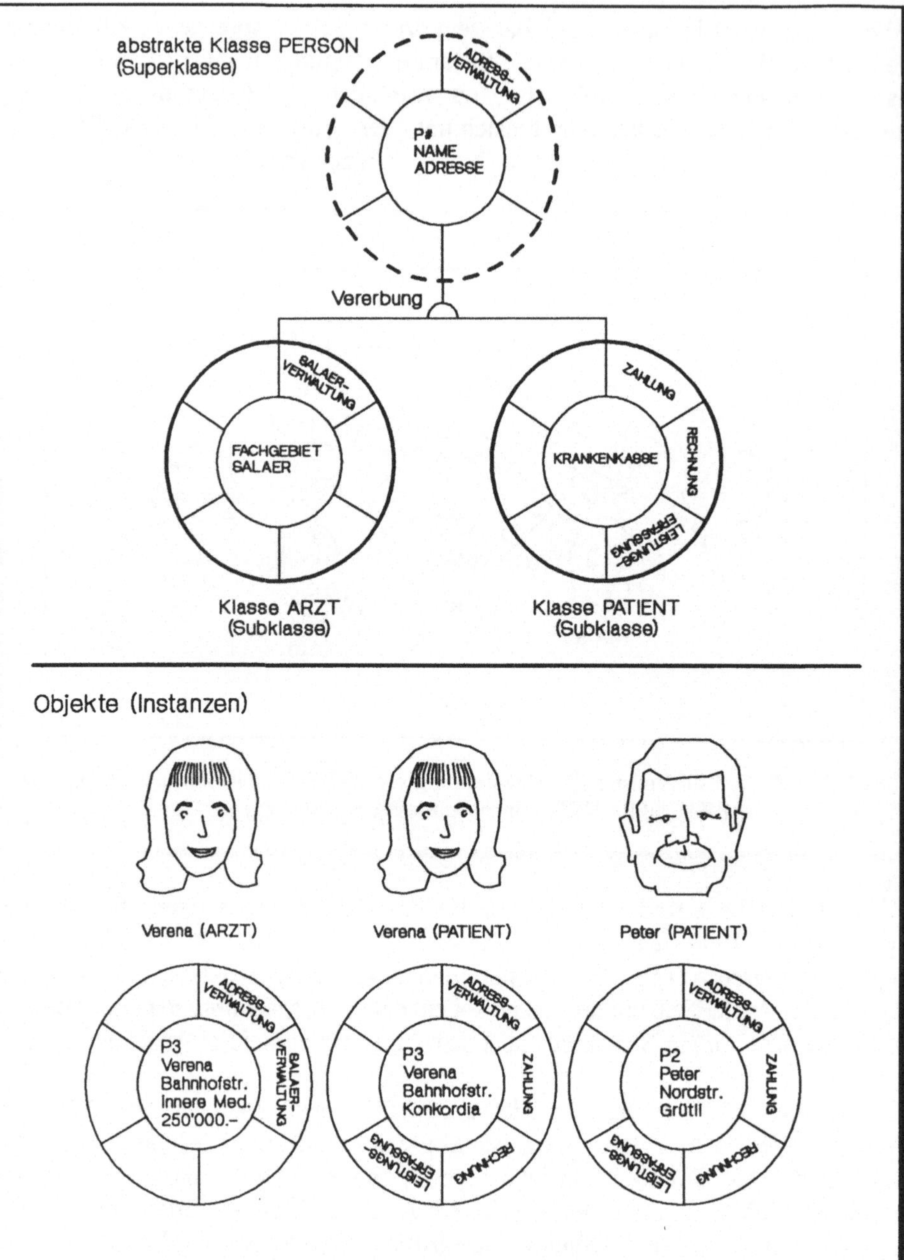

Abb. 2.3.15 3. Fall: Vollständige Überdeckung von PERSON, mit Überschneidung von ARZT und PATIENT (Doughnut View)

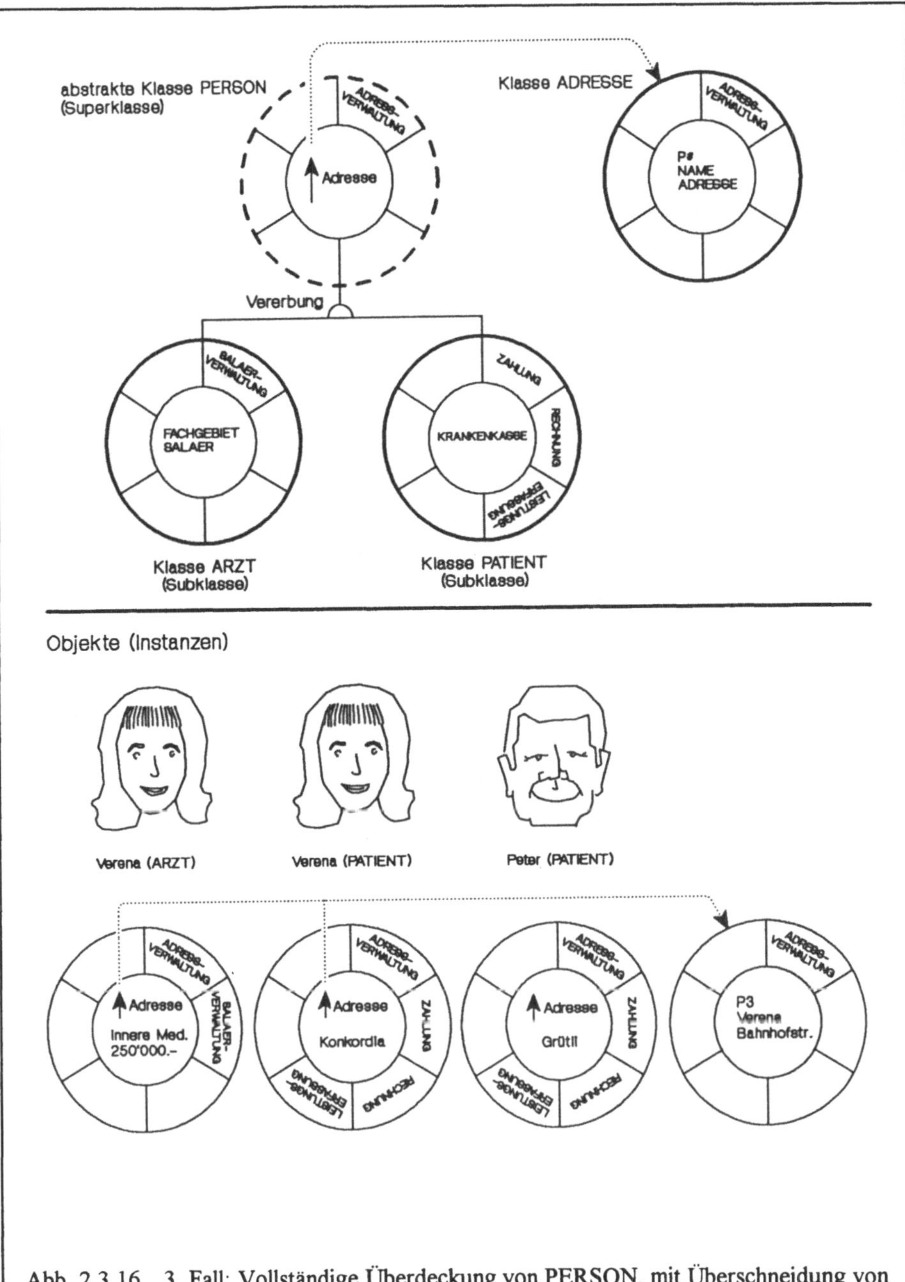

Abb. 2.3.16 3. Fall: Vollständige Überdeckung von PERSON, mit Überschneidung von ARZT und PATIENT: Vermeidung von Redundanz

Abb. 2.3.17 illustriert, wie die vorstehenden Überlegungen mit einem OO-Diagramm gemäss Coad/Yourdon zu dokumentieren sind.

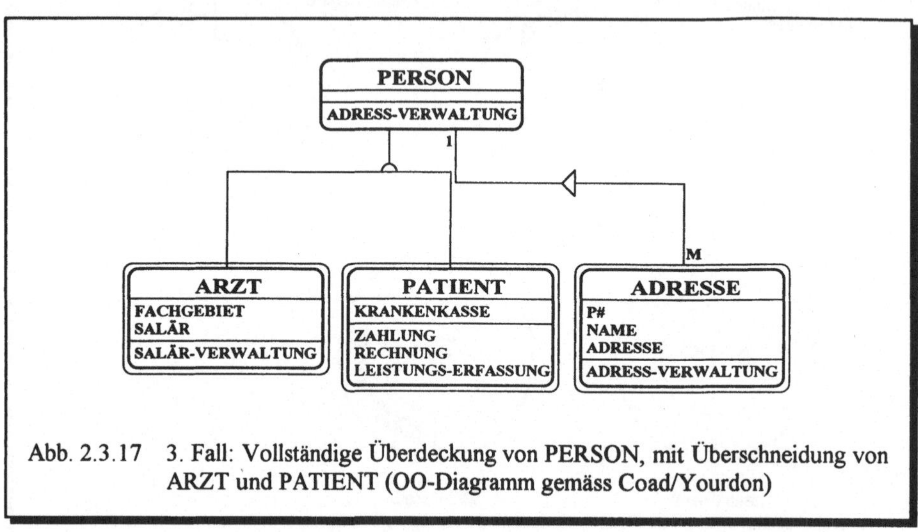

Abb. 2.3.17 3. Fall: Vollständige Überdeckung von PERSON, mit Überschneidung von ARZT und PATIENT (OO-Diagramm gemäss Coad/Yourdon)

Zum vierten Fall: Aus Abb. 2.3.18 geht hervor, dass nur *gewisse* Personen der Subklasse ARZT und/oder PATIENT zuzuordnen sind. Entsprechend sind sämtliche Klassen als *konkrete Klassen* zu implementieren.

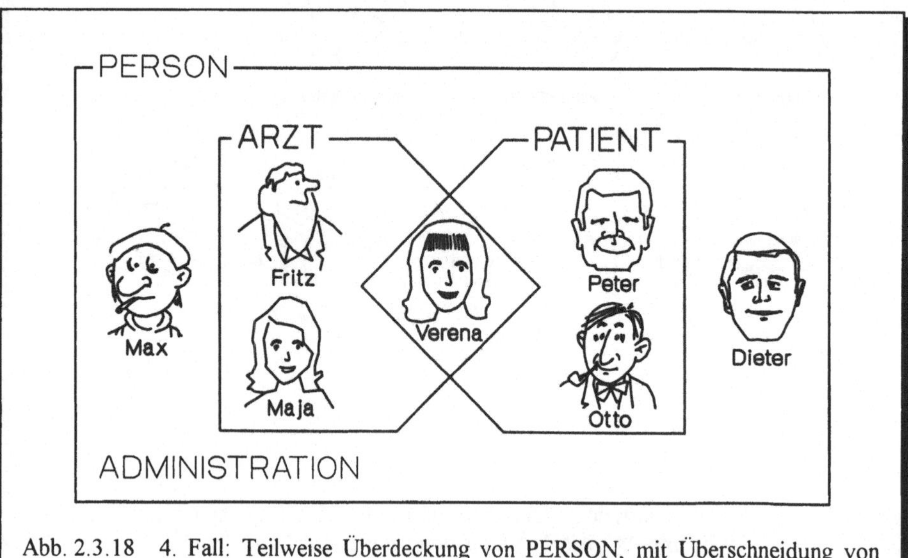

Abb. 2.3.18 4. Fall: Teilweise Überdeckung von PERSON, mit Überschneidung von ARZT und PATIENT (mengenmässige Darstellung)

Für den vierten Fall zeigt Abb. 2.3.19 im oberen Teil das Klassenmodell und im unteren Teil einige Instanzen in Form von Doughnut Views. Schliesslich ist Abb. 2.3.20 ein OO-Diagramm gemäss Coad/Yourdon zu entnehmen.

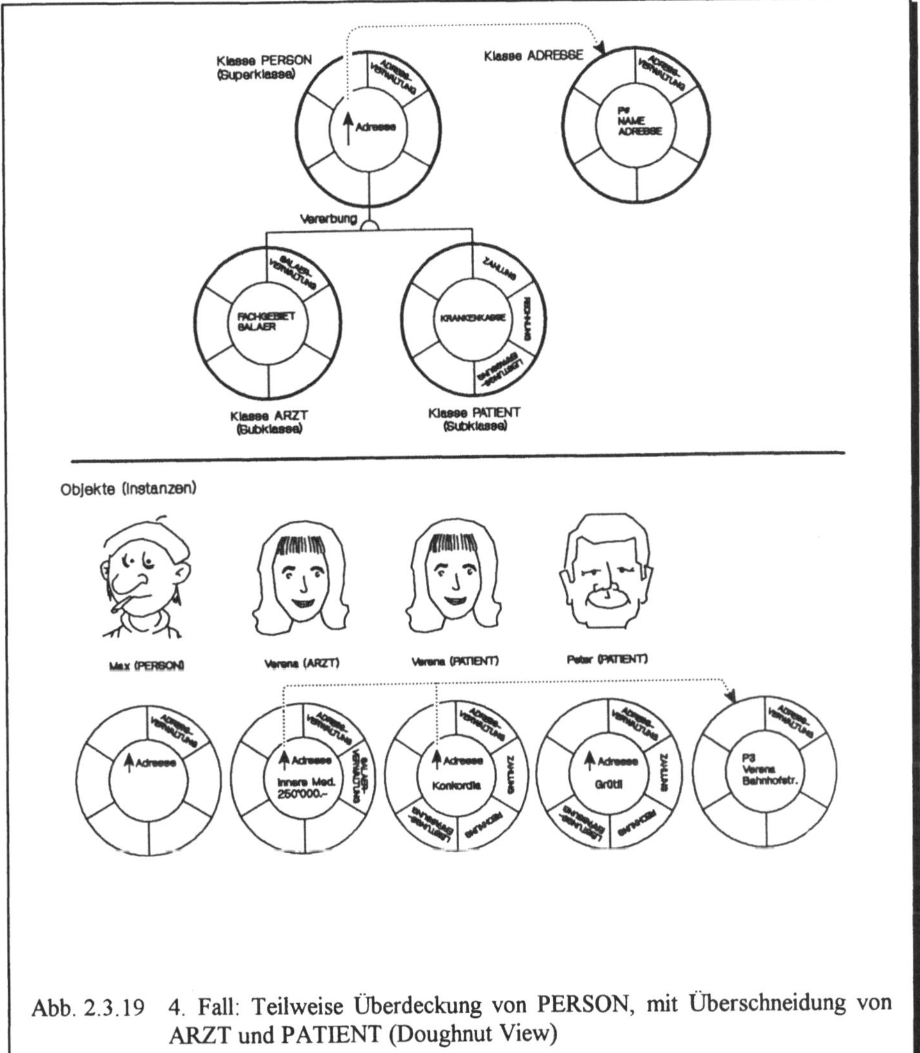

Abb. 2.3.19 4. Fall: Teilweise Überdeckung von PERSON, mit Überschneidung von ARZT und PATIENT (Doughnut View)

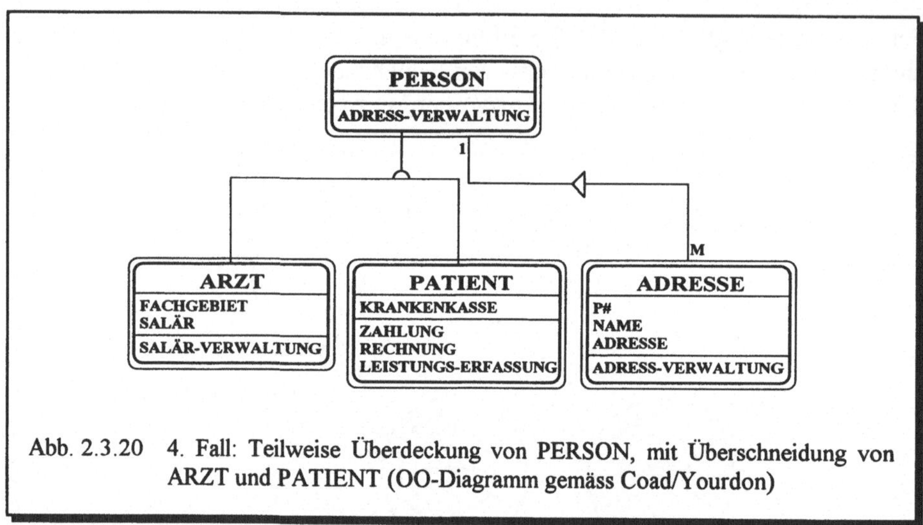

Abb. 2.3.20 4. Fall: Teilweise Überdeckung von PERSON, mit Überschneidung von ARZT und PATIENT (OO-Diagramm gemäss Coad/Yourdon)

Falls eine geerbte Variable oder Methode in einer Spezialisierung nicht passt, so kann sie überschrieben werden. Abb. 2.3.21 illustriert den Vorgang am Beispiel einer Superklasse POLYGON mit den Variablen ANZAHL SEITEN und den Methoden UMFANG, ROTIEREN, VERSCHIEBEN sowie FARBE. Für ein beliebiges Polygon basiert die Methode UMFANG auf der Formel

$$\text{UMFANG} = \Sigma \text{ ALLER SEITEN}$$

Eine mögliche Spezialisierung von POLYGON ist RECHTECK. In diesem Fall kann man der Methode zur Berechnung des Umfangs folgende Formel zugrunde legen:

$$\text{UMFANG} = 2 \times (\Sigma \text{ ZWEIER ANLIEGENDER SEITEN})$$

Soll nun für die Subklasse RECHTECK nicht die vererbte Methode UMFANG der Superklasse POLYGON zum Zuge kommen, so ist für die Subklasse RECHTECK eine *gleichnamige*, die neue Formel berücksichtigende Methode zu spezifizieren.

In ähnlicher Weise sind in Subklassen auch vererbte Variablen zu überschreiben. Beispielsweise wurde in Abb. 2.3.21 der von der Superklasse POLYGON vererbten, nicht initialisierten Variablen ANZAHL SEITEN in der Subklasse RECHTECK mittels Überschreibung ein Wert von 4 zugeordnet.

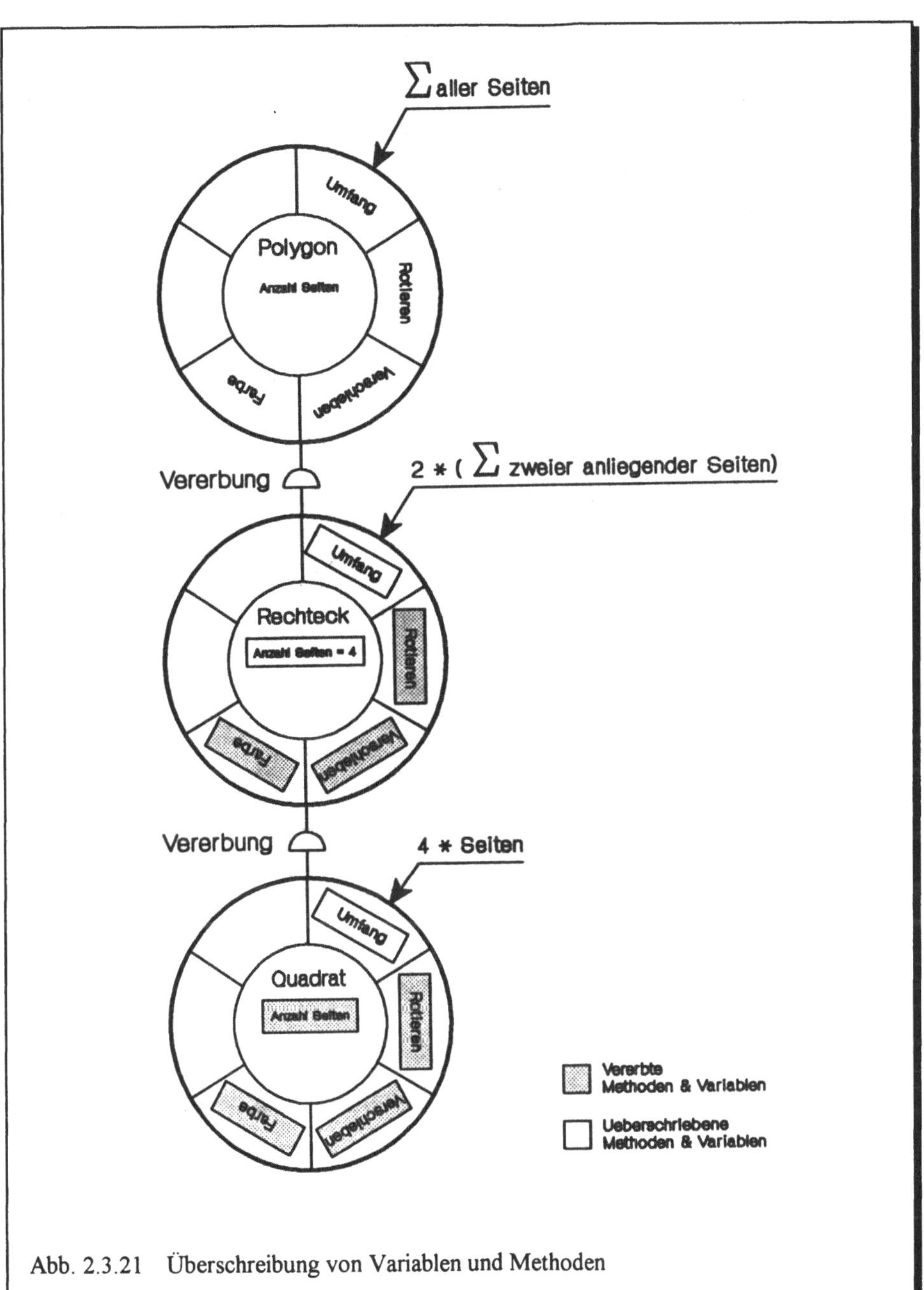

Abb. 2.3.21 Überschreibung von Variablen und Methoden

Bis jetzt haben wir lediglich *Strukturen mit einfacher Vererbung* kennnengelernt. Einfach in dem Sinne, als für eine Spezialisierung immer nur *eine* Generalisierung vorlag. Wenn aber, wie in Abb. 2.3.22 dargestellt, eine Spezialisierung mehr als nur eine Generalisierung aufweist, so spricht man von *mehrfacher Vererbung.*

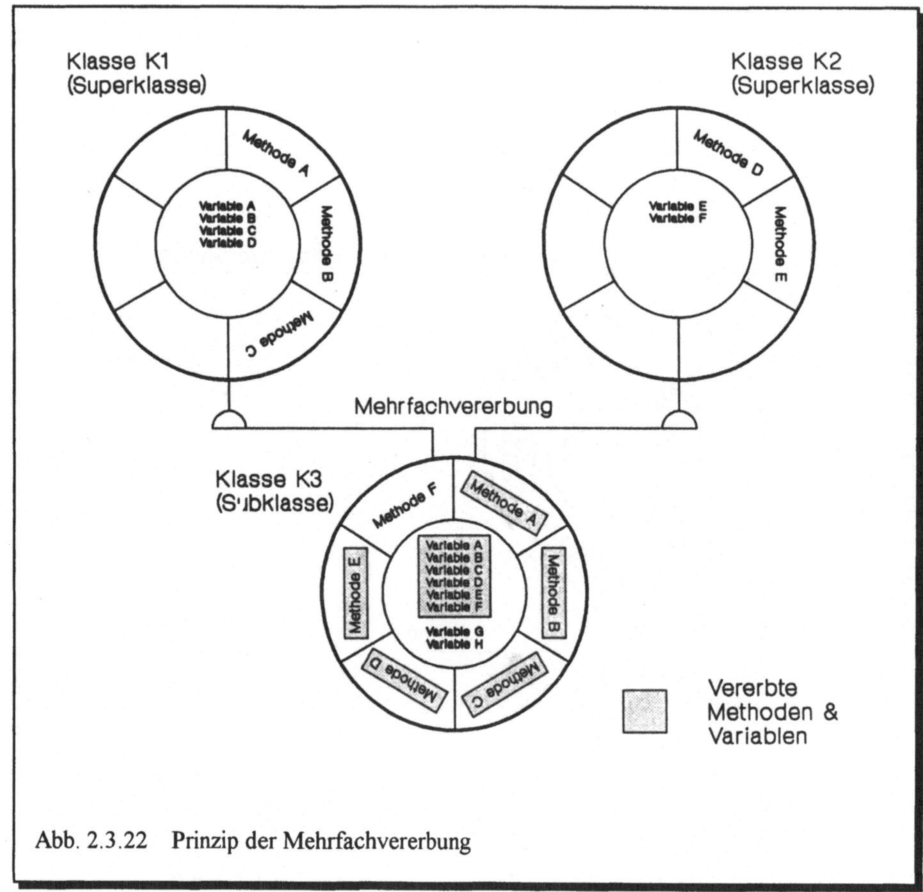

Abb. 2.3.22 Prinzip der Mehrfachvererbung

Mehrfachvererbungen können unter Umständen zu Problemen Anlass geben, wenn eine Subklasse ein und dieselbe Variable oder Methode von mehreren Superklassen erbt. Abb. 2.3.23 illustriert das Problem am Beispiel *Schienenfahrzeug.* Man sieht, dass die Superklasse SCHIENENFAHRZEUG die Spezialisierungen LOKOMOTIVE und WAGGON aufweist. Die genannten Subklassen weisen ihrerseits eine - gemeinsame - Spezialisierung TRIEBWAGEN auf. In TRIEBWAGEN müssen demnach sowohl die Variablen wie auch die Methoden von SCHIENENFAHRZEUG, LOKOMOTIVE und WAGGON vorzufinden sein. Ist jetzt der Methode REPARIEREN aus LOKOMOTIVE oder jener aus WAGGON der Vorzug zu geben? Die Frage ist in Anbetracht der Tatsache, dass für die gleichnamige Methode aus LOKOMOTIVE bzw. WAGGON durchaus unterschiedliche Implementierungen vorliegen können, keineswegs abwegig.

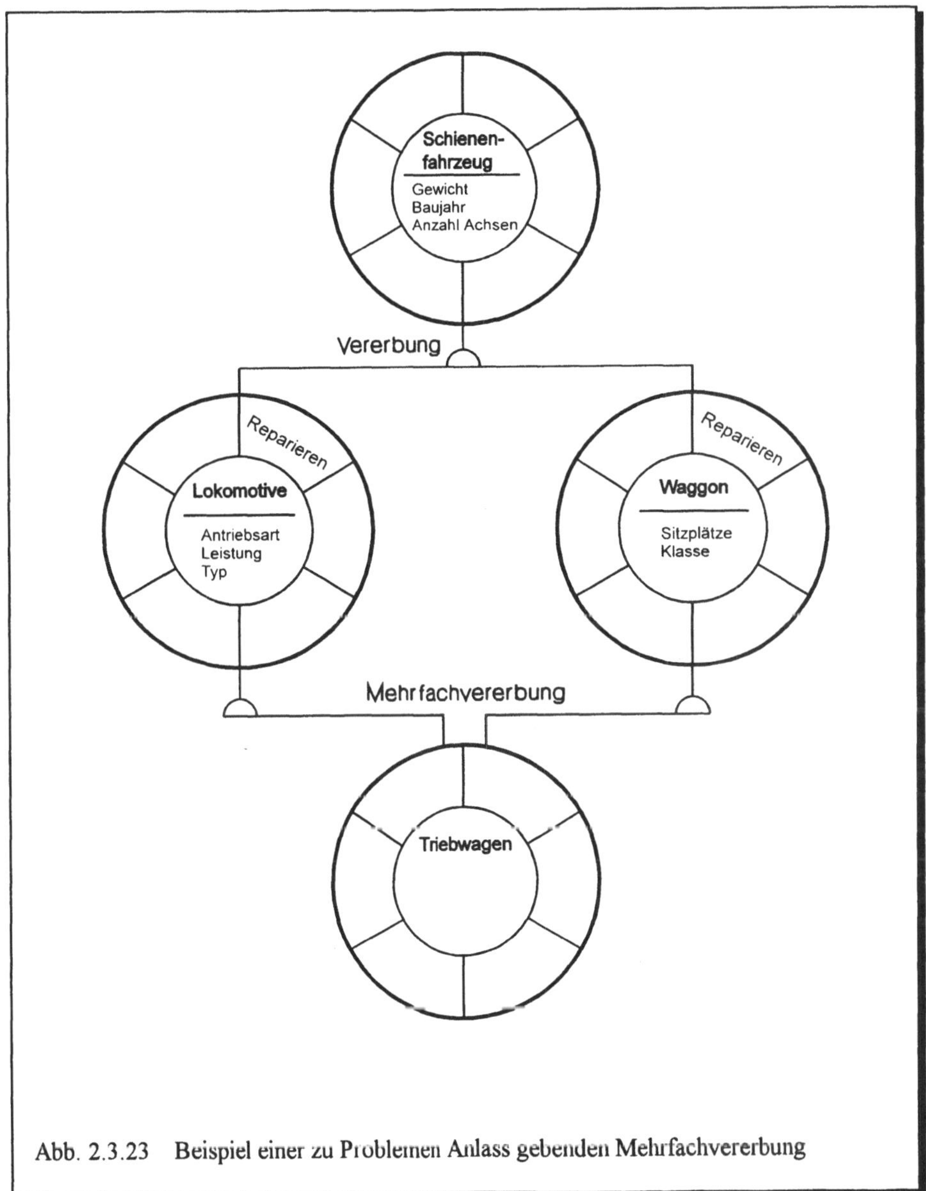

Abb. 2.3.23 Beispiel einer zu Problemen Anlass gebenden Mehrfachvererbung

In Fachkreisen ist man sich nicht einig, wie den bei Mehrfachvererbung auftretenden Problemen zu begegnen ist. Eine Möglichkeit besteht darin, Fälle der geschilderten Art zu vermeiden, oder aber mehrfach geerbte Variable und Methoden in den Subklassen zu überschreiben.

Wir merken uns:

Vererbung

- **Mit *Vererbung* bezeichnet man die Funktionalität, mit welcher Variablen (Attribute) und Methoden einer Superklasse an Subklassen weiterzugeben sind.**
- **Falls eine vererbte Variable oder Methode in einer Spezialisierung nicht passt, so kann sie überschrieben werden.**
- ***Einfache Vererbung* liegt vor, wenn jede Spezialisierung nur eine Generalisierung aufweist.**
- ***Mehrfache Vererbung* liegt vor, wenn eine Spezialisierung mehrere Generalisierungen aufweist.**

Ein methodisches Vorgehen bezeichnet man gemäss Wegner[1] als *objektorientiertes Vorgehen* falls es entsprechend Abb. 2.3.24

1. Die *Daten-* und *Funktionskapselung* nutzt,
2. Mit *Klassen* arbeitet und damit die Möglichkeit zur *Abstraktion* nutzt,
3. *Vererbungsstrukturen* nutzt und damit insofern einen hohen Grad an *Wiederverwendbarkeit* bietet, als in Superklassen definierte Variable (Attribute) und Methoden in Subklassen anzusprechen sind.

[1] Wegner P.: The Object-Oriented Classification Paradigm. In: Research Directions in Object-Oriented Programming. Ed. Schriver B., Wegner P., Cambridge, MA: The MIT Press

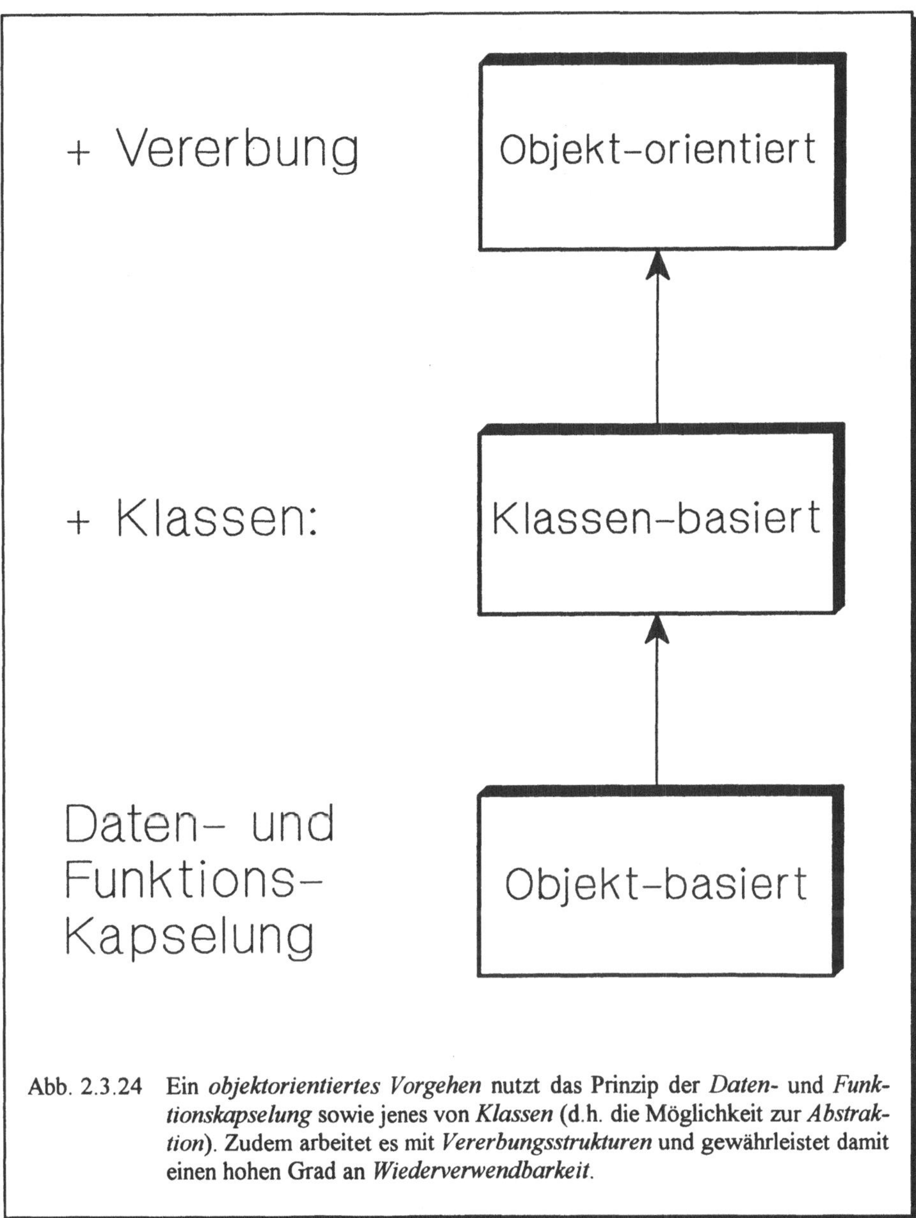

Abb. 2.3.24 Ein *objektorientiertes Vorgehen* nutzt das Prinzip der *Daten-* und *Funktionskapselung* sowie jenes von *Klassen* (d.h. die Möglichkeit zur *Abstraktion*). Zudem arbeitet es mit *Vererbungsstrukturen* und gewährleistet damit einen hohen Grad an *Wiederverwendbarkeit*.

Die bisherigen Abbildungen vermitteln insofern einen nicht ganz den Tatsachen entsprechenden Eindruck, als sie suggerieren, dass jedes Objekt sowohl die vererbten Methoden wie auch jene der eigenen Klasse aufweist. Tatsächlich ist aber jede Methode nur gerade in der Klasse vorzufinden, für die sie spezifiziert wurde. Was dieser Sachverhalt hinsichtlich der Funktionsweise zu bedeuten hat, ist Abb. 2.3.25 zu entnehmen. Dargestellt ist, wie ein der Klasse QUADRAT angehörendes Objekt mit der Identifikation 15 778 mittels einer Nachricht zur Rotation aufgefordert wird. In einem ersten Schritt wird nun ausfindig gemacht, ob die Methode ROTIEREN in der eigenen Klasse vorzufinden ist. Ist dies nicht der Fall, so wird der Vererbungspfad abgesucht, bis schliesslich eine Superklasse mit der auszuführenden Methode gefunden ist. Falls die auszuführende Methode nirgends ausfindig zu machen ist, so wird das zur Rotation auffordernde Objekt entsprechend benachrichtigt.

Aus den vorstehenden Ausführungen ergeben sich interessante, in Abb. 2.3.26 dargestellte Konsequenzen. Angedeutet ist, wie unterschiedlichen Klassen angehörende Objekte aufgrund einer *gleichlautenden Nachricht* aufgefordert werden, ihren Umfang zu berechnen. Weil ein aufgrund einer Nachricht zu einer Aktion aufgefordertes Objekt die zu aktivierende Methode immer zunächst in der eigenen Klasse sucht, gelangt nun eben genau die zum Objekt passende Implementierung zur Ausführung.

In einem objektorientierten Umfeld bezeichnet man das angesprochene Phänomen als *Polymorphismus*. Der Begriff selber stammt aus dem Griechischen und bedeutet *Vielgestaltigkeit*. Tatsächlich gewährleistet *Polymorphismus*, dass mit ein und derselben Nachricht je nach Empfänger unterschiedlichste Aktionen auszulösen sind.

Wir merken uns:

Polymorphismus

Polymorphismus gewährleistet, dass unterschiedlichen Klassen angehörende Objekte aufgrund ein und derselben Nachricht verschieden reagieren können.

Anzumerken ist, dass *Polymorphismus* natürlich auch bei Klassen funktioniert, die nicht an Vererbungsstrukturen beteiligt sind.

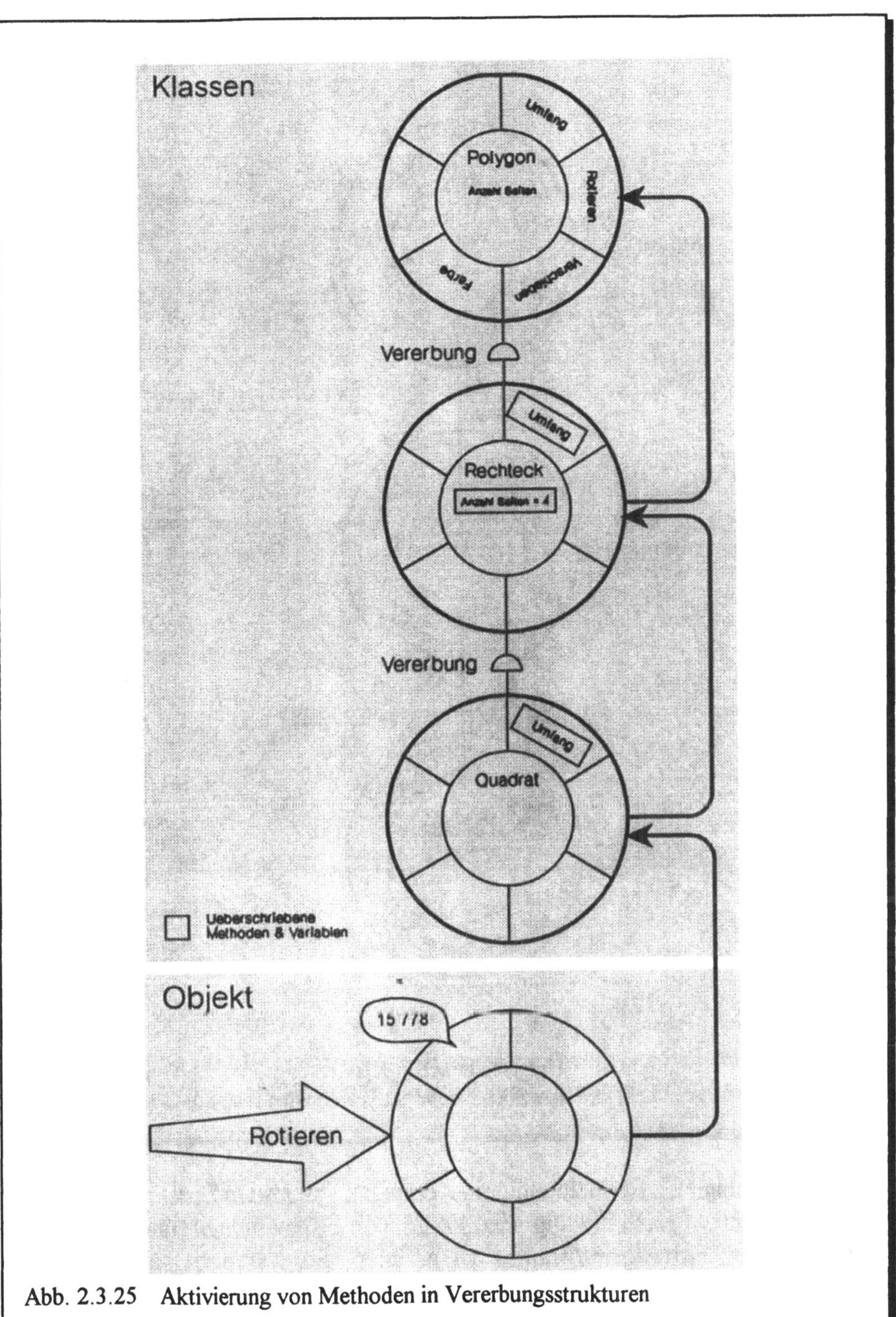

Abb. 2.3.25 Aktivierung von Methoden in Vererbungsstrukturen

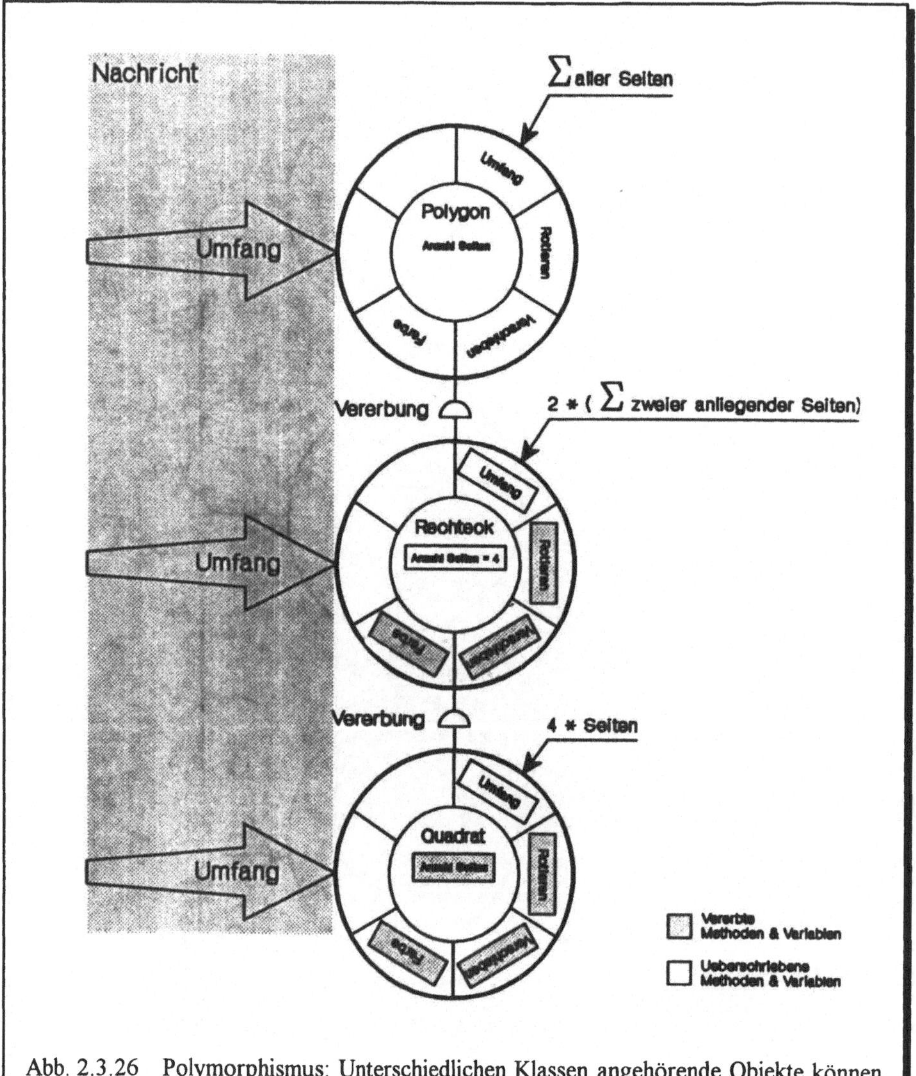

Abb. 2.3.26 Polymorphismus: Unterschiedlichen Klassen angehörende Objekte können aufgrund ein und derselben Nachricht verschieden reagieren

Mit Polymorphismus ist nicht nur eine erstaunliche *Flexibilität,* sondern auch eine signifikante *Vereinfachung der Logik von Programmen* und damit eine *Reduktion des Wartungsaufwandes* zu erzielen. So wären beispielsweise für unser Problem der Umfangsberechnung in einem Programm ohne Polymorphismus die in Abb. 2.3.27 gezeigten Fälle zu unterscheiden. Kommt dazu, dass für jeden neuen Objekttyp Anpassungen in der Programmlogik erforderlich wären.

All dies entfällt mit Polymorphismus, kennt doch jedes zu einer Aktion aufgeforderte Objekt die auszuführende Methode.

H. Stoyan[1] äussert sich zum geschilderten Sachverhalt sehr treffend: *"Statt eine Lupe zu modellieren, die über Kreise gehalten wird und sie vergrössert, stellt man sich vor, dass Kreise intelligente Agenten sind, die man bitten kann, sich zu vergrössern. Die Modellierung einer Lupe für beliebige geometrische Gebilde kann eine sehr komplexe Aufgabe sein, die von der Vielfalt der Gebilde abhängt. Die "Dezentralisierung" der Lupe in die Gebilde selbst ermöglicht einfachstes Vorgehen, weil es eng spezialisiert erfolgen kann."*

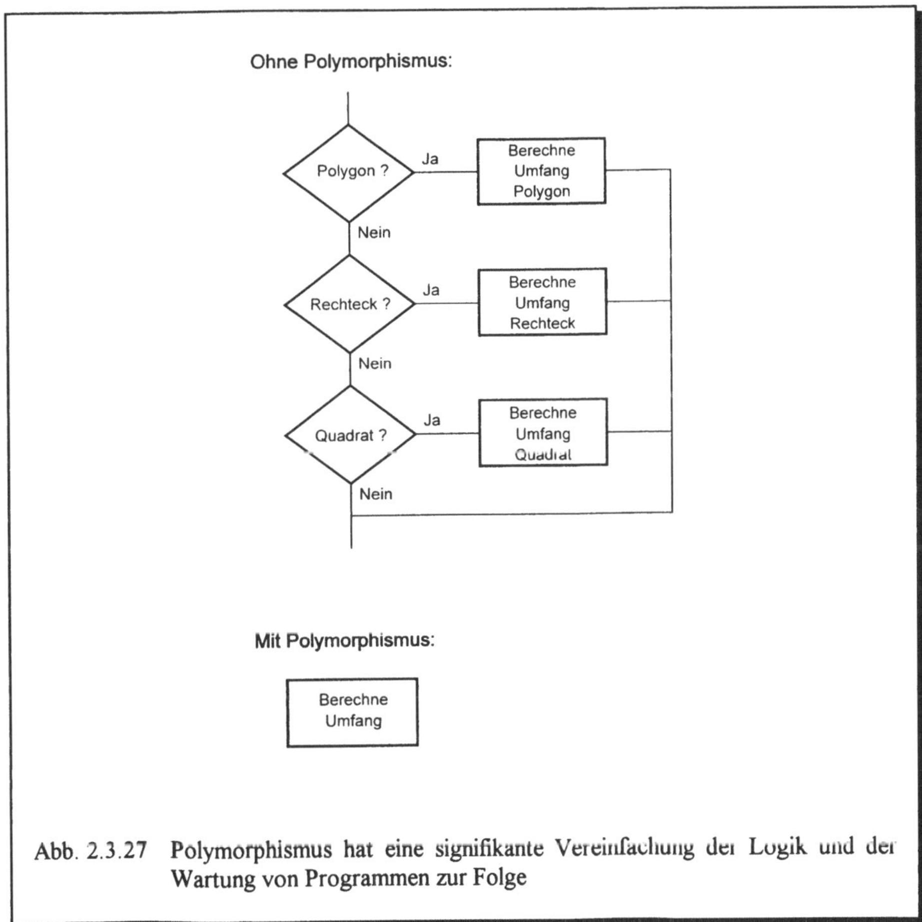

Abb. 2.3.27 Polymorphismus hat eine signifikante Vereinfachung der Logik und der Wartung von Programmen zur Folge

[1] Stoyan H.: Objektorientierte Systementwicklung. Handbuch der modernen Datenverarbeitung, Heft 145, Januar 1989, ISSN 0723-5208

Zum Abschluss dieses Abschnittes sei anhand eines kleinen Beispiels die dem Vererbungsprinzip zu verdankende *Erweiterbarkeit* von Modellen dargelegt. Wir unterstellen zu diesem Zweck, dass für die Realisierung einer Anwendung X eine Klasse KUNDE gemäss Abb. 3.2.28 erforderlich ist. Die spätere Realisierung einer Anwendung Y erfordere die Definition einer weiteren Klasse LIEFERANT gemäss Abb. 2.3.29. Nach einiger Zeit wird festgestellt, dass Kunden existieren, die zugleich auch als Lieferanten in Erscheinung treten (in Abb. 2.3.29 aufgrund der Überschneidung der Klassen KUNDE und LIEFERANT zum Ausdruck kommend). Auch wird festgestellt, dass Gemeinsamkeiten hinsichtlich der Variablen ID, NAME und ADRESSE sowie der Methode ADRESSVERWALTUNG vorliegen. Zwecks Vermeidung der festgestellten Doppelspurigkeiten wird gemäss Abb. 2.3.30 eine Superklasse PARTNER definiert, welche die aus den Subklassen herausfaktorisierten Gemeinsamkeiten aufzunehmen hat. Bedeutsam ist nun, dass die ursprünglichen Anwendungen X und Y unbesehen weiterzubetreiben sind, ist doch dank des Vererbungsprinzips zu gewährleisten, dass die aus den Subklassen entfernten Gemeinsamkeiten nach wie vor zur Verfügung stehen[1].

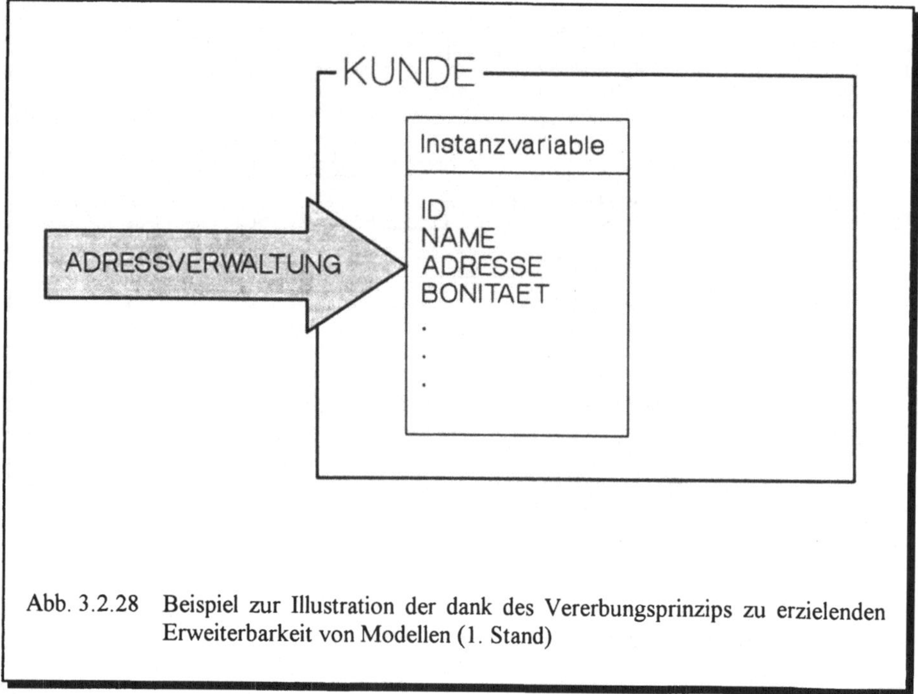

Abb. 3.2.28 Beispiel zur Illustration der dank des Vererbungsprinzips zu erzielenden Erweiterbarkeit von Modellen (1. Stand)

[1] Um Redundanz zu vermeiden, wären allerdings die in diesem Abschnitt für den dritten Fall diskutierten Massnahmen zu treffen.

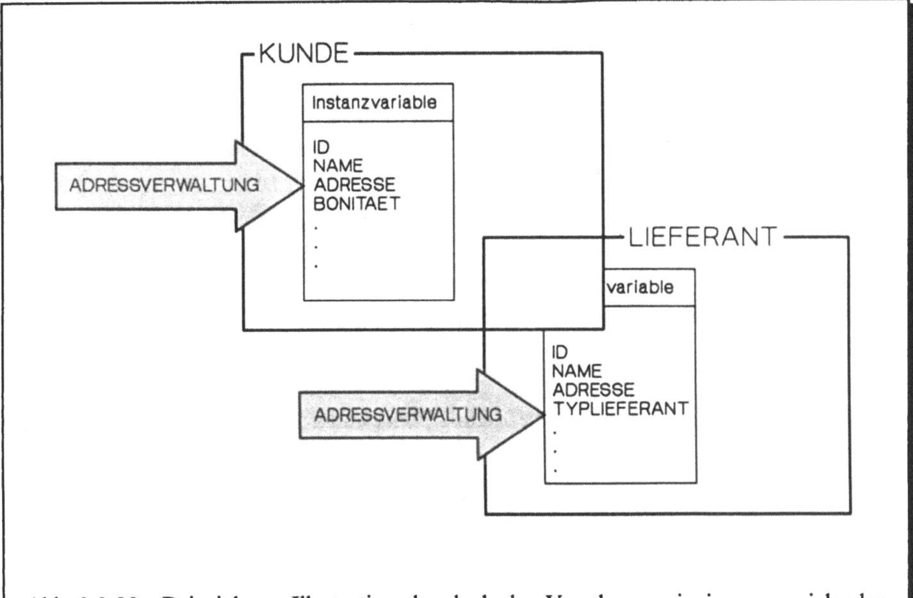

Abb. 2.3.29 Beispiel zur Illustration der dank des Vererbungsprinzips zu erzielenden Erweiterbarkeit von Modellen (2. Stand)

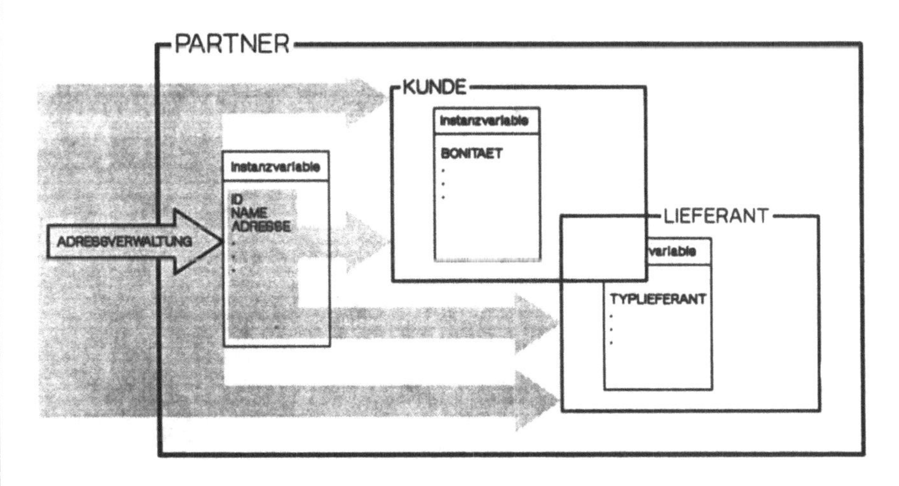

Abb. 2.3.30 Beispiel zur Illustration der dank des Vererbungsprinzips zu erzielenden Erweiterbarkeit von Modellen (3. Stand)

Man darf sich allerdings ob der sehr eindrücklichen Erweiterbarkeit von Modellen nicht täuschen lassen. Auch wenn gewisse Exponenten des objektorientierten Ansatzes der Meinung sind, man könne Klassenmodelle im Verlaufe der Zeit einfach wachsen lassen - saubere Klassenhierarchien ergäben sich ja praktisch von selbst - wird man in Analogie zur klassischen Datenmodellierung kaum auf die Ermittlung einer *globalen* (d.h. anwendungsübergreifenden) *Objektarchitektur* verzichten können. Nur so ist zu gewährleisten, dass sich verschiedene Projektgruppen an einheitliche Begriffe halten und ihre im Verlaufe der Zeit ermittelten Variablen (Attribute) und Methoden in einem für jedermann verbindlichen Modell wiederauffindbar versorgen können. Mehr darüber im 4. Kapitel.

Im Sinne einer Zusammenfassung dieses Abschnittes sei Prof. R. Marty[1] wie folgt zitiert:

[1] Marty R.: Von der Subroutinentechnik zu Klassenhierarchien - Eine schrittweise Hinführung zu objektorientierter Programmierung. Institut für Informatik, Universität Zürich-Irchel, 1988

Prof. R. Marty

"Mit dem objektorientierten Ansatz haben wir auf der Ebene der Programmstruktur einen Grad an Wiederverwendbarkeit erreicht, wie er in der Softwareentwicklung mit allen bisher bekannten Methoden klassischer Programmierung nicht erreichbar war. Softwaresysteme entstehen als Hierarchie von Klassen wobei von Hierarchiestufe zu Hierarchiestufe typischerweise nur sehr kleine Änderungen und Erweiterungen an den Klassen vorgenommen werden. Eine einzelne Klassendefinition und insbesondere die Definition einer Methode wird recht klein.

Die Kunst der objektorientierten Programmierung besteht darin, kluge Klassenhierarchien aufzubauen, das heisst insbesondere, in Subklassen entstehende Gemeinsamkeiten und Doppelspurigkeiten zu erkennen, aus diesen Gemeinsamkeiten ein allgemeines, höheres Schema abzuleiten und dieses sodann in der richtigen Superklasse zu implementieren. Damit entsteht für alle Subklassen dieser Superklasse (nicht nur für diejenige, aus der die Gemeinsamkeiten herausfaktorisiert wurden) eine zusätzliche Funktionalität."

Fragen zum Stoff von Abschnitt 2.3

1. **Was versteht man unter Vererbung?**
2. **Wie entstehen Vererbungsstrukturen?**
3. **Anstelle von Vererbungsstrukturen spricht man auch von ...!**
4. **Welche Fälle sind bei der Spezialisierung bzw. Generalisierung zu unterscheiden?**
5. **Worauf bezieht sich die Vererbung?**
6. **Was ist vorzukehren wenn eine geerbte Variable oder Methode in einer Spezialisierung nicht passt?**
7. **Man unterscheidet zwischen ... und ... Vererbung!**
8. **Wann führt eine Mehrfachvererbung zu Problemen?**
9. **Wie werden zu aktivierende Methoden gefunden?**
10. **Was ist Polymorphismus?**
11. **Welche Vorteile sind mit Polymorphismus zu erzielen?**
12. **Wie ist ein objektbasiertes Vorgehen zu charakterisieren?**
13. **Wie ist ein klassenbasiertes Vorgehen zu charakterisieren?**
14. **Wie ist ein objektorientiertes Vorgehen zu charakterisieren?**

2.4 Beziehungsstrukturen

Mit *Beziehungsstrukturen* sind die Objekte einer Klasse oder verschiedener Klassen miteinander in Beziehung zu setzen. Je nach Anzahl der Objekte, mit denen ein bestimmtes Objekt in Beziehung stehen kann, unterscheidet man in Analogie zur Datenmodellierung folgende vier Fälle:

- *Einfache* (man sagt auch: *Typ 1*) *Beziehungen*
- *Konditionelle* (*Typ 0,1* oder auch *Typ C* genannte) *Beziehungen*
- *Komplexe* (*Typ 1,M* oder auch *Typ M* genannte) *Beziehungen*
- *Komplex-konditionelle* (*Typ 0,M* oder auch *Typ MC* genannte) *Beziehungen*

Anstelle von *Beziehungen* ist mitunter auch von *Instance Connections* (Coad/ Yourdon) oder *Associations* (Booch) die Rede, während man bezüglich der *Beziehungsarten* (also *einfach, konditionell, komplex, komplex-konditionell*) auch von *Zuordnungskardinalitäten* spricht[1].

Wir erläutern die vorstehenden Beziehungsarten im folgenden anhand unseres *Spitalbeispiels* und kommen anschliessend auch auf das Prinzip von

- *Abbildungen* sowie von
- *Ereignisklassen*

zu sprechen.

Einfache (Typ 1) Beziehung

Wird ein Patient gemäss Abb. 2.4.2 jederzeit exakt von einem Arzt behandelt, so liegt von der Klasse PATIENT zur Klasse ARZT eine *einfache (Typ 1) Beziehung* vor. Demzufolge:

---

[1] Abrial, J.R.: Data Semantics. Data Base Management. Klimbie and Koffeman, Editors, Norths Holland, Amsterdam, 1974

Einfache (Typ 1) Beziehung

Wenn jedes Objekt einer Klasse A jederzeit mit einem Objekt einer Klasse B in Beziehung steht, so liegt von A nach B eine einfache (Typ 1) Beziehung vor (im Spezialfall steht jedes Objekt der Klasse A mit einem Objekt der *gleichen* Klasse in Beziehung).

Es ist üblich, eine einfach Beziehung von einer Klasse A zu einer Klasse B wie folgt darzustellen (anderweitige Notationen sind Abb. 2.4.9 zu entnehmen):

$$A \longrightarrow B$$

Abb. 2.4.1 illustriert, wie die in Abb. 2.4.2 gezeigte einfach Beziehung mit der Notation von Coad/Yourdon (oben) bzw. Booch (unten) darzustellen ist. Nicht unwichtig ist in der Coad/Yourdon-Notation, dass die Verbindungslinien zwischen den Klassen am äussern, die Objekte repräsentierenden Rechteck enden (das innere Rechteck symbolisiert bekanntlich die eigentliche Klasse). Damit wird angedeutet, dass Beziehungen immer zwischen individuellen Objekten, nicht aber zwischen Klassen vorliegen. Zu beachten ist auch, dass die Kardinalitäten in der Coad/Yourdon-Notation entgegengesetzt zur üblichen Datenmodellierungs-Notation ausgewiesen werden.

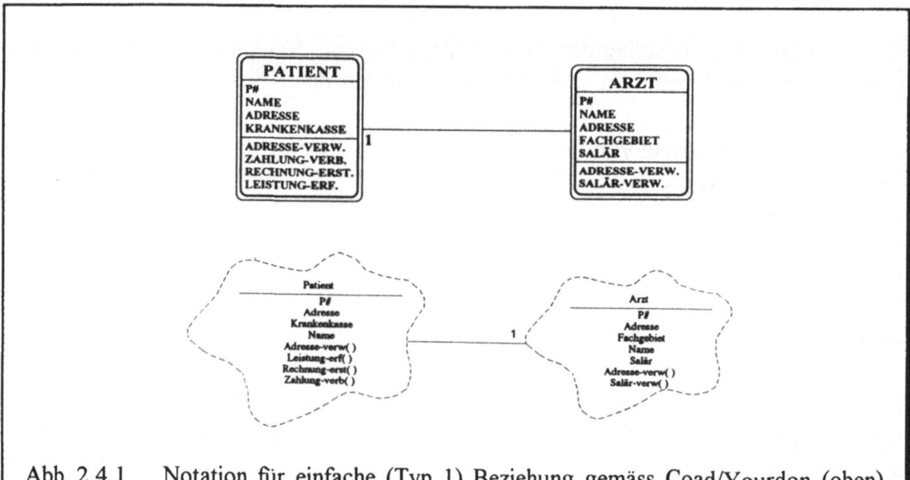

Abb. 2.4.1 Notation für einfache (Typ 1) Beziehung gemäss Coad/Yourdon (oben) bzw. gemäss Booch (unten)

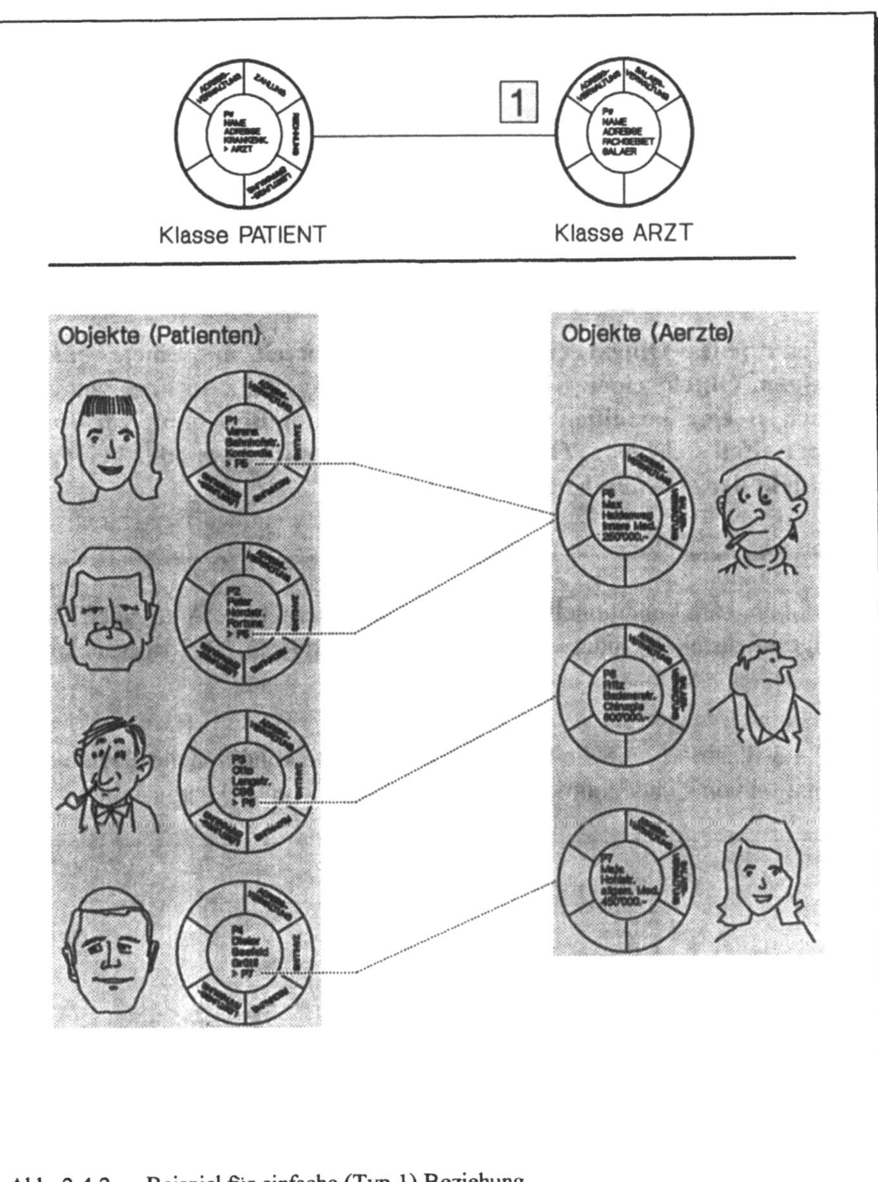

Abb. 2.4.2 Beispiel für einfache (Typ 1) Beziehung

Konditionelle (Typ 0,1 oder auch Typ C genannte) Beziehung

Wird ein Patient gemäss Abb. 2.4.4 jederzeit höchstens von einem, möglicherweise auch von keinem Arzt behandelt, so liegt von der Klasse PATIENT zur Klasse ARZT eine *konditionelle (Typ 0,1* oder *C) Beziehung* vor. Demzufolge:

> **Konditionelle (Typ 0,1 oder C) Beziehung**
>
> **Wenn jedes Objekt einer Klasse A jederzeit mit einem oder keinem Objekt einer Klasse B in Beziehung steht, so liegt von A nach B eine konditionelle (Typ 0,1 oder C) Beziehung vor (im Spezialfall steht jedes Objekt der Klasse A mit einem oder keinem Objekt der *gleichen* Klasse in Beziehung).**

Es ist üblich, eine konditionelle Beziehung von einer Klasse A zu einer Klasse B wie folgt darzustellen (anderweitige Notationen sind Abb. 2.4.9 zu entnehmen):

A —∍ B

Abb. 2.4.3 illustriert, wie die in Abb. 2.4.4 gezeigte konditionelle Beziehung mit der Notation von Coad/Yourdon (oben) bzw. Booch (unten) darzustellen ist.

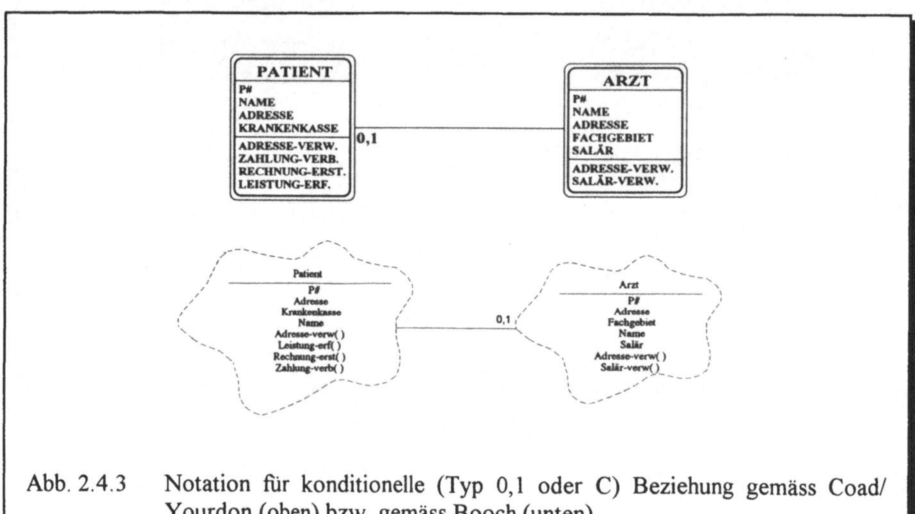

Abb. 2.4.3 Notation für konditionelle (Typ 0,1 oder C) Beziehung gemäss Coad/Yourdon (oben) bzw. gemäss Booch (unten)

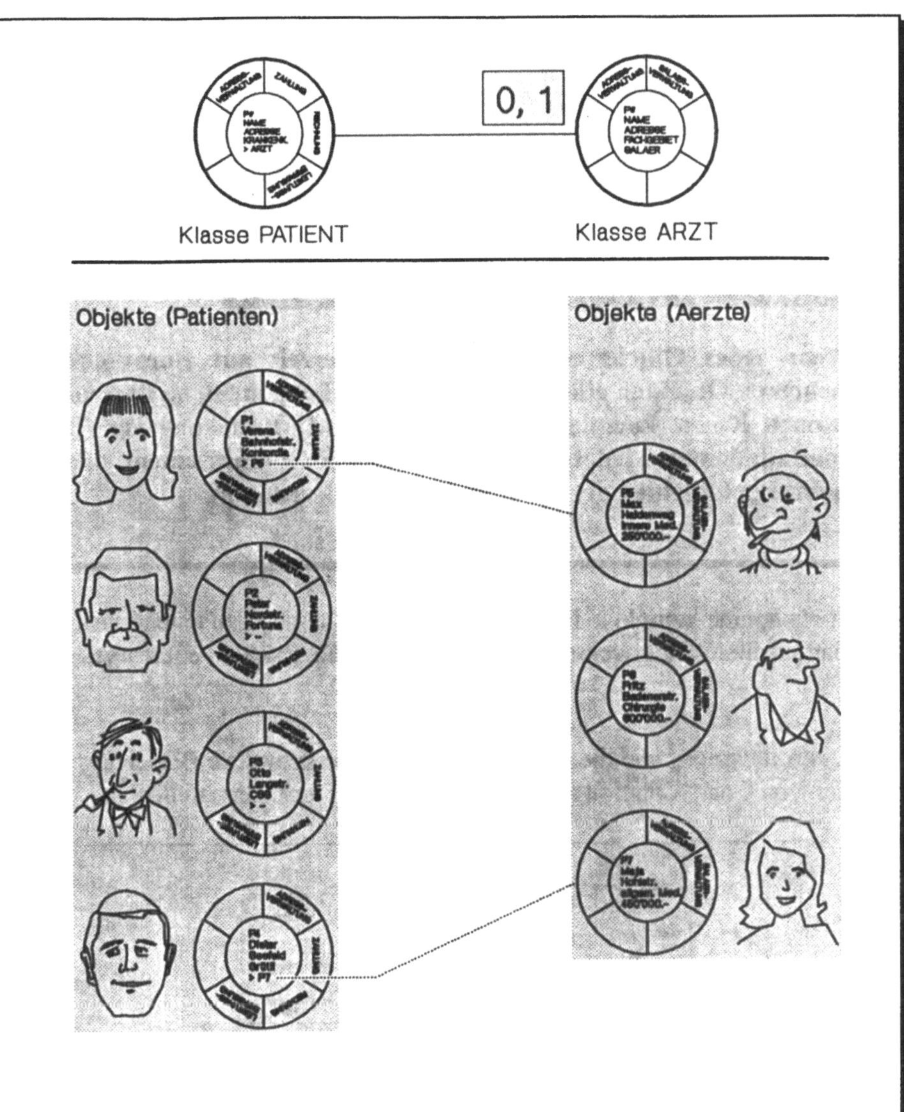

Abb. 2.4.4 Beispiel für konditionelle (Typ 0,1 oder C) Beziehung

Komplexe (Typ M oder auch Typ 1,M genannte) Beziehung

Wird ein Patient gemäss Abb. 2.4.6 mindestens von einem, möglicherweise aber auch von mehreren Ärzten behandelt, so liegt von der Klasse PATIENT zur Klasse ARZT eine *komplexe (Typ M* oder *1,M) Beziehung* vor. Demzufolge:

> **Komplexe (Typ M oder 1,M) Beziehung**
>
> **Wenn jedes Objekt einer Klasse A jederzeit mit einem oder mehreren Objekten einer Klasse B in Beziehung steht, so liegt von A nach B eine komplexe (Typ M oder 1,M) Beziehung vor (im Spezialfall steht jedes Objekt der Klasse A mit einem oder mehreren Objekten der *gleichen* Klasse in Beziehung).**

Es ist üblich, eine komplexe Beziehung von einer Klasse A zu einer Klasse B wie folgt darzustellen (anderweitige Notationen sind Abb. 2.4.9 zu entnehmen):

$$A \twoheadrightarrow B$$

Abb. 2.4.5 illustriert, wie die in Abb. 2.4.6 gezeigte komplexe Beziehung mit der Notation von Coad/Yourdon (oben) bzw. Booch (unten) darzustellen ist.

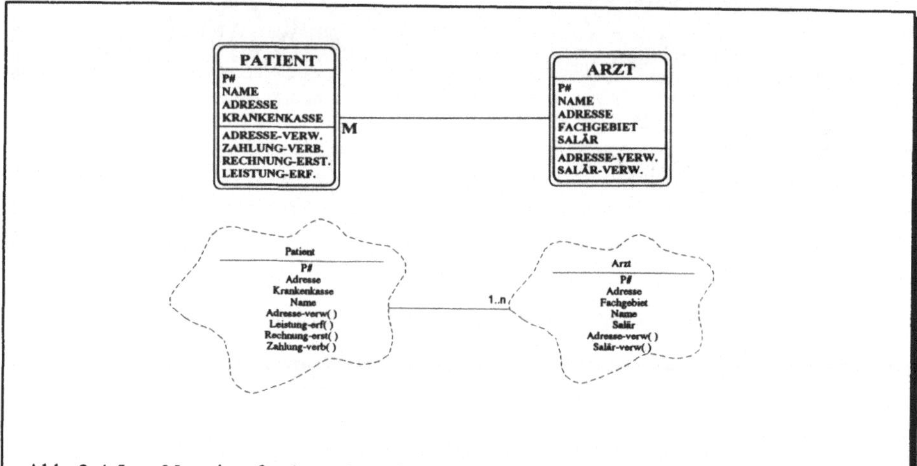

Abb. 2.4.5 Notation für komplexe (Typ M oder 1,M) Beziehung gemäss Coad/Yourdon (oben) bzw. gemäss Booch (unten)

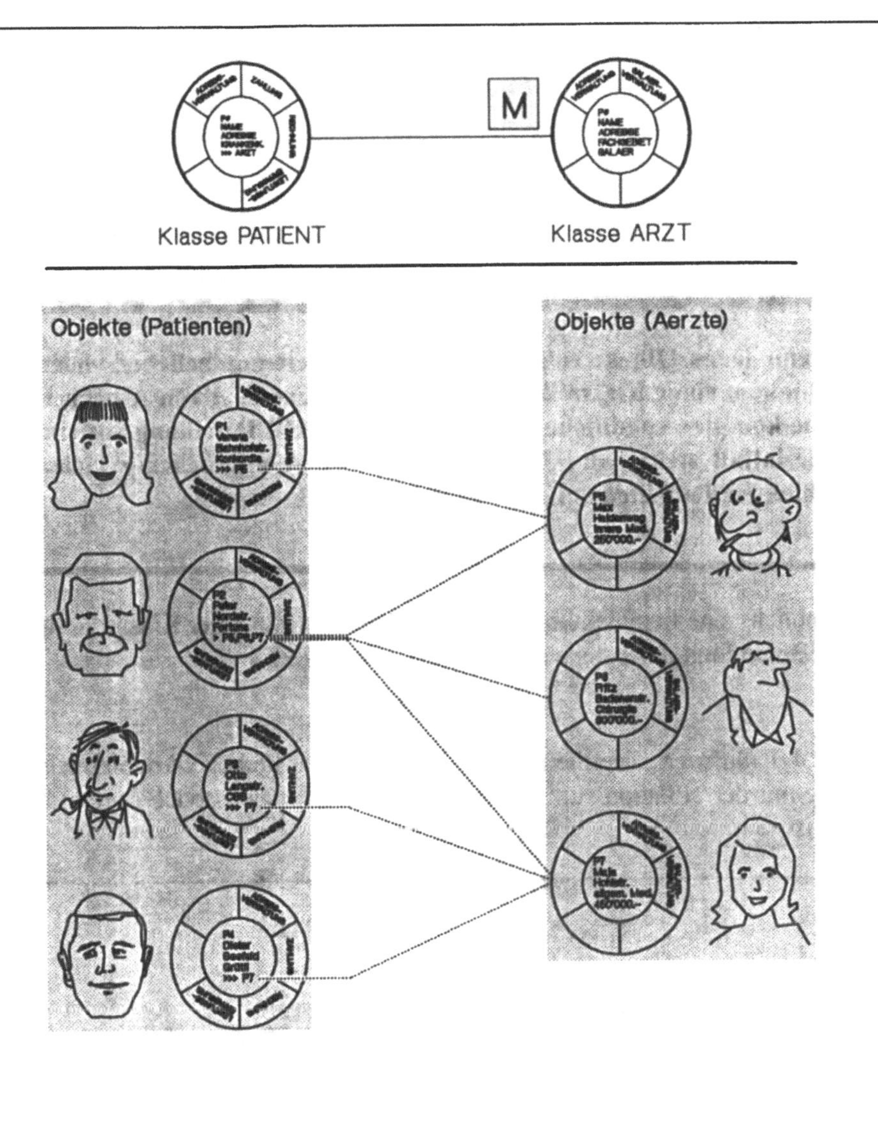

Abb. 2.4.6 Beispiel für komplexe (Typ M oder 1,M) Beziehung

Komplex-konditionelle (Typ 0,M oder auch Typ MC genannte) Beziehung

Wird ein Patient gemäss Abb. 2.4.8 von beliebig vielen (d.h. keinem, einem oder mehreren) Ärzten behandelt, so liegt von der Klasse PATIENT zur Klasse ARZT eine *komplex-konditionelle (Typ 0,M* oder *MC) Beziehung* vor. Demzufolge:

> **Komplex-konditionelle (Typ 0,M o. MC) Beziehung**
>
> **Wenn jedes Objekt einer Klasse A jederzeit mit beliebig vielen Objekten einer Klasse B in Beziehung steht, so liegt von A nach B eine komplex-konditionelle (Typ 0,M oder MC) Beziehung vor (im Spezialfall steht jedes Objekt der Klasse A mit beliebig vielen Objekten der *gleichen* Klasse in Beziehung).**

Es ist üblich, eine komplex-konditionelle Beziehung von einer Klasse A zu einer Klasse B wie folgt darzustellen (siehe auch Abb. 2.4.9):

$$A \twoheadrightarrow B$$

Abb. 2.4.7 illustriert, wie die in Abb. 2.4.8 gezeigte komplex-konditionelle Beziehung mit der Notation von Coad/Yourdon (oben) bzw. Booch (unten) darzustellen ist.

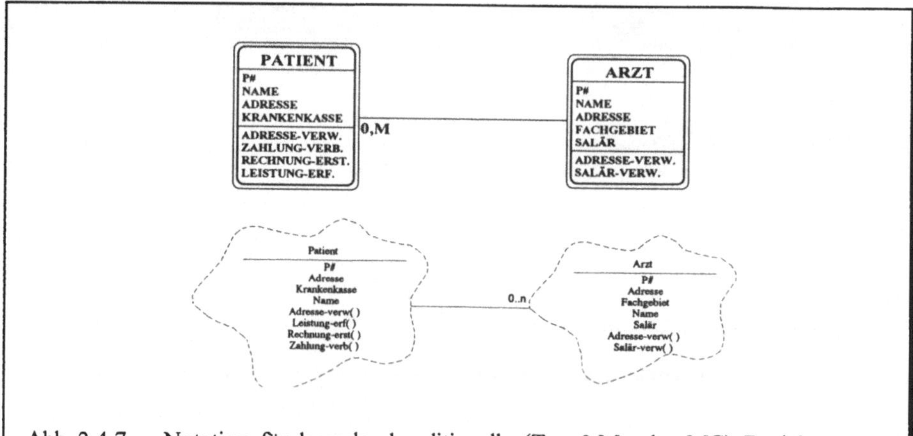

Abb. 2.4.7 Notation für komplex-konditionelle (Typ 0,M oder MC) Beziehung gemäss Coad/Yourdon (oben) bzw. gemäss Booch (unten)

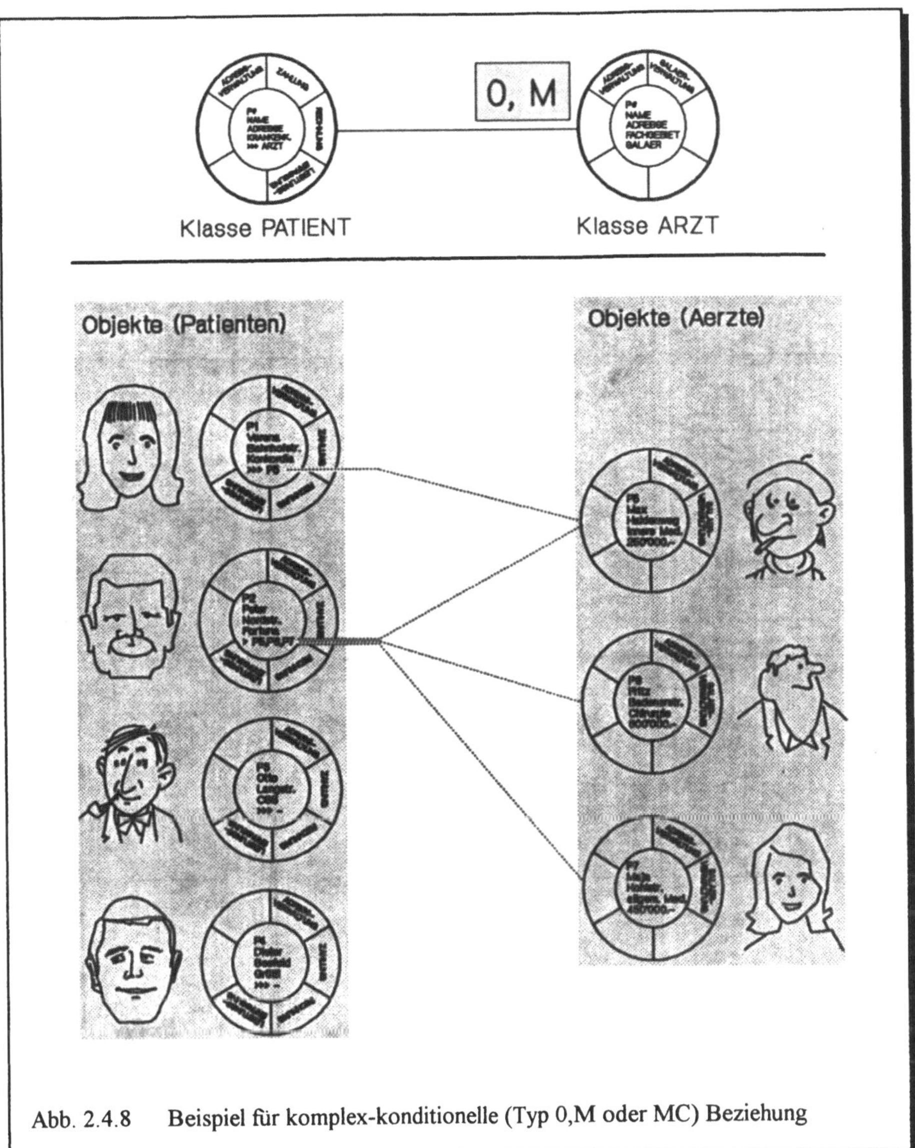

Abb. 2.4.8 Beispiel für komplex-konditionelle (Typ 0,M oder MC) Beziehung

Zu Beginn dieses Abschnittes wurde angedeutet, dass das Beziehungsprinzip eigentlich auf die Datenmodellierung zurückgeht. Im Verlaufe der Zeit wurden für die verschiedenen Beziehungsarten (Zuordnungskardinalitäten) unterschiedlichste Notationen vorgeschlagen. Die gebräuchlichsten, auch im objektorientierten Umfeld verwendeten Notationen sind Abb. 2.4.9 zu entnehmen.

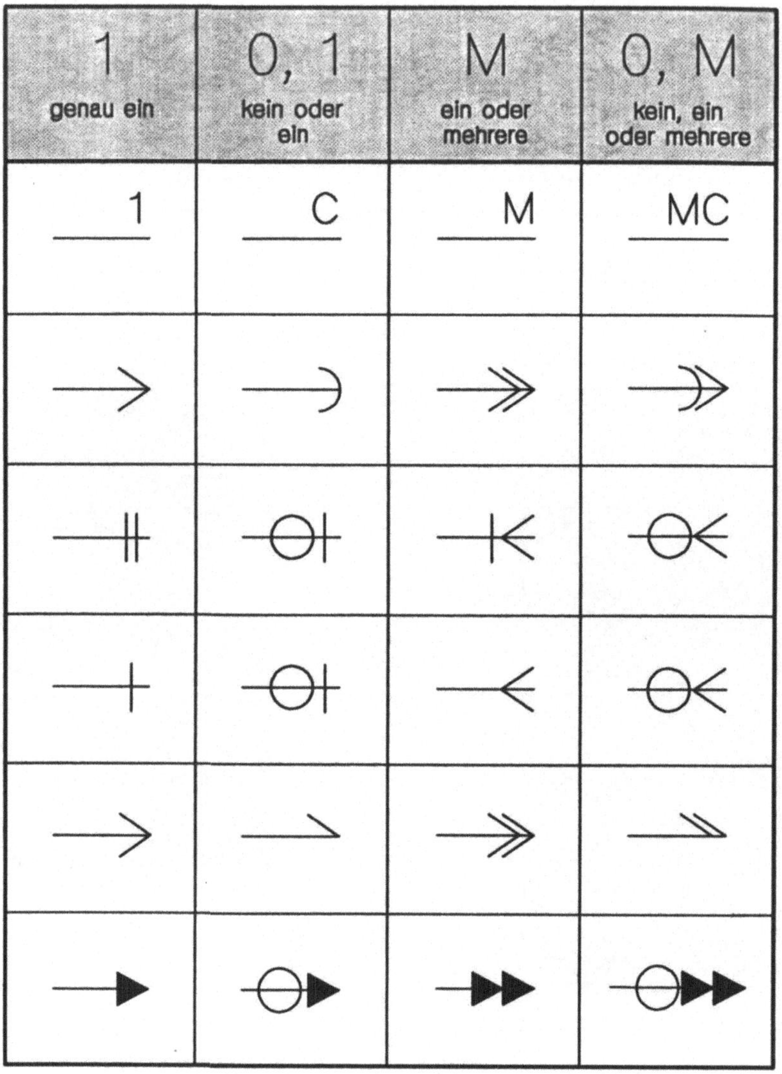

1 genau ein	0, 1 kein oder ein	M ein oder mehrere	0, M kein, ein oder mehrere
1	C	M	MC

Abb. 2.4.9 Gebräuchlichste Notationen für Beziehungsarten (Zuordnungskardinalitäten)

Abbildungen

Mit einer *Abbildung* sind die Beziehungsarten einer Beziehung in beiden Richtungen auszuweisen.

Beispielsweise ist Abb. 2.4.11 zu entnehmen, dass jeder Patient von einem oder mehreren Ärzten behandelt wird, und dass jeder Arzt einen oder mehrere Patienten behandelt. Der Beziehung zwischen den Objekten der Klasse PATIENT und jenen der Klasse ARZT liegt also in beiden Richtungen eine komplexe Beziehungsart zugrunde. Beide Beziehungsarten repräsentieren eine *Abbildung*, die formal wie folgt festzuhalten ist:

$$\text{PATIENT} \twoheadleftarrow\!\!\twoheadrightarrow \text{ARZT}$$

Man würde dazu sagen: "Der Beziehung der Objekte der Klasse PATIENT mit jenen der Klasse ARZT liegt eine (M:M)-Abbildung zugrunde."

Abb. 2.4.10 illustriert, wie die in Abb. 2.4.11 gezeigte Abbildung mit der Notation von Coad/Yourdon (oben) bzw. Booch (unten) darzustellen ist.

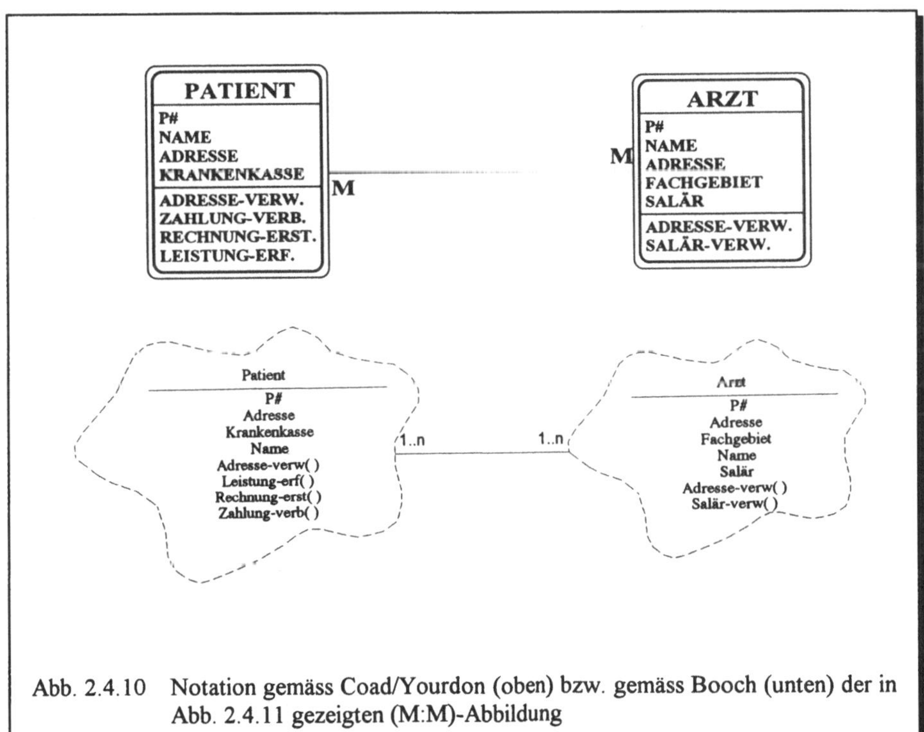

Abb. 2.4.10 Notation gemäss Coad/Yourdon (oben) bzw. gemäss Booch (unten) der in Abb. 2.4.11 gezeigten (M:M)-Abbildung

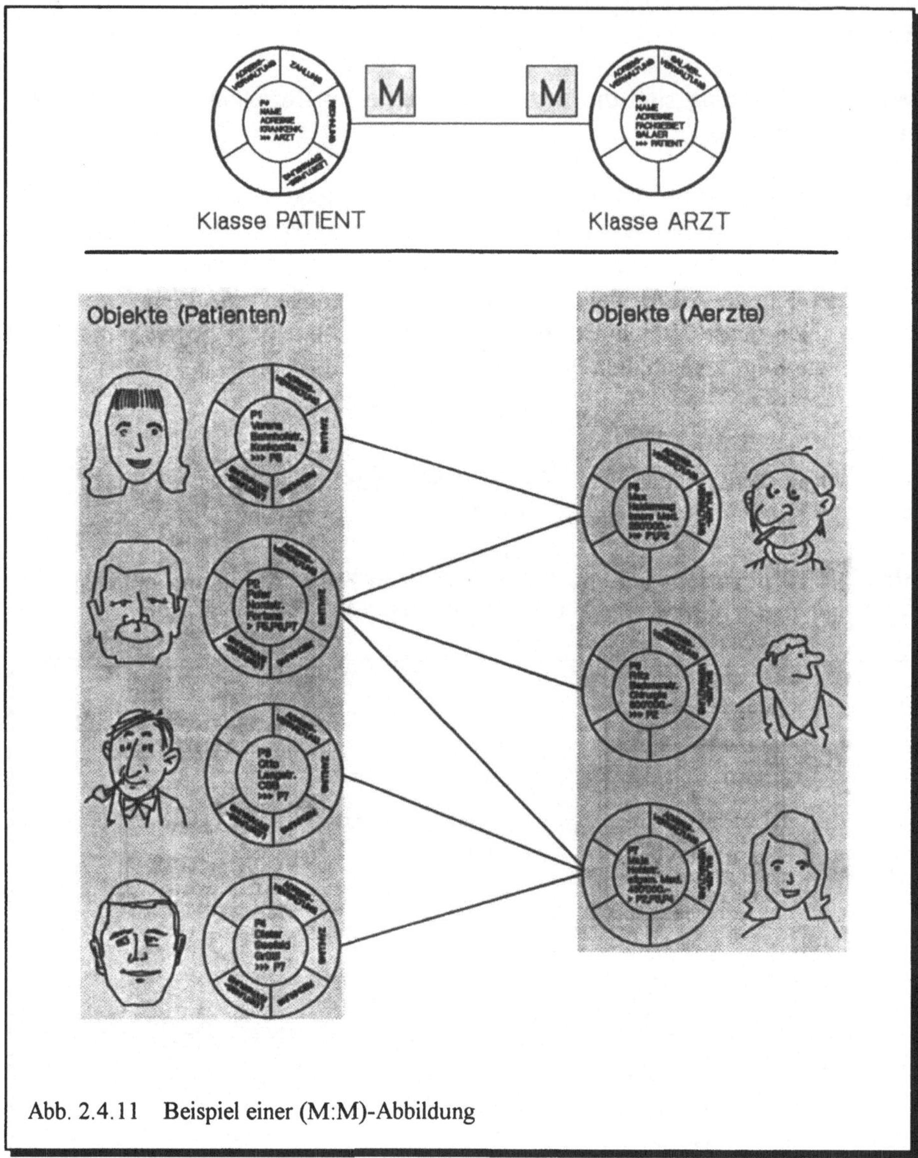

Abb. 2.4.11 Beispiel einer (M:M)-Abbildung

Die Abbildungen dieses Abschnittes vermitteln insofern einen nicht ganz den Tatsachen entsprechenden Eindruck, als sie suggerieren, dass in einem Objekt sämtliche Adressen jener Objekte enthalten sind, mit denen ersteres in Beziehung steht. Tatsächlich sind diese Adressen aber gemäss Abb. 2.4.12 in einem speziellen, *Collection* (*Sammlung*) genannten Konstrukt vorzufinden, während die eigentlichen Arzt- bzw. Patientenobjekte lediglich eine Adresse auf eine solche Collection enthalten. Zu beachten ist, dass Collections in Abhängigkeit der aufzunehmenden Adressen wachsen bzw. schrumpfen können. Abb. 2.4.12 illustriert, wie man sich die Realisierung der in Abb. 2.4.11 gezeigten (M:M)-Abbildung mittels Collections vorzustellen hat.

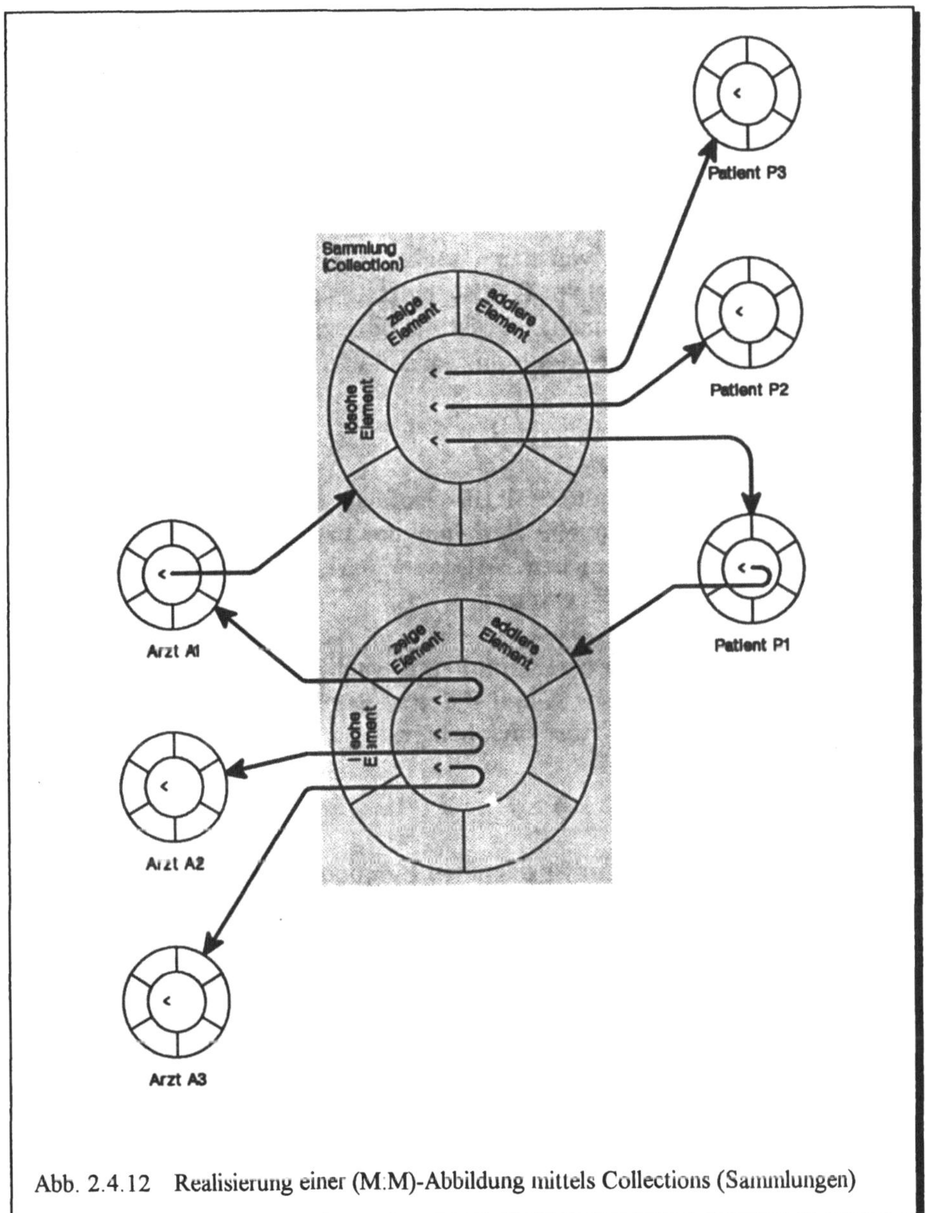

Abb. 2.4.12 Realisierung einer (M:M)-Abbildung mittels Collections (Sammlungen)

Wir merken uns:

Abbildung

Eine Abbildung macht eine Aussage über die Beziehungsarten, die einer Beziehung zwischen den Objekten einer Klasse A und jenen einer Klasse B zugrunde liegen (im Spezialfall betrifft die Abbildung Beziehungen von Objekten ein und derselben Klasse).

Ist die Beziehungsart von den Objekten einer Klasse A zu jenen einer Klasse B vom Typ T (also einfach, konditionell, komplex oder komplex-konditionell) und ist die dazu inverse Beziehungsart vom Typ T', so ist eine Abbildung formal wie folgt festzuhalten:

(T' : T)

Dabei sind T und T' durch 1 (für einfache Beziehungen) bzw. C oder 0,1 (für konditionelle Beziehungen) bzw. M oder 1,M (für komplexe Beziehungen) bzw. MC oder 0,M (für komplex-konditionelle Beziehungen) zu ersetzen.

Gebräuchlich ist auch eine Notation, die neben den Beziehungsarten T und T' die Klassen A und B der an der Beziehung beteiligten Objekte wie folgt zum Ausdruck bringt:

A T'—T B

Dabei sind T und T' mit geeigneten Symbolen aus Abb. 2.4.9 zu ersetzen.

Nachdem die Beziehungsart der Objekte einer Klasse A zu jenen einer Klasse B einfach, konditionell, komplex sowie komplex-konditionell sein kann, und nachdem der gleiche Sachverhalt auch für die inverse Beziehungsart zutrifft, unterscheidet man 4 × 4 = 16 verschiedene *Abbildungstypen*. Abb. 2.4.13 illustriert die formale Darstellung dieser Abbildungstypen.

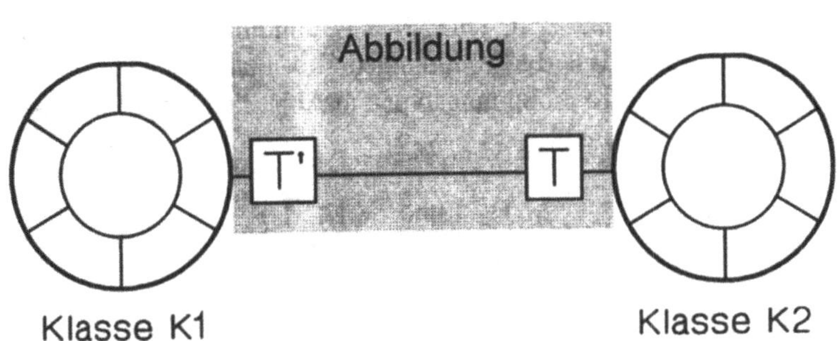

T' \ T	1	0,1	M	0,M
1	(1 : 1)	(1 : 0,1)	(1 : M)	(1 : 0,M)
0,1	(0,1 : 1)	(0,1 : 0,1)	(0,1 : M)	(0,1 : 0,M)
M	(M : 1)	(M : 0,1)	(M : M)	(M : 0,M)
0,M	(0,M : 1)	(0,M : 0,1)	(0,M : M)	(0,M : 0,M)

Abb. 2.4.13 Notation für Abbildungstypen. Die Abbildungstypen sind wie folgt zu klassieren:

- *einfach-einfache Abbildungen* (hell schattierter Bereich)
- *einfach-komplexe Abbildungen* (nicht schattierter Bereich)
- *komplex-komplexe Abbildungen* (dunkel schattierter Bereich)

Zu beachten ist, dass beispielsweise eine (1:M)-Abbildung durch eine Vertauschung der Klassen A und B in eine (M:1)-Abbildung umzufunktionieren ist. Entsprechend sagt man, dass die Abbildungen (1:M) und (M:1) zueinander *symmetrisch* seien. Von den 16 Abbildungstypen in Abb. 2.4.13 sind insgesamt 6 zueinander symmetrisch, nämlich:

(1 : M)	und	(M : 1)
(1 : C)	und	(C : 1)
(1 : MC)	und	(MC : 1)
(C : M)	und	(M : C)
(C : MC)	und	(MC : C)
(M : MC)	und	(MC : M)

Zu unterscheiden sind also grundsätzlich 10 verschiedene Abbildungstypen.

Ereignisklassen

Ähnlich wie Objekte durch Variable (Attribute) zu charakterisieren sind, sind auch Beziehungen durch Variable (Attribute) zu umschreiben. Abb. 2.4.14 illustriert diesen Sachverhalt anhand unseres *Spitalbeispiels*. Zu erkennen ist unter anderem, dass der Arzt P5 für die Patientin P1 Grippe und Masern, für den Patienten P2 hingegen Angina diagnostiziert hat. Die genannten Krankheiten charakterisieren also offenbar Beziehungen zwischen Ärzten und Patienten. In der klassischen Datenmodellierung würde man für die in Abb. 2.4.14 gezeigte Sachlage eine die Klassen[1] PATIENT und ARZT betreffende *Beziehungsmenge* BEHANDLUNG definieren und die Diagnosen in Form eines *Beziehungsattributes* festhalten. Im objektorientierten Umfeld verhält man sich genauso, würde allerdings nicht von einer *Beziehungsklasse*, sondern von einer *Ereignisklasse* BEHANDLUNG sprechen. Wir sind dem Prinzip von Ereignisklassen schon in Abschnitt 2.2 im Zusammenhang mit der *Ereignisanalyse* begegnet und haben dannzumal zur Kenntnis genommen, dass mit Ereignisklassen das Geschehen auf der Zeitachse zu modellieren ist. Auch im Falle unseres *Spitalbeispiels* ist es nicht abwegig, sich die Zeitachse vor Augen zu halten, bringen doch die Objekte der Ereignisklasse BEHANDLUNG zum Ausdruck, welche Patienten von welchen Ärzten im Verlaufe der Zeit behandelt wurden.

Abb. 2.4.15 illustriert unsere Überlegungen mittels eines Diagramms gemäss Coad/Yourdon.

---

[1] In der klassischen Datenmodellierung wäre selbstverständlich nicht von Klassen, sondern von *Entitätsmengen* die Rede.

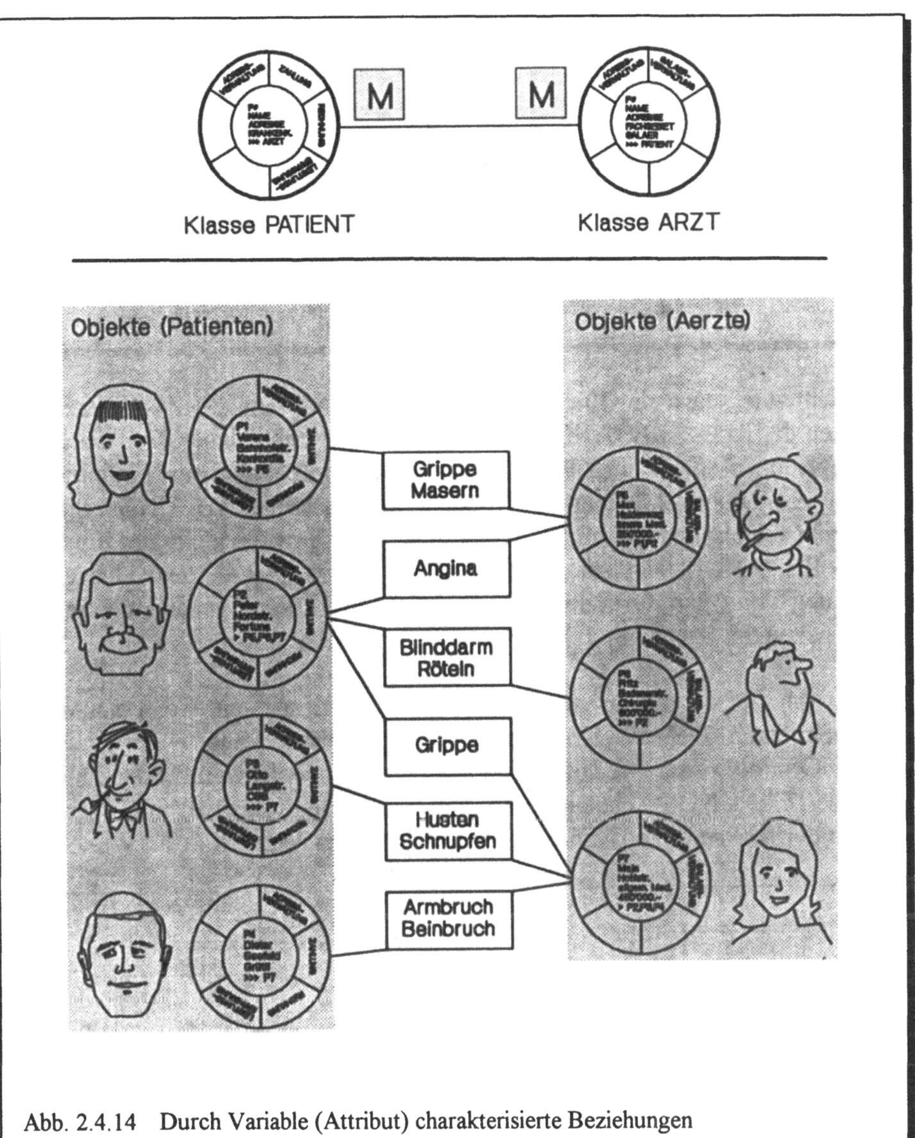

Abb. 2.4.14 Durch Variable (Attribut) charakterisierte Beziehungen

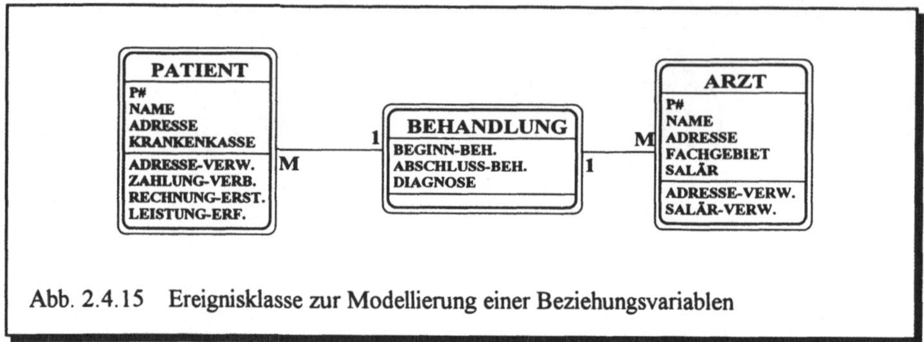

Abb. 2.4.15 Ereignisklasse zur Modellierung einer Beziehungsvariablen

Zu beachten ist, dass ein Objekt der Klasse PATIENT bzw. ARZT mit mehreren Objekten der Klasse BEHANDLUNG in Beziehung stehen kann. Von der Klasse PATIENT bzw. ARZT zur Klasse BEHANDLUNG liegt also eine komplexe Beziehung vor. Umgekehrt steht ein Objekt der Klasse BEHANDLUNG immer nur mit einem Objekt der Klasse PATIENT bzw. ARZT in Beziehung; d.h. von der Klasse BEHANDLUNG zur Klasse PATIENT bzw. ARZT liegt eine einfach Beziehung vor (man verifiziere die vorstehende Aussage anhand der in Abb. 2.4.14 gezeigten Sachlage).

Das in Abb. 2.4.15 gezeigte Modell führt zu Schwierigkeiten, wenn ein Arzt für einen Patienten mehrere Krankheiten diagnostizieren kann - der Variablen DIAGNOSE also eine *Wiederholungsgruppe* zugrunde liegt. In diesem Fall wäre es besser, DIAGNOSE entsprechend Abb. 2.4.16 als Klasse zu implementieren und mit der Klasse BEHANDLUNG in Beziehung zu setzen.

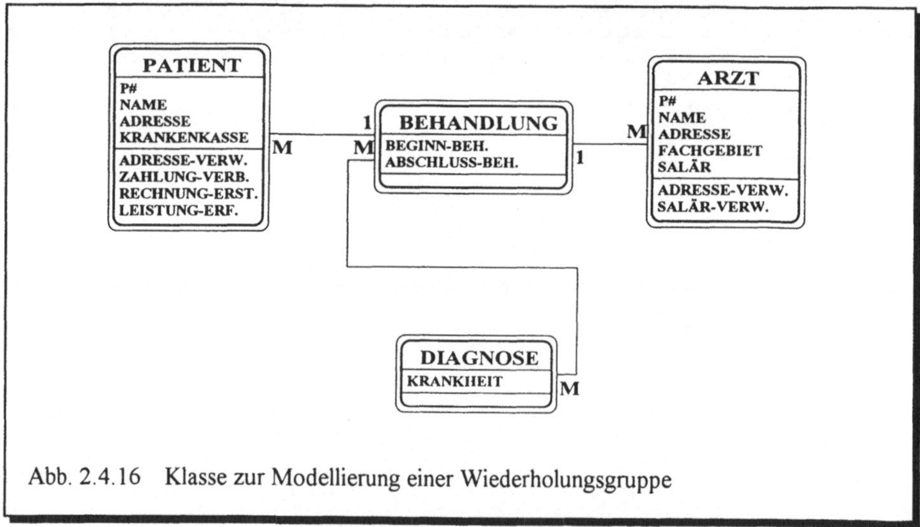

Abb. 2.4.16 Klasse zur Modellierung einer Wiederholungsgruppe

In Abschnitt 2.3 haben wir zur Kenntnis genommen, dass die für Superklassen definierten Variablen (Attribute) und Methoden an Subklassen vererbt werden. Abb. 2.4.17 zeigt, dass der Vererbungsmechanismus nicht für Variablen und Methoden, sondern auch für Beziehungen spielt. So sind in der Subklasse ARZT neben den eigenen Variablen, Methoden sowie Beziehungen auch jene der Superklassen MITARBEITER und PERSON vorzufinden.

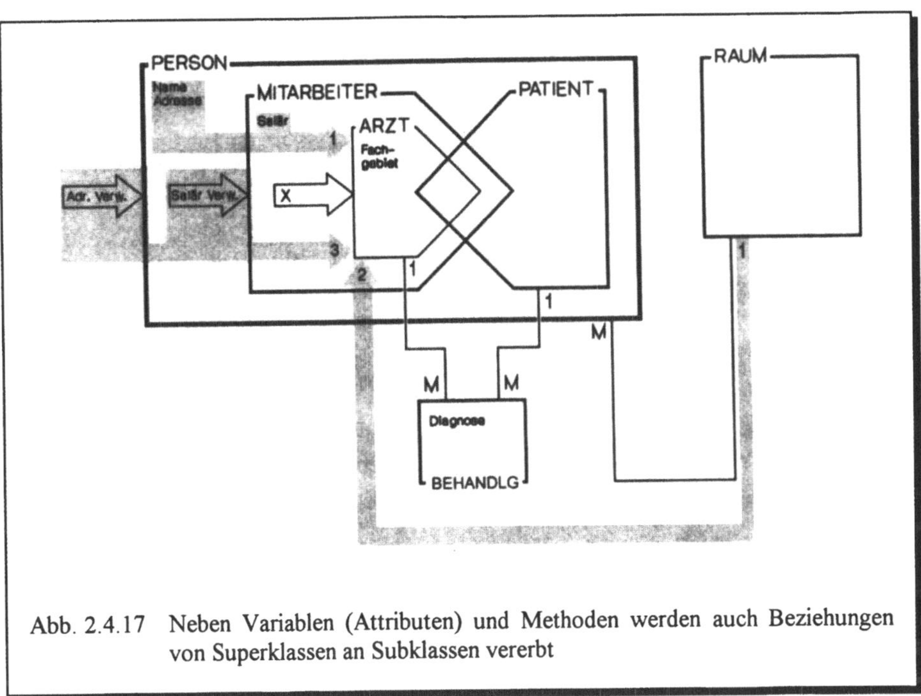

Abb. 2.4.17 Neben Variablen (Attributen) und Methoden werden auch Beziehungen von Superklassen an Subklassen vererbt

Zum Abschluss dieses Abschnittes wollen wir das unserem Beispiel *Kursorganisation* zugrunde liegende Modell mit Beziehungen ergänzen. Abb. 2.4.18 erinnert an die in Abschnitt 2.2 eingeführte Benützersicht *Kursbeschreibung* und illustriert, wie davon Beziehungen abzuleiten sind. Offenbar liegen der Benützersicht Beziehungen zugrunde, die mit folgenden Abbildungen zu umschreiben sind:

1. KURS ↞→ DOZENT
2. KURS ↞→ LOKAL
3. KURS ↞↠ STUDENT
4. STUDENT ↞→ DOZENT
5. STUDENT ↞↠ SPRACHE

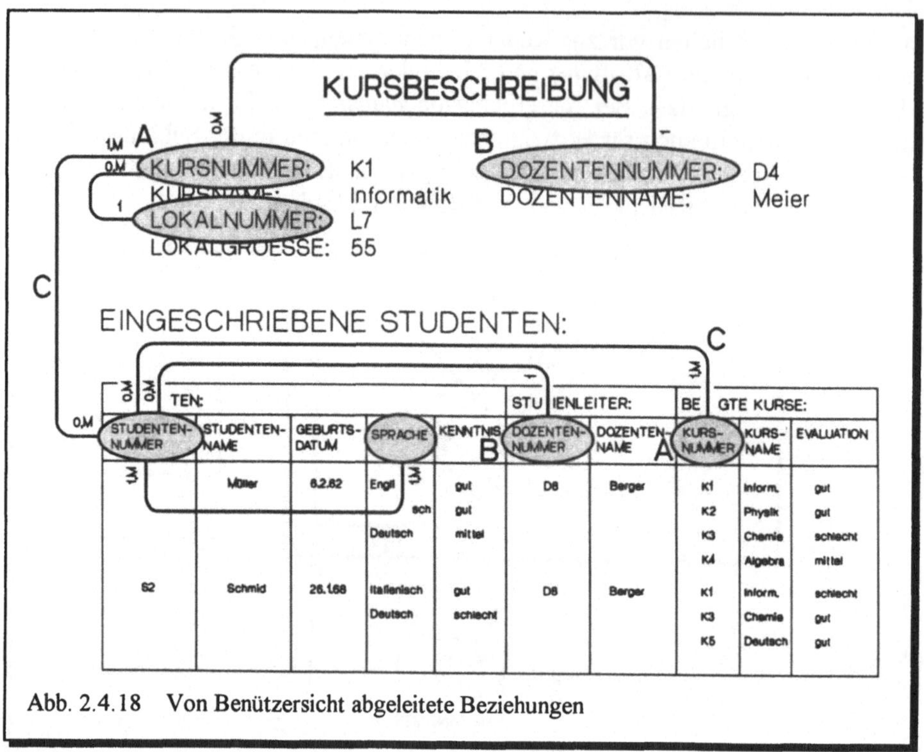

Abb. 2.4.18 Von Benützersicht abgeleitete Beziehungen

Zu beachten ist, dass der in Abb. 2.4.18 mit C bezeichneten Beziehung[1] mit der Abbildung

KURS $\twoheadleftarrow\!\!\twoheadrightarrow$ STUDENT

eine ähnliche Konstellation zugrunde liegt wie der in Abb. 2.4.14 gezeigten Beziehung mit der Abbildung

PATIENT $\twoheadleftarrow\!\!\twoheadrightarrow$ ARZT

Umschreibt im *Spitalbeispiel* die Diagnose die Beziehung zwischen Patienten und Ärzten, so charakterisiert im Beispiel *Kursorganisation* die Evaluation (gemeint ist die Note, die ein Student nach erfolgtem Kursbesuch erhält) die Beziehung zwischen Studenten und Kursen. Wurde die Diagnose im *Spitalbeispiel* als Variable einer Ereignisklasse BEHANDLUNG implementiert, so wird die Evaluation im Beispiel *Kursorganisation* als Variable einer Ereignisklasse BELEGUNG berücksichtigt. Schliesslich: Waren die Klassen PATIENT, ARZT sowie BEHANDLUNG im *Spitalbeispiel* wie folgt an Beziehungen beteiligt

[1] Offenbar können in einer Benützersicht nicht nur Klassen wie KURS und DOZENT (mit A bzw. B gekennzeichnet), sondern auch Beziehungen mehrmals in Erscheinung treten.

PATIENT ⟷⟫ BEHANDLUNG ⟪⟷ ARZT

so liegt für das Beispiel *Kursorganisation* folgende analoge Konstellation vor:

STUDENT ⟷⟫ BELEGUNG ⟪⟷ KURS

Anzumerken ist höchstens, dass die komplex-konditionelle Beziehung von KURS nach BELEGUNG darauf hinweist, dass Kurse unter Umständen auch keine Studenten aufweisen können.

Abb. 2.4.19 zeigt das mit Beziehungen ergänzte OO-Diagramm gemäss Coad/ Yourdon für unser Beispiel *Kursorganisation*.

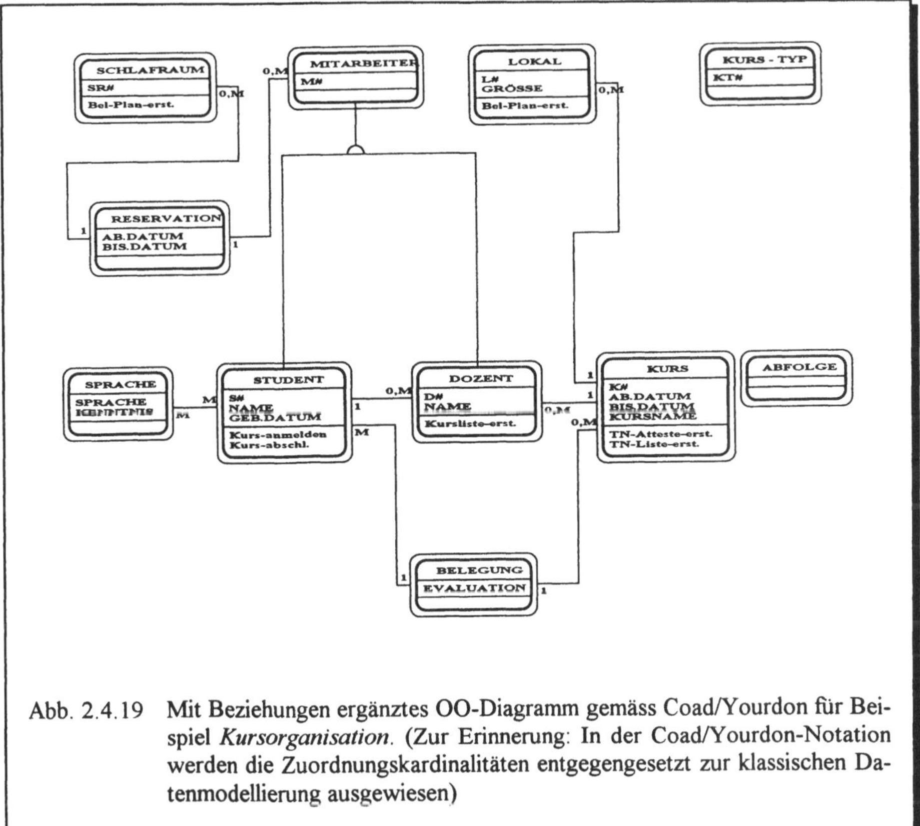

Abb. 2.4.19 Mit Beziehungen ergänztes OO-Diagramm gemäss Coad/Yourdon für Beispiel *Kursorganisation*. (Zur Erinnerung: In der Coad/Yourdon-Notation werden die Zuordnungskardinalitäten entgegengesetzt zur klassischen Datenmodellierung ausgewiesen)

Von der Benützersicht in Abb. 2.4.18 nicht abzuleiten ist die Beziehung zwischen Mitarbeitern und Schlafräumen. Auch hier ist eine Ereignisklasse notwendig, denn nur so ist die Belegung der Schlafräume im Verlaufe der Zeit mit geeigneten Variablen aufzuzeichnen. Nach unseren die Beziehungen PATIENT-ARZT sowie STUDENT-KURS betreffenden Überlegungen ist unschwer einzusehen, dass besagte Ereignisklasse mit den Klassen SCHLAFRAUM und MITARBEITER wie folgt in Beziehung stehen muss:

SCHLAFRAUM ⟷» RESERVATION «⟷ MITARBEITER

Das in Abb. 2.4.19 gezeigte OO-Diagramm lässt sich durch Elimination von Doppelspurigkeiten in Subklassen noch verbessern. Beispielsweise ist die Variable NAME sowohl in der Subklasse STUDENT wie auch DOZENT vorzufinden, wäre also in der Superklasse MITARBEITER besser am Platz. Auch die Variable GEB.DATUM sowie die Beziehung zur Klasse SPRACHE sollte man aus der Subklasse STUDENT herausfaktorisieren und in der Superklasse MITARBEITER versorgen, um sie dergestalt auch in der Subklasse DOZENT verfügbar zu machen. Ein bereinigtes OO-Diagramm für unser Beispiel *Kursorganisation* ist Abb. 2.4.20 (Coad/Yourdon) bzw. Abb. 2.4.21 (Booch) zu entnehmen.

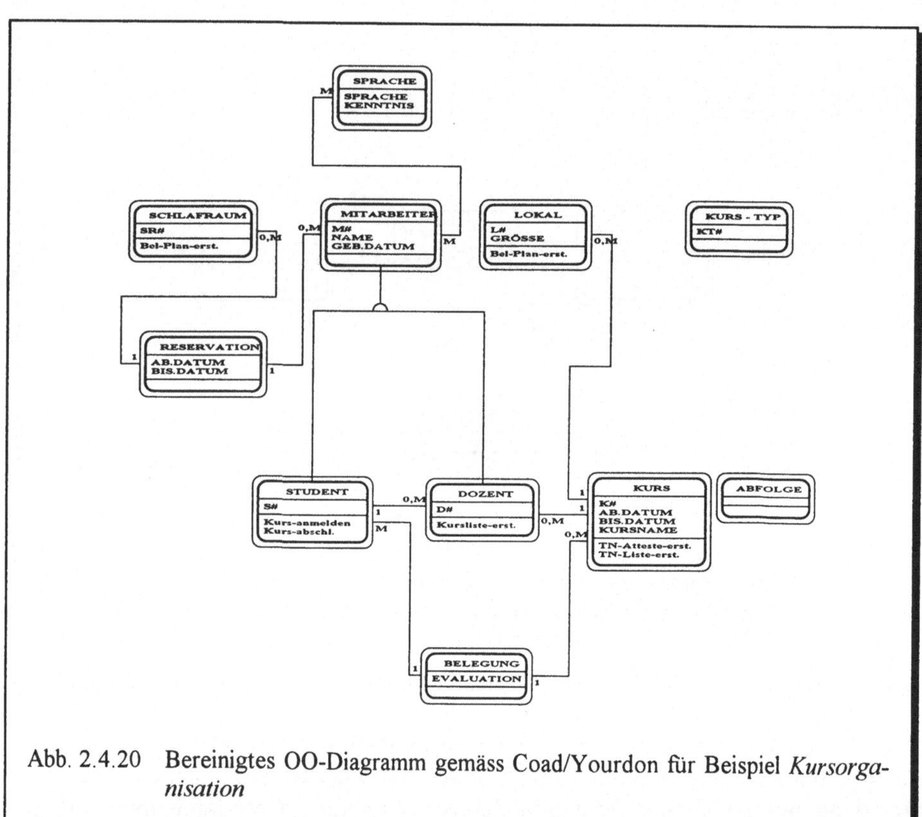

Abb. 2.4.20 Bereinigtes OO-Diagramm gemäss Coad/Yourdon für Beispiel *Kursorganisation*

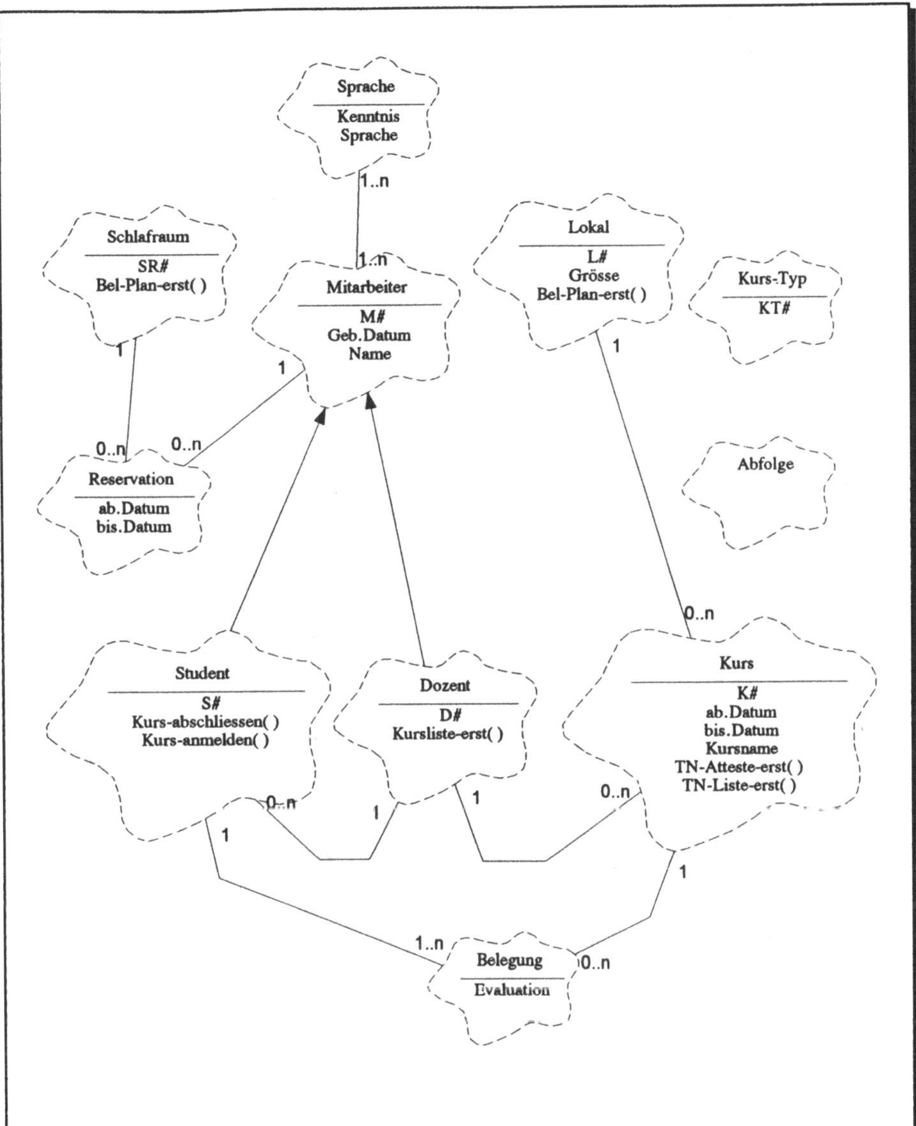

Abb. 2.4.21 Mit Beziehungen ergänztes und hinsichtlich Doppelspurigkeiten in Subklassen bereinigtes OO-Diagramm gemäss Booch für Beispiel *Kursorganisation*

Fragen zum Stoff von Abschnitt 2.4

1. **Was ist mit Beziehungsstrukturen zu bewirken?**

2. **Worin unterscheiden sich Beziehungsstrukturen von Vererbungsstrukturen?**

3. **Welche Beziehungsarten (Zuordnungskardinalitäten) unterscheidet man?**

4. **Was ist eine Abbildung?**

5. **Wieviele Abbildungstypen unterscheidet man?**

6. **Wie klassiert man Abbildungen?**

7. **Wie muss man sich die Realisierung einer komplexen Beziehung von einer Klasse A zu einer Klasse B vorstellen?**

8. **Wie realisiert man eine Beziehungsvariable?**

9. **Was wird von Superklassen an Subklassen vererbt?**

10. **Eine Ereignisklasse entspricht in der klassischen Datenmodellierung einer ...**

2.5 Aggregationsstrukturen

Mit einer *Aggregationsstruktur* ist die Zusammensetzung eines Ganzen aus mehreren Teilen zum Ausdruck zu bringen.

Coad/Yourdon sprechen bezüglich Aggregationsstrukturen von *Whole/Part-Structures* und verwenden dafür die in Abb. 2.5.1 (linker Teil) gezeigte Notation. Nicht unwichtig ist, dass die Verbindungslinien zwischen den Klassen am äusseren, die Objekte repräsentierenden Rechteck enden (das innere Rechteck symbolisiert bekanntlich die eigentliche Klasse). Damit wird angedeutet, dass sich eine Aggregation auf Objekte und nicht auf Klassen bezieht. Zu beachten ist auch, dass die Kardinalitäten entgegengesetzt zur üblichen Datenmodellierungs-Notation ausgewiesen werden. Booch spricht bezüglich Aggregationsstrukturen von *Containing Relationships* und verwendet dafür die in Abb. 2.5.1 (rechter Teil) gezeigte Notation.

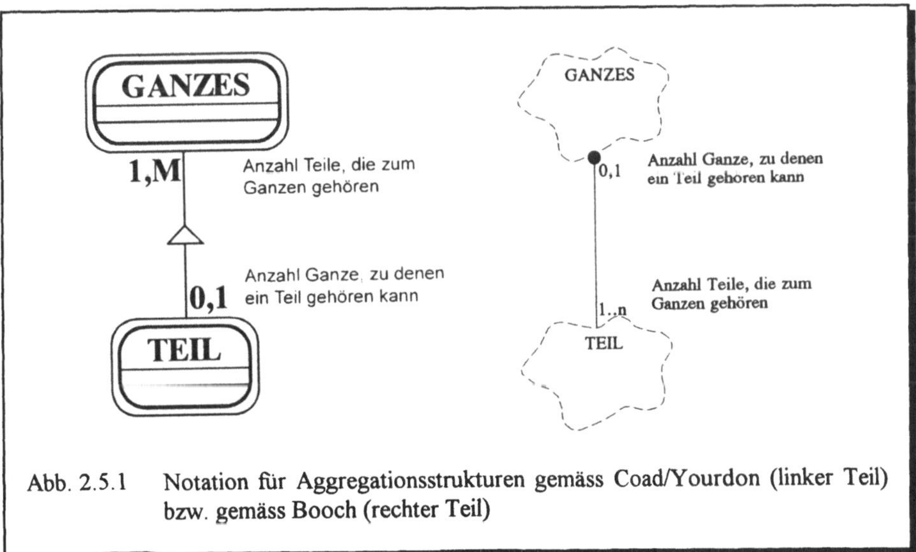

Abb. 2.5.1 Notation für Aggregationsstrukturen gemäss Coad/Yourdon (linker Teil) bzw. gemäss Booch (rechter Teil)

Abb. 2.5.2 zeigt, wie die bereits in Abschnitt 2.2 zur Sprache gekommene Aggregationsstruktur für Motorfahrzeuge mit Hilfe eines OO-Diagrammes gemäss Coad/Yourdon darzustellen ist. Man beachte die Aussagekraft der Kardinalitäten. So ist beispielsweise zu erkennen, dass ein Motor jederzeit vier bis sechs Zylinder aufweist. Umgekehrt gehört ein Zylinder genau zu einem oder - weil an Lager liegend - zu keinem Motor.

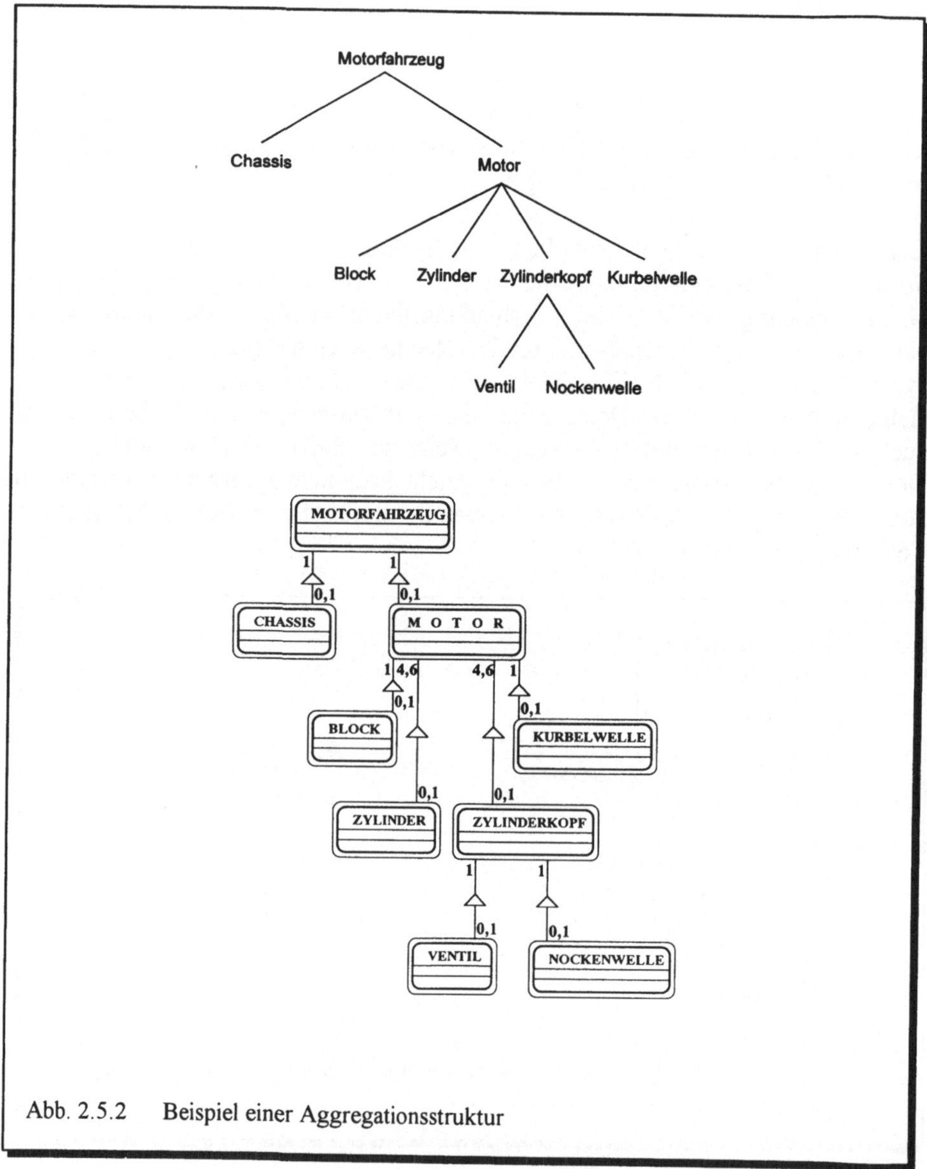

Abb. 2.5.2 Beispiel einer Aggregationsstruktur

Abb. 2.5.3 illustriert, wie der Aufbau einer Benützersicht mit Hilfe einer Aggregationsstruktur darzustellen ist. Zu erkennen ist, dass sich die Benützersicht *Kursbeschreibung* zunächst aus Informationen der Klassen KURS, LOKAL, DOZENT sowie STUDENT zusammensetzt. Die Aussagen über einzelne Studenten setzen sich ihrerseits aus Informationen aus den Klassen SPRACHE, DOZENT (gemeint ist der Studienleiter eines Studenten) sowie KURS zusammen. Aggregationsstrukturen zur Beschreibung von Benützersichten sind insofern bedeutsam, als damit verschiedenen CASE-Tools bekanntzugeben ist, welche Ergebnisse in welcher Form zu präsentieren sind.

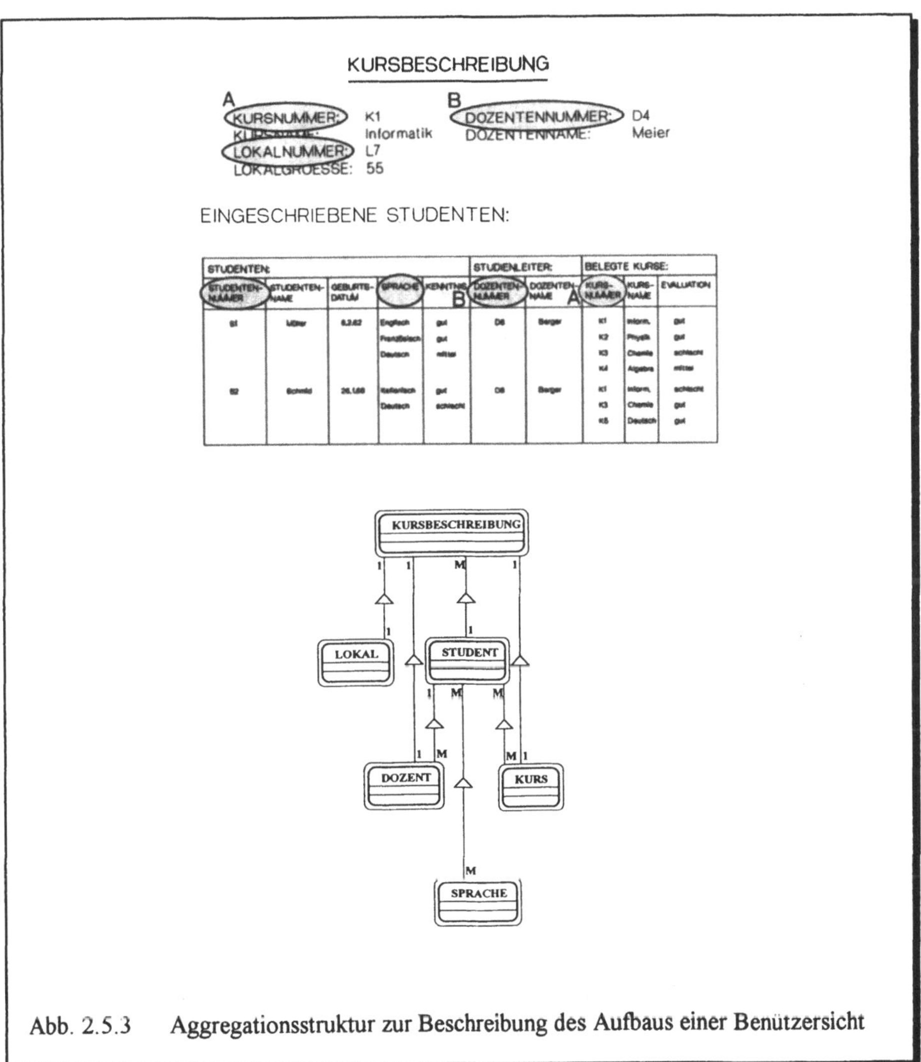

Abb. 2.5.3 Aggregationsstruktur zur Beschreibung des Aufbaus einer Benützersicht

Von besonderer Bedeutung sind Aggregationsstrukturen im Zusammenhang mit dem *Stücklistenproblem.* Abb. 2.5.4 illustriert im oberen Teil, was unter einer *Stückliste* zu verstehen ist. Zu erkennen ist zunächst eine die Produkte P1, P2, P3, ... enthaltende Menge PRODUKT (in der klassischen Datenmodellierung wäre von einer *Entitätsmenge* die Rede). Die Pfeile bringen zum Ausdruck, dass sich ein Produkt in der Regel aus mehreren anderweitigen Produkten (sogenannten *Komponenten*) zusammensetzt. So erfordert beispielsweise die Produktion des Produktes P1 die Komponenten P3, P4 sowie P5. Mit einer sogenannten *Auflösung* (englisch: *Explosion*) sind die Komponenten zu bestimmen, welche für die Herstellung eines bestimmten Produktes erforderlich sind. Offensichtlich stehen die Produkte der Menge PRODUKT aufgrund einer *Auflösungsassoziation* komplex mit Produkten der gleichen Menge in Beziehung.

Abb. 2.5.4 ist weiter zu entnehmen, dass eine Komponente in der Regel in mehreren Produkten enthalten ist. So ist beispielsweise die Komponente P5 für die Herstellung der Produkte P1 und P2 erforderlich. Mit einem *Verwendungsnachweis* (englisch: *Implosion*) sind die sogenannten *Masterprodukte* zu bestimmen, in welchen eine vorgegebene Komponente vorzufinden ist. Offensichtlich stehen die Komponenten der Menge PRODUKT aufgrund einer *Verwendungsassoziation* komplex mit Produkten der gleichen Menge in Beziehung.

Nicht unwichtig ist schliesslich, dass die Beziehung zwischen einem Masterprodukt und einer Komponente aufgrund einer *Mengenangabe* umschrieben ist. So bedeutet beispielsweise die die Beziehung zwischen den Produkten P1 und P3 betreffende Mengenangabe 2, dass für die Herstellung einer Einheitsmenge P1 (beispielsweise 1 kg) zwei Einheitsmengen P3 erforderlich sind.

Aus Abb. 2.5.4 geht weiter hervor, dass die vorgenannten Beziehungen, zusammen mit den sie umschreibenden Mengenangaben, in einer separaten Menge A-V (für *Auflösung-Verwendung* stehend) dokumentiert sind (in der klassischen Datenmodellierung wäre von einer *Beziehungsmenge* die Rede). Zu beachten ist, dass jedes Tripel der Menge A-V an erster Stelle jeweils ein Masterprodukt, an zweiter Stelle eine für dessen Herstellung erforderliche Komponente und an dritter Stelle schliesslich noch die Mengenangabe aufweist. Mit den ersten drei Tripels kommt beispielsweise zum Ausdruck, dass für die Herstellung einer Einheitsmenge des Masterproduktes P1 zwei Einheitsmengen P3, drei Einheitsmengen P4 sowie zwei Einheitsmengen P5 erforderlich sind. Die Tripel umschreiben also die Zusammensetzung - mit andern Worten: die *Aggregation* - des Produktes P1.

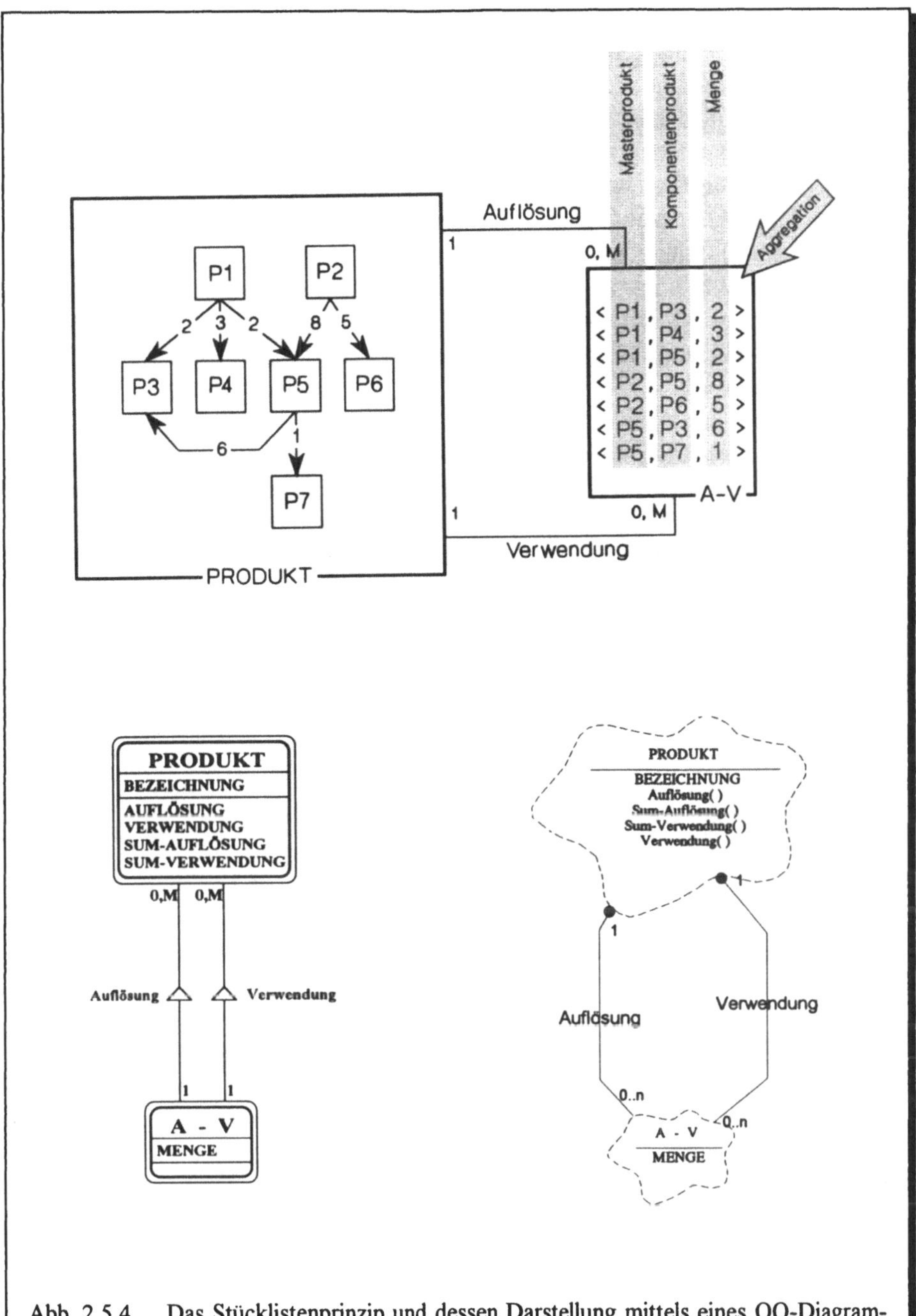

Abb. 2.5.4 Das Stücklistenprinzip und dessen Darstellung mittels eines OO-Diagrammes gemäss Coad/Yourdon (unten links) bzw. Booch (unten rechts)

Zu beachten ist, dass ein Masterprodukt in der Regel mit mehreren Tripel in Beziehung steht. Umgekehrt steht aber jedes Tripel immer nur mit einem Masterprodukt in Beziehung. Der in Abb. 2.5.4 mit AUFLÖSUNG bezeichneten Beziehung liegt also eine (1 : 0,M) - Abbildung zugrunde. In der Regel steht auch eine Komponente mit mehreren Tripel in Beziehung, während umgekehrt jedes Tripel immer nur mit einer Komponente liiert ist. Der in Abb. 2.5.4 mit VERWENDUNG bezeichneten Beziehung liegt demzufolge ebenfalls eine (1 : 0,M) - Abbildung zugrunde. Wichtig ist, dass ein Produkt sowohl als Masterprodukt wie auch als Komponente in Erscheinung treten kann. So sind beispielsweise im Masterprodukt P5 die Komponenten P3 und P7 vorzufinden, während P5 gleichzeitig als Komponente in P1 und P2 enthalten ist.

Im unteren Teil von Abb. 2.5.4 sind die zur Darstellung des Stücklistenprinzips erforderlichen OO-Diagramme in der Notation von Coad/Yourdon (links) bzw. Booch (rechts) zu erkennen. Man sieht, dass den im oberen Teil von Abb. 2.5.4 gezeigten Mengen PRODUKT und A-V je eine Klasse entspricht. Bezüglich der in der klassischen Datenmodellierung einer *Beziehungsmenge* entsprechenden Menge A-V ist im objektorientierten Umfeld von einer *Ereignisklasse* die Rede. Zur Erinnerung: Wir sind dem Prinzip von Ereignisklassen schon in Abschnitt 2.2 im Zusammenhang mit der *Ereignisanalyse* begegnet und haben dannzumal zur Kenntnis genommen, dass mit Ereignisklassen das Geschehen auf der Zeitachse zu modellieren sei. Auch im Falle des Stücklistenproblems ist es nicht abwegig, sich die Zeitachse vor Augen zu halten, bringen doch die Objekte der Ereignisklasse A-V zum Ausdruck, welche Komponenten im Verlaufe der Zeit zu welchen Masterprodukten gehören.

Man unterstellt im allgemeinen fälschlicherweise, dass das Stücklistenprinzip nur für Fertigungsunternehmen von Bedeutung sei. Tatsächlich ist jenes aber auch in anderweitigen Branchen ausserordentlich bedeutsam. Wir diskutieren im folgenden einige Beispiele.

Abb. 2.5.5 illustriert eine Möglichkeit, Buchungen einer Bank im Sinne einer Stückliste zu modellieren. Zu erkennen ist, welche Schuldner welchen Gläubigern welche Beträge zu welchem Datum überwiesen haben. Beispielsweise überweist Fritz als Schuldner dem Max als Gläubiger den Betrag von Fr. 2000.- zum Datum Y. Umgekehrt erhält Max als Gläubiger von den Schuldnern Fritz bzw. Emma die Beträge von Fr. 2000.- bzw. Fr. 8000.- zum Datum Y bzw. Z. Offenbar sind jetzt anstelle von *Produkten Konti,* anstelle von *Auflösungs-* und *Verwendungsbeziehungen Haben-* und *Sollbeziehungen* und anstelle von *Mengen Beträge* und *Daten* von Bedeutung. Im übrigen stimmt aber das Modell für das Buchungsproblem mit jenem des Stücklistenproblems überein.

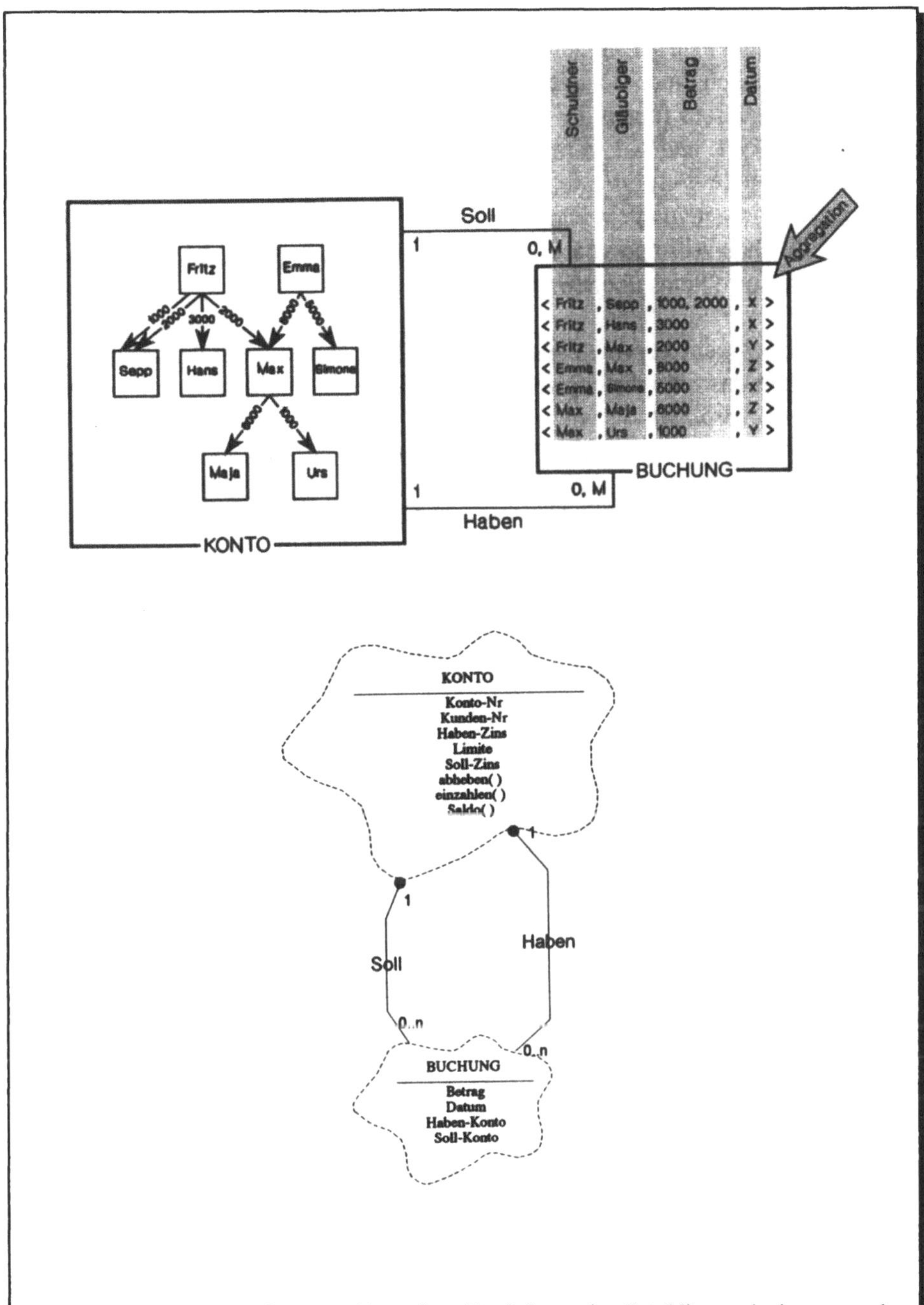

Abb. 2.5.5 Dem Buchungsproblem einer Bank kann das Stücklistenprinzip zugrunde gelegt werden

Abb. 2.5.6 illustriert eine Möglichkeit, die zeitliche Abfolge von Ereignissen im Sinne einer Stückliste zu modellieren. Zu erkennen ist die Sequenz, in welcher Kurse zu besuchen sind. Beispielsweise folgen dem Kurs K1 die Kurse K3, K4 sowie K5. Letzterem folgen die Kurse K7 und K8. Umgekehrt gehen dem Kurs K5 die Kurse K1 und K2 voraus. Offenbar sind jetzt anstelle von *Produkten Kurse* und anstelle von *Auflösungs-* und *Verwendungsbeziehungen Sequenz-* und *Voraussetzungsbeziehungen* von Bedeutung. Im übrigen stimmt aber auch hier das der zeitlichen Abfolge von Ereignissen zugrunde liegende Modell mit jenem des Stücklistenproblems überein.

Aus Abb. 2.5.7 geht hervor, dass auch der Unterstellung der Mitarbeiter einer Unternehmung das Stücklistenprinzip zugrunde liegt. Allerdings würde man jetzt anstelle von *Produkten* von *Personen*, anstelle von *Auflösungs-* und *Verwendungsbeziehungen* von *Unterstellungs-* und *Berichtsbeziehungen* und anstelle von *Mengen* von *Qualifikationen* sprechen. Ein kleiner Unterschied gegenüber dem Stücklistenprinzip ist nur insofern zu vermerken, als der Berichtsbeziehung nicht eine (1 : 0,M) - Abbildung, sondern eine (1 : 0,1) - Abbildung zugrunde liegt. Dies, weil ein Mitarbeiter höchstens an einen (im Falle des Präsidenten an keinen) Vorgesetzten berichtet. Im übrigen stimmt aber auch hier das der Mitarbeiterunterstellung zugrunde liegende Modell mit jenem des Stücklistenproblems überein.

Interessant ist die Möglichkeit, mit Aggregationsstrukturen *Verdichtungseffekte* zu erzielen. Wie man sich diesen Sachverhalt vorzustellen hat, ist in Abb. 2.5.8 anhand eines Ausschnittes aus dem Beispiel *Kursorganisation* zu erkennen. Dargestellt ist linker Hand eine Menge KURS, in welcher verschiedene Kurse unterschiedlichen Typs enthalten sind. Wesentlich ist, dass pro Kurstyp normalerweise mehrere Kursdurchführungen vorgesehen sind. So finden beispielsweise Kurse des Typs *Informatik* im Frühling, Sommer sowie Herbst statt. Redundanzen sind offensichtlich nicht zu vermeiden, ist doch der Name eines Kurses für jede Kursdurchführung auszuweisen.

Im oberen rechten Teil von Abb. 2.5.8 ist dargestellt, wie die angesprochene Redundanz zu vermeiden ist. Im Prinzip ist der Menge KURS eine Menge KURSTYP zu überlagern. Darin ist pro Kurstyp ein Objekt vorzufinden, welches seinerseits die dem Kurstyp entsprechenden Kurse als Objekte enthält. Mit der Überlagerung ist also zu bewirken, dass alle Kurse eines bestimmten Typs zu einem Kurstypobjekt zu *verdichten* sind. Nachdem für einen Kurstyp in der Regel mehrere Kursdurchführungen vorgesehen sind und nachdem jeder Kurs nur einem Typ entsprechen kann, stehen die Mengen KURS und KURSTYP aufgrund einer (1 : 0,M) - Abbildung miteinander in Beziehung.

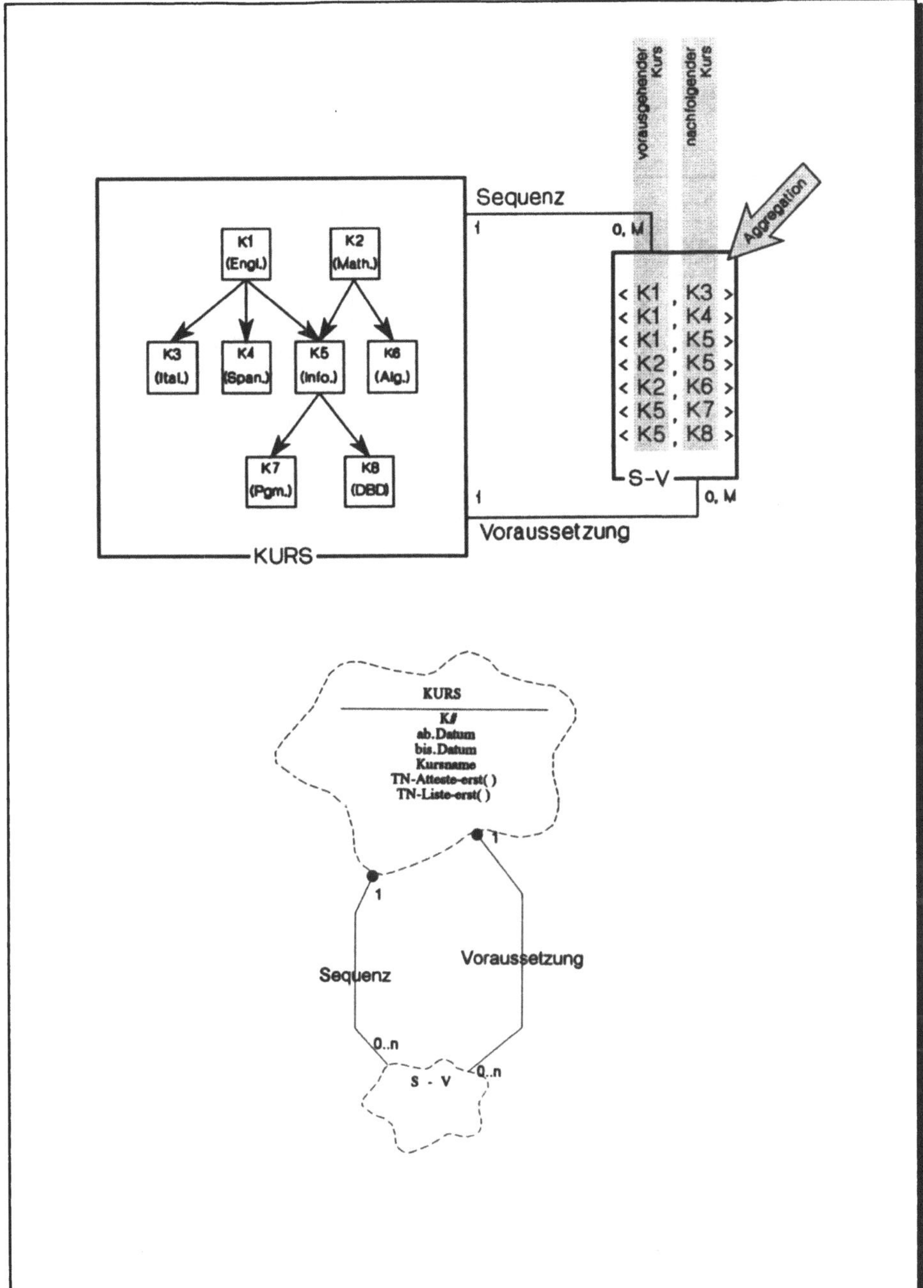

Abb. 2.5.6 Der zeitlichen Abfolge von Ereignissen kann das Stücklistenprinzip zugrunde gelegt werden

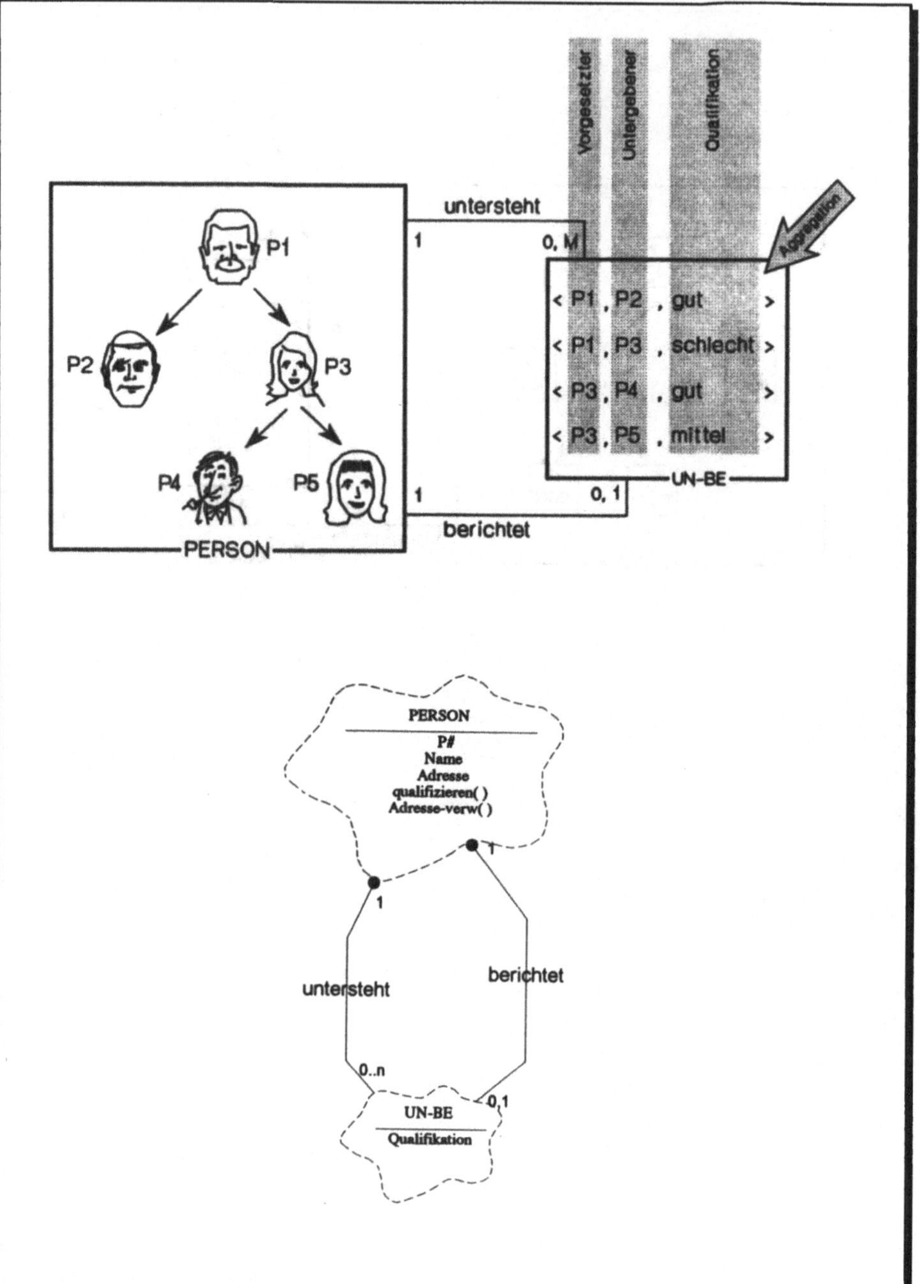

Abb. 2.5.7 Der Unterstellung der Mitarbeiter einer Unternehmung liegt das Stücklistenprinzip zugrunde

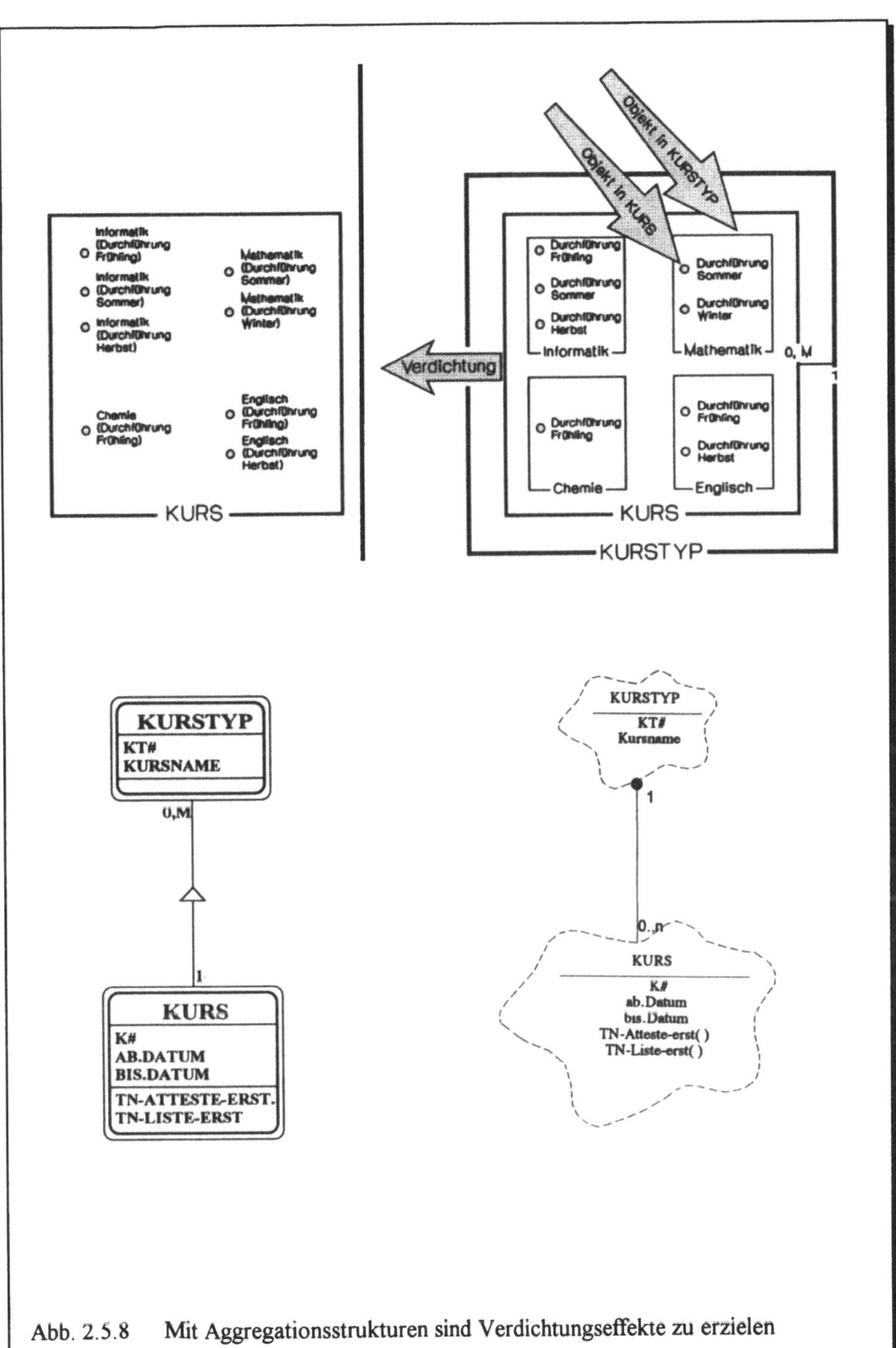

Abb. 2.5.8 Mit Aggregationsstrukturen sind Verdichtungseffekte zu erzielen

Im unteren Teil von Abb. 2.5.8 sind die Aggregationsstrukturen, mit denen Verdichtungseffekte zu erzielen sind, in der Notation von Coad/Yourdon (links) bzw. Booch (rechts) zu erkennen. Zu beachten ist, dass die Variable KURS-NAME zwecks Vermeidung der angesprochenen Redundanz der Klasse KURS-TYP und nicht KURS zuzuordnen ist.

Die folgende Tabelle zeigt, dass Konstellationen der in Abb. 2.5.8 gezeigten Art in der Praxis recht häufig sind. So könnte man sich beispielsweise für eine Fertigungsunternehmung anstelle der Kurse *Produktaufmachungen* wie flüssig, fest, pulverförmig, etc. und anstelle der Kurstypen *Produkte* vorstellen. Analog wären für eine Bank anstelle der Kurse *Subvaloren* wie Barrengold, körniges Gold, Namensaktie der Firma X, Inhaberaktie der Firma X, etc. und anstelle der Kurstypen *Valoren* wie Gold, Aktie der Firma X, etc. denkbar.

unverdichtet:	**verdichtet:**
KURS	**KURSTYP**
PRODUKTAUFMACHUNG (flüssig, fest, pulverförmig, ...)	**PRODUKT**
PRODUKT	**PRODUKTTYP**
SUBVALOREN (Barrengold, körniges Gold, ... Namensaktie der Firma X, Inhaberaktie der Firma X, ...)	**VALOREN** (Gold, Aktien der Firma X)

Auch für das bereits zur Sprache gekommene Stücklistenproblem könnten Verdichtungen von Bedeutung sein, wenn es darum geht, sogenannte *Variantenstücklisten* zu modellieren. Mit einer Variantenstückliste ist zum Ausdruck zu bringen, dass für ein Produkt verschiedene Zusammensetzungen existieren. So ist Abb. 2.5.9 beispielsweise zu entnehmen, dass für das Produkt P1 insofern zwei Varianten vorliegen, als jenes entweder die Komponenten P3, P4 sowie P5 (Variante 1) oder aber die Komponenten P3, P4 sowie P6 (Variante 2) aufweisen kann. Die Komponenten einer Variante müssen also variantengerecht zu verdichten sein, was gemäss Abb. 2.5.9 mit einer zusätzlichen Klasse VARIANTE und einer Aggregationsstruktur zu bewerkstelligen ist.

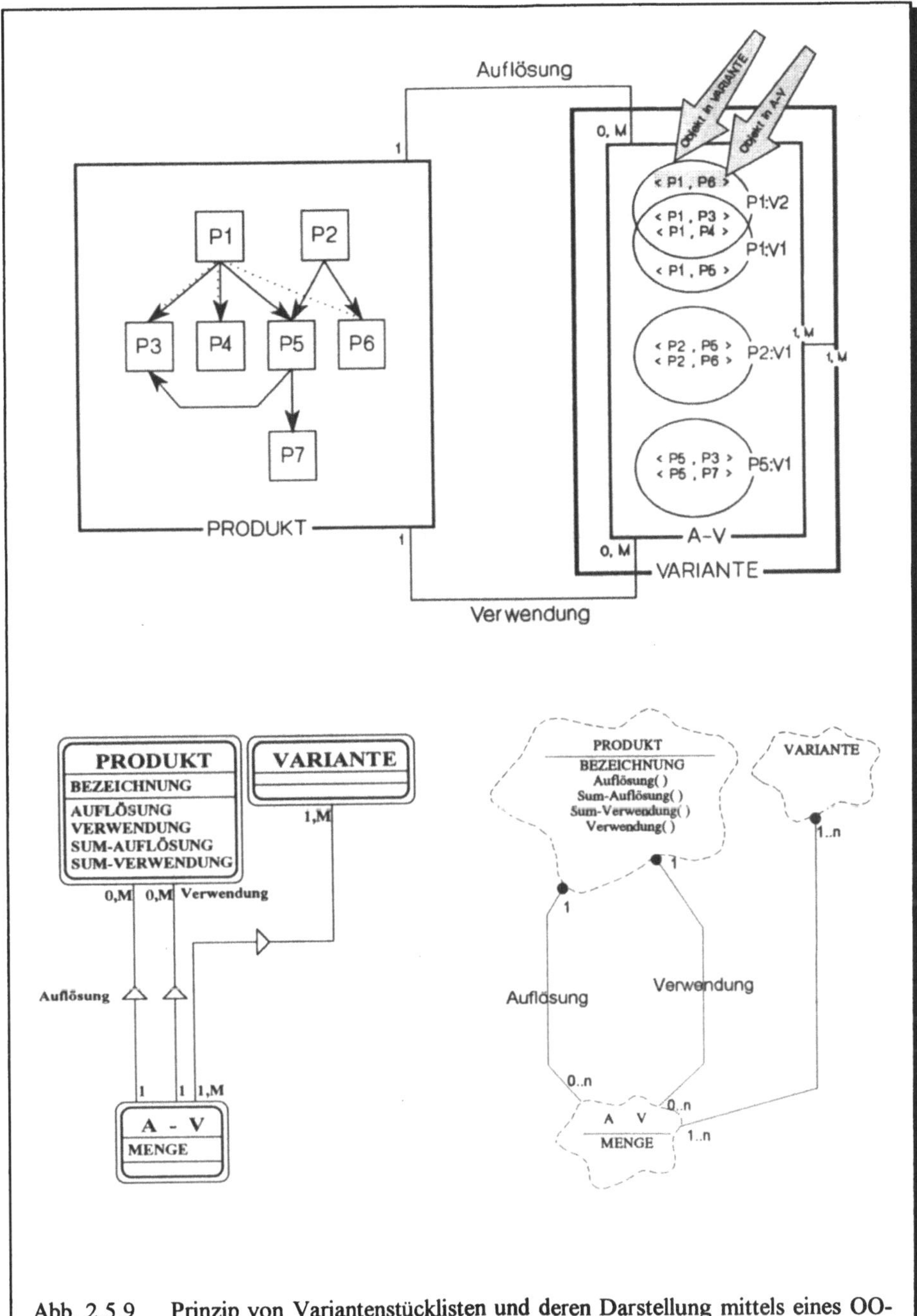

Abb. 2.5.9 Prinzip von Variantenstücklisten und deren Darstellung mittels eines OO-Diagramms gemäss Coad/Yourdon (links) bzw. Booch (rechts)

Zum Abschluss dieses Abschnittes zeigt Abb. 2.5.10 das mit Aggregationsstrukturen ergänzte OO-Diagramm für das Beispiel *Kursorganisation* in der Notation von Coad/Yourdon. Der gleiche Sachverhalt kommt - allerdings in der Notation von Booch - auch in Abb. 2.5.11 zum Ausdruck. Anzumerken ist, dass die Art und Weise des Zustandekommens der genannten Diagramme für ein objektorientiertes Vorgehen recht typisch ist. Man beginnt also wie vorexerziert mit einem aufgrund von Klassen definierten Rohbau und "versorgt" darin die im Verlaufe der Zeit ermittelten Details wie Variable (Attribute), Methoden, Vererbungsstrukturen, Beziehungsstrukturen sowie Aggregationsstrukturen.

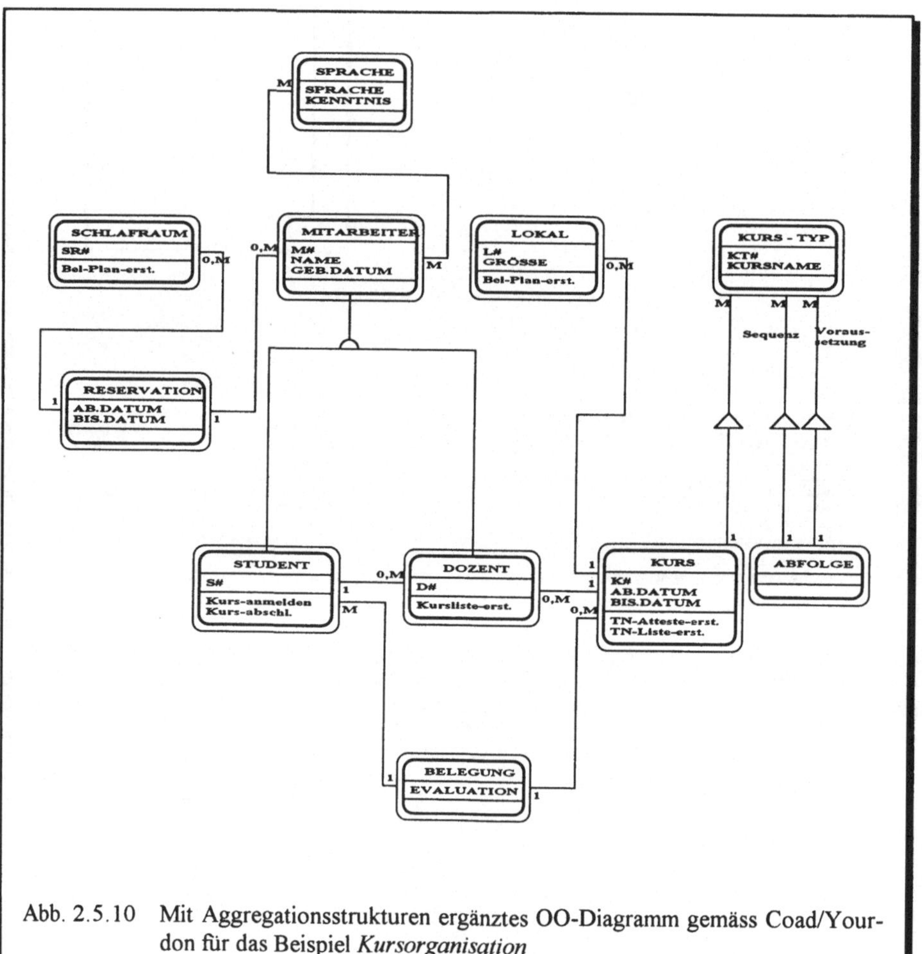

Abb. 2.5.10 Mit Aggregationsstrukturen ergänztes OO-Diagramm gemäss Coad/Yourdon für das Beispiel *Kursorganisation*

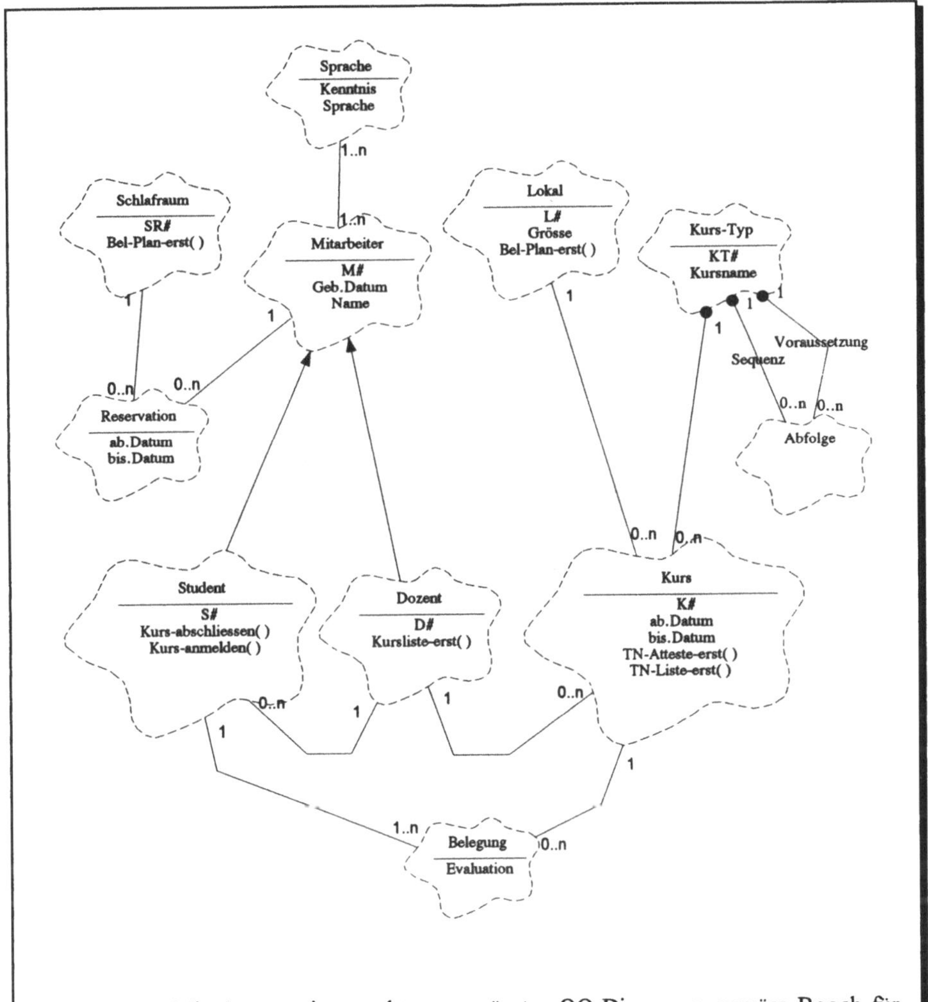

Abb. 2.5.11 Mit Aggregationsstrukturen ergänztes OO-Diagramm gemäss Booch für das Beispiel *Kursorganisation*

Fragen zum Stoff von Abschnitt 2.5

1. Was ist mit einer Aggregationsstruktur zu bewirken?
2. Sind mit Aggregationsstrukturen Vererbungseffekte zu erzielen?
3. Sind mit Beziehungsstrukturen Vererbungseffekte zu erzielen?
4. Was ist eine Stückliste?
5. Wie stehen die Produkte in einer Stückliste miteinander in Beziehung?
6. Was ist mit einer Auflösung (englisch: Explosion) zu bewirken?
7. Was ist mit einem Verwendungsnachweis (englisch: Implosion) zu bewirken?
8. Ist das Stücklistenproblem nur für Fertigungsunternehmungen von Bedeutung?
9. Warum sind mit Aggregationsstrukturen Verdichtungseffekte zu erzielen?
10. Was ist eine Variantenstückliste?

2.6 Übungen zum Stoff von Kapitel 2

2.1 Man bezeichne die in Abb. 2.6.1 aufgeführten Beziehungen als *Klassifikation*, *Aggregation*, *Generalisierung-Spezialisierung*, *Assoziation* oder nichts von alledem.

Urs Müller	Person	
Urs Müller	Maja Meier	
Urs Müller	intelligent	
Urs Müller	Univ. Prof.	
Urs Müller	Univ. Zürich	
Urs Müller	spielt Tennis	
Urs Müller	sein Knie	
Maja Meier	Kunststudentin	
Lehrer	Univ. Prof.	
Univ. Zürich	Fachbereich Geologie	

Abb. 2.6.1 Übung 2.1: Beziehungsarten

2.2 Man definiere ein OO-Diagramm für die den Benützersichten aus Abb. 2.6.2 und Abb. 2.6.3 zugrunde liegenden Objekte.

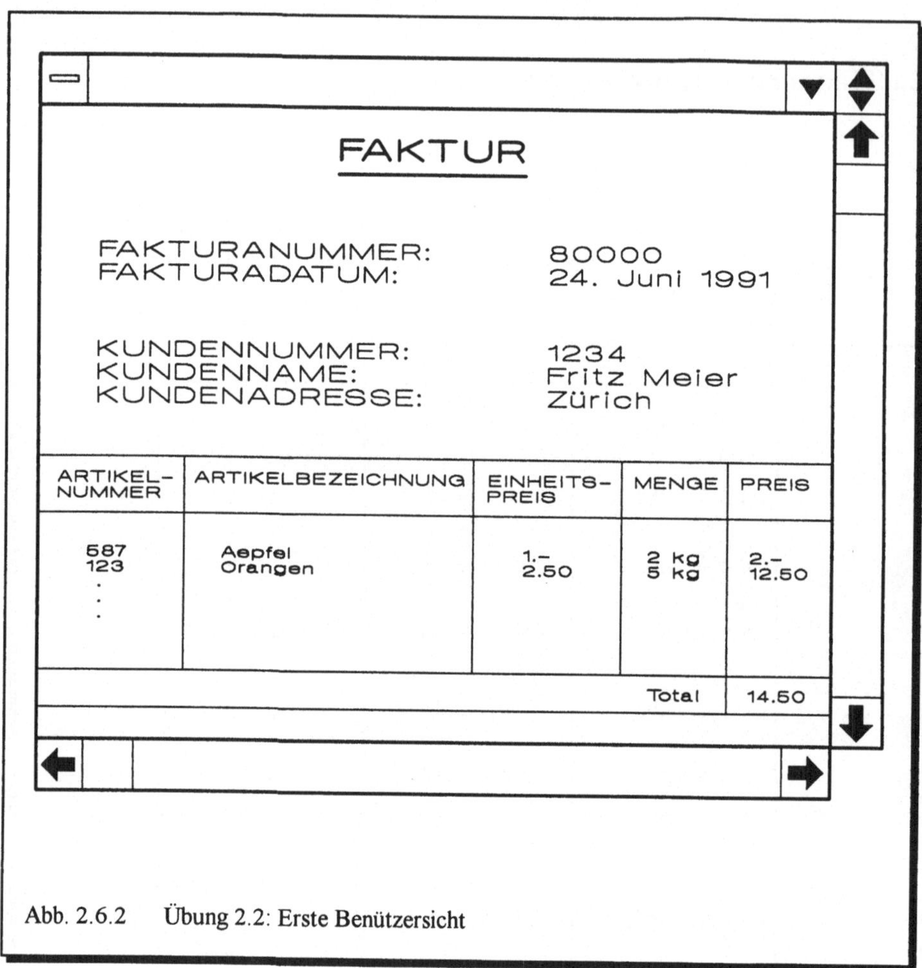

FAKTUR

FAKTURANUMMER: 80000
FAKTURADATUM: 24. Juni 1991

KUNDENNUMMER: 1234
KUNDENNAME: Fritz Meier
KUNDENADRESSE: Zürich

ARTIKEL-NUMMER	ARTIKELBEZEICHNUNG	EINHEITS-PREIS	MENGE	PREIS
587	Aepfel	1.–	2 kg	2.–
123	Orangen	2.50	5 kg	12.50
.				
.				
.				
			Total	14.50

Abb. 2.6.2 Übung 2.2: Erste Benützersicht

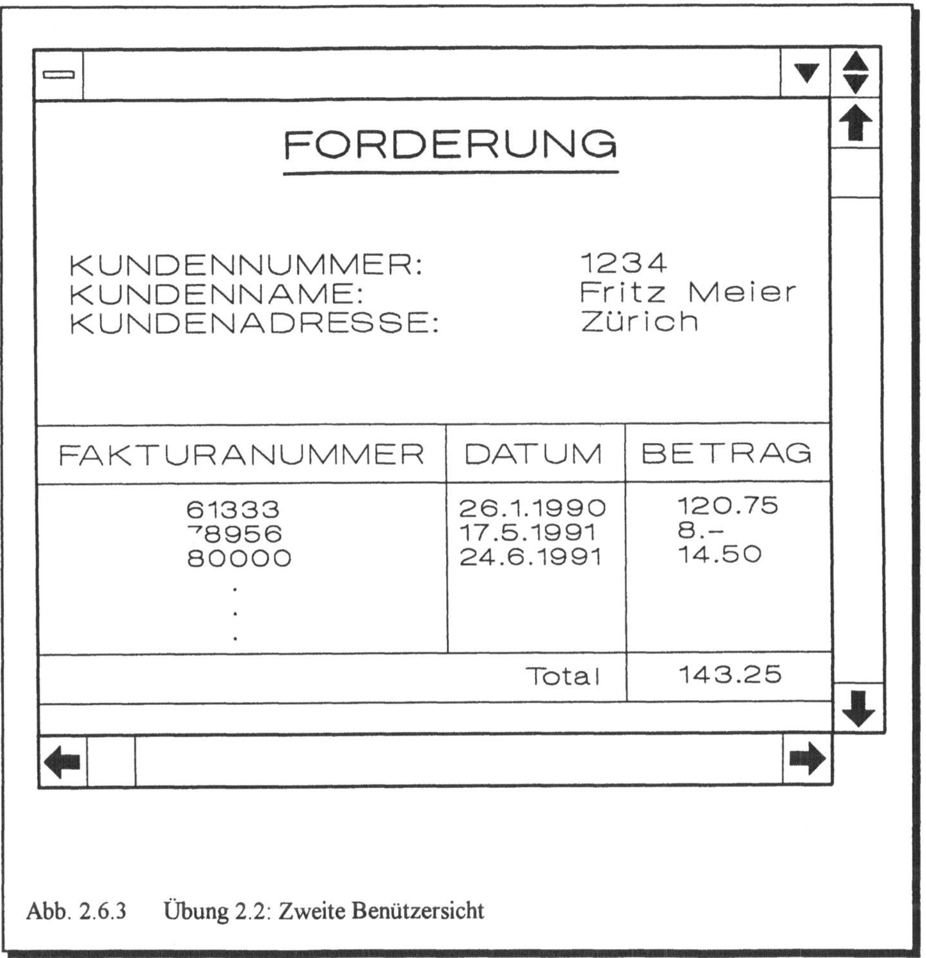

Abb. 2.6.3 Übung 2.2: Zweite Benützersicht

2.3 Man definiere ein OO-Diagramm für die Benützersicht aus Abb. 2.6.2 (analog Abb. 2.5.3).

2.4 Man definiere ein OO-Diagramm für den Stammbaum einer Familie. Zu beantworten sind Fragen wie

- Eine Person ist (war) Gattin (Gatte) von wem?
- Eine Person ist Tochter (Sohn) von wem?
- Eine Person ist Grosskind, Urgrosskind, Ururgrosskind, etc. von wem?
- Eine Person ist Mutter (Vater) von wem?

- Eine Person ist Grossmutter (Grossvater), Urgrossmutter (Urgrossvater), Ururgrossmutter (Ururgrossvater), etc. von wem?
- Eine Person ist Tante (Onkel) von wem?
- Eine Person ist Nichte (Neffe) von wem?
- Eine Person ist Cousine (Cousin) von wem?
- Usw.

2.5 Man ergänze die in Abb. 2.6.4, Abb. 2.6.5 sowie Abb. 2.6.6 gezeigten Klassen- bzw. Objektboxen[1].

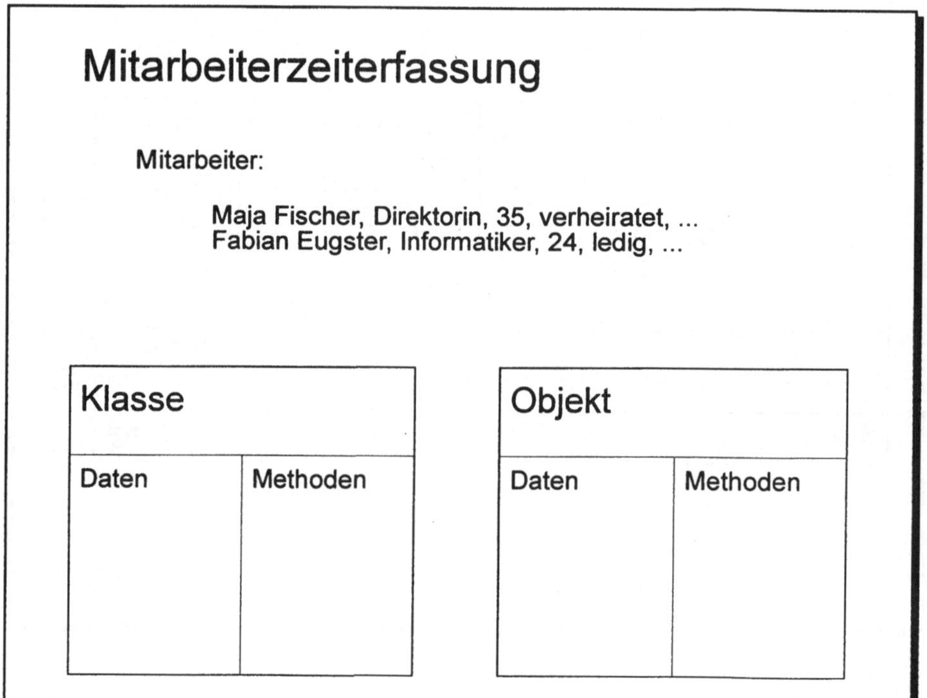

Abb. 2.6.4 Übung 2.5: Mitarbeiterzeiterfassung

[1] Die Übung ist dem Kurs *Objektorientierte Programmierung* der Volkshochschule Zürich entnomen.

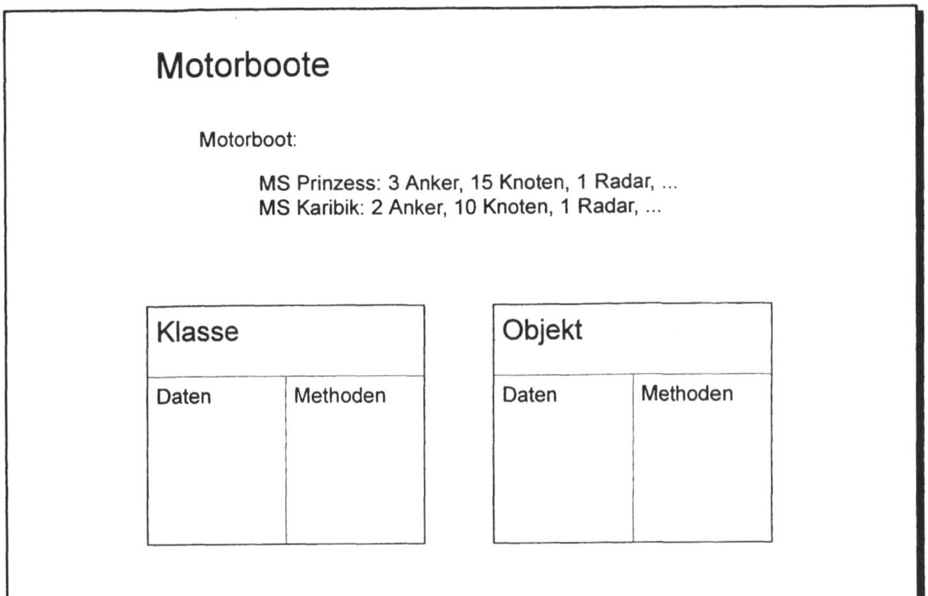

Abb. 2.6.5 Übung 2.5: Motorboote

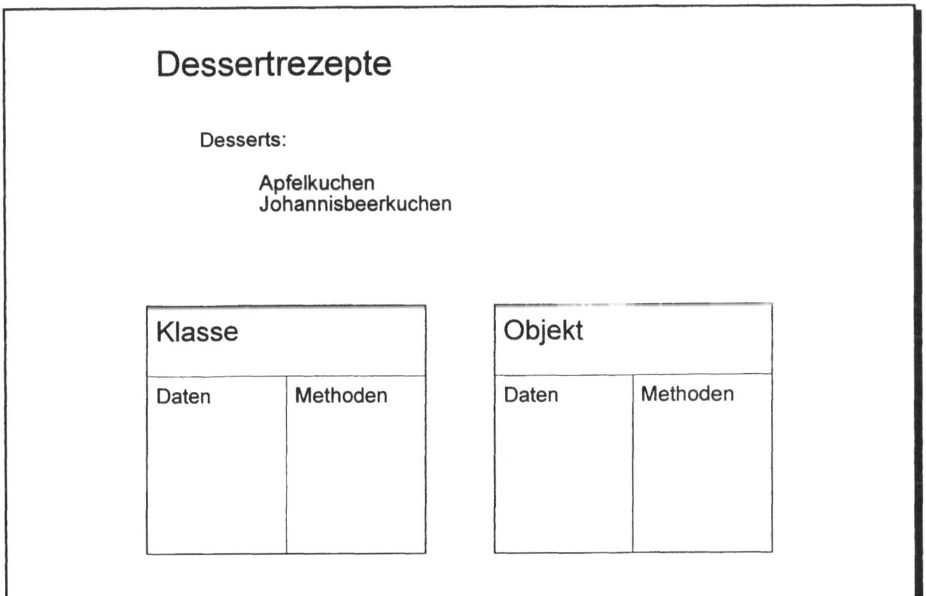

Abb. 2.6.6 Übung 2.5: Dessertrezepte

2.6 Man definiere eine Aggregationsstruktur für Fahrräder.

2.7 Abb. 2.6.7 zeigt einige Objekte eines Personalsystems. Man zeichne das dazugehörige OO-Diagramm und mache eine Aussage über die Karriere von Herrn Jordi.

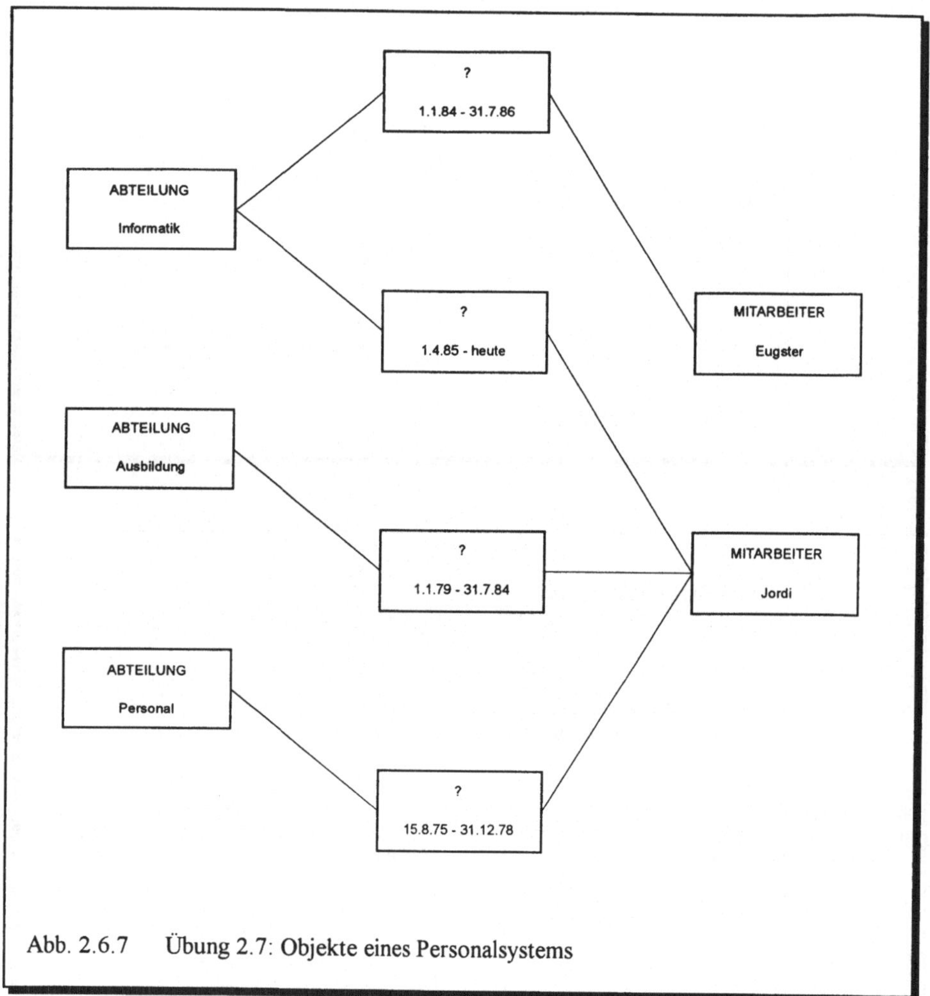

Abb. 2.6.7 Übung 2.7: Objekte eines Personalsystems

3. Verhaltensmodellierung

In diesem Kapitel befassen wir uns mit der *verhaltensorientierten* (man sagt auch *dynamischen) Objektmodellierung. Methoden* - oder wie man auch zu sagen pflegt: *Services* - bestimmen ja bekanntlich die Reaktion von Objekten auf einen äusseren Einfluss und sind damit für das Verhalten von Objekten zuständig. Zunächst soll aber in Abschnitt 3.1 nicht von Methoden, sondern von *Nachrichten* die Rede sein. Mit letzteren sind Methoden zu aktivieren und Objekte zum Agieren aufzufordern. In Abschnitt 3.2 ergänzen wir unsere methodenspezifischen Aussagen aus dem Abschnitt 2.2. Wir erfahren dabei, wie Methoden ausfindig zu machen und zu dokumentieren sind. Wie die in den Abschnitten 3.1 und 3.2 diskutierten Prinzipien in CASE-Tools[1] zur Anwendung gelangen, wird in Abschnitt 3.3 dargelegt. Schliesslich kommt in Abschnitt 3.4. zur Sprache, warum die dargelegten Prinzipien prädestiniert sind, Client/Server Anwendungen zu realisieren. Eingestreute Fragen zum Stoff sowie Übungen (Abschnitt 3.5) runden das Kapitel ab.

---

[1] CASE = Computer Aided Software Engineering

3.1 Nachrichten

Die in den bisherigen Abschnitten diskutierten Konzepte stellen - mit Ausnahme der *Vererbungsstrukturen* - keine wesentlichen Neuerungen gegenüber der klassischen Datenmodellierung dar. Tatsächlich haben wir bislang im Grunde genommen erst den datenspezifischen Teil einer Anwendung zur Sprache gebracht. In der Regel sind die Daten einer Anwendung aber auch zu verarbeiten. Erst in dieser Hinsicht unterscheidet sich das objektorientierte Vorgehen vom klassischen. So bemühte man sich früher, die Funktionalität in Form von Programmen von den Daten zu trennen. Im objektorientierten Umfeld strebt man gerade das Gegenteil an, versucht man doch hier, Daten und Funktionen organisch zu verbinden.

Die Funktionalität (d.h. die Verarbeitung der Daten) ist in Form von sogenannten *Methoden* - mitunter auch *Services*[1], *Operations*[2] oder *Member Functions* (C++) genannt - zu spezifizieren. Wir merken uns:

Eine Methode (ein Service)...

ist eine Aktion, die ein Objekt oder eine Klasse ausführen kann. Methoden werden aufgrund von Nachrichten in Gang gesetzt. Als Nachrichtenquellen kommen Objekte, Klassen sowie externe Ereignisse in Frage.

---

1 Coad P., Yourdon E.: Object-Oriented Analysis. Prentice Hall, 1990, ISBN 0-13-629122-8

2 Rumbaugh J., Blaha M., Premerlani W., Eddy F., Lorensen W.: Object-Oriented Modeling and Design. Prentice Hall, Inc., 1991, ISBN 0-13-629841-9

Abb. 3.1.1 illustriert das Prinzip anhand eines Beispiels. Zu erkennen ist:

- Ein Senderobjekt (Client) mit der Id. 20 001 schickt die Nachricht *zeige NAME* an das Empfängerobjekt (Server) mit der Id. 15 778
- Das Empfängerobjekt führt die Methode *zeige NAME* aus
- Das Empfängerobjekt schickt das Ergebnis *Fritz* an das Senderobjekt zurück

Wie das Ergebnis zu ermitteln ist, ist ausschliesslich die Angelegenheit des Empfängerobjekts. Das Senderobjekt muss - und soll auch nicht - wissen, wie die Ermittlung zu erfolgen hat. Dies erlaubt es, Empfängerobjeke zu ändern, ohne dass Senderobjekte davon betroffen sind.

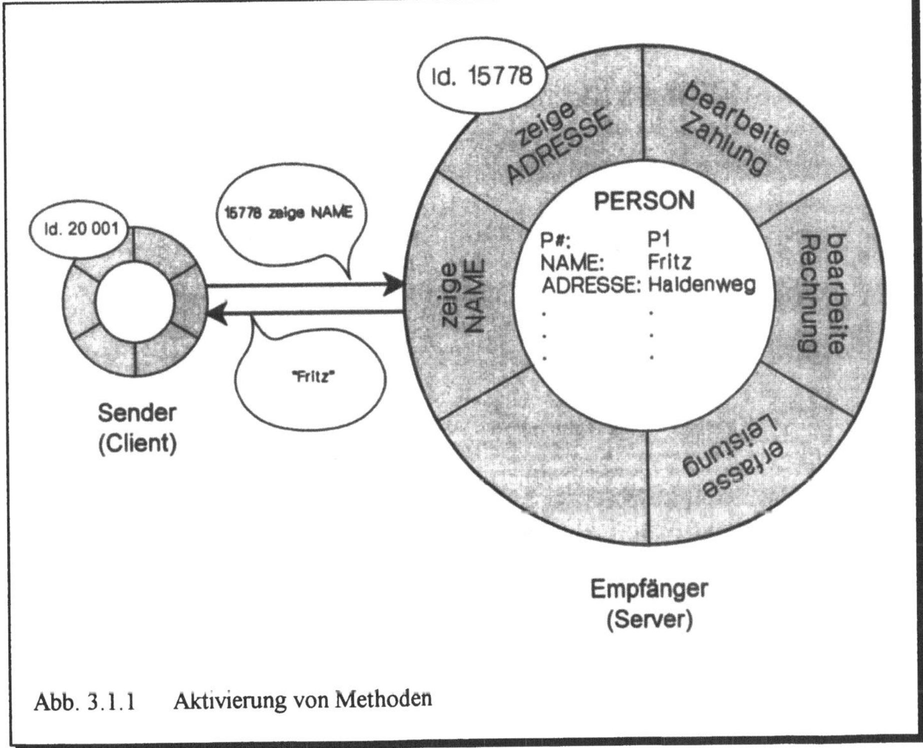

Abb. 3.1.1 Aktivierung von Methoden

Abb. 3.1.2 illustriert, dass eine Methode eines Objekts x mittels einer Nachricht anderweitige Methoden des gleichen Objekts oder anderer Objekte aktivieren kann.

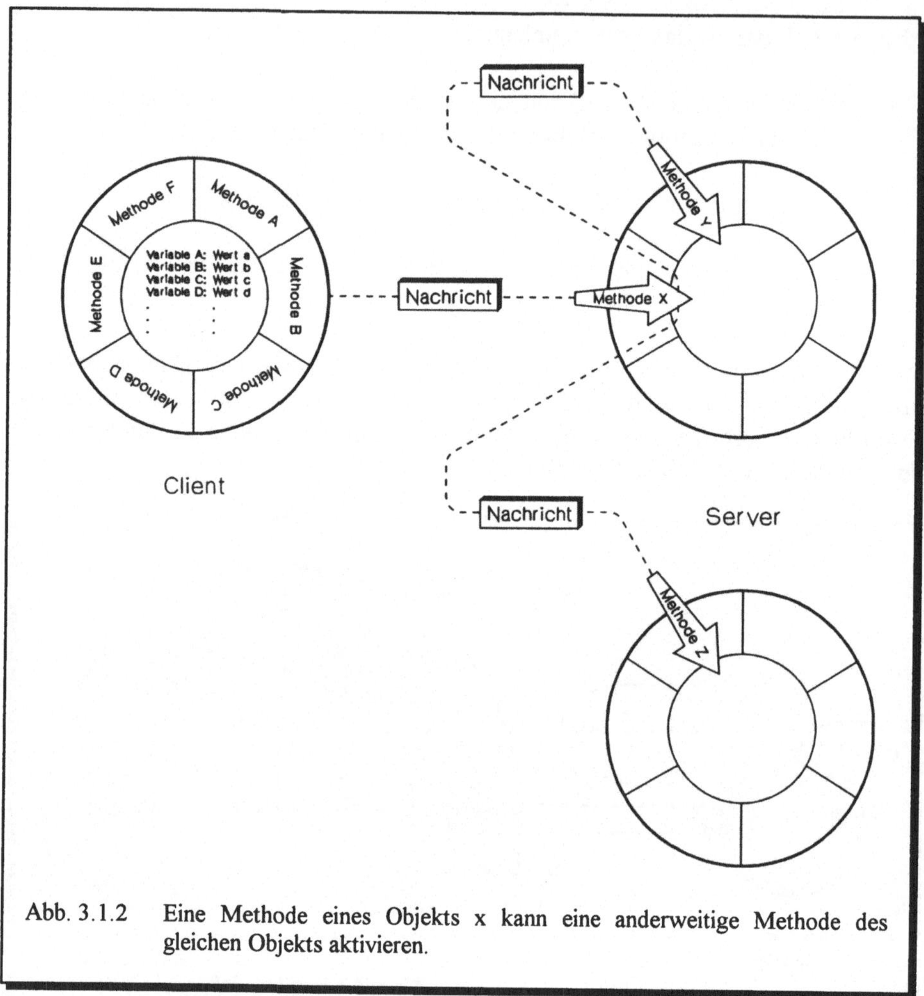

Abb. 3.1.2 Eine Methode eines Objekts x kann eine anderweitige Methode des gleichen Objekts aktivieren.

Der Austausch von Nachrichten wird in einem OO-Diagramm mittels sogenannter *Message Connections* (Nachrichten-Verbindungen) dargestellt. Abb. 3.1.3 illustriert anhand der Coad/Yourdon Notation, dass Nachrichten grundsätzlich wie folgt zu versenden sind:

- von Klassen an Klassen
- von Klassen an Objekte
- von Objekten an Klassen
- von Objekten an Objekte

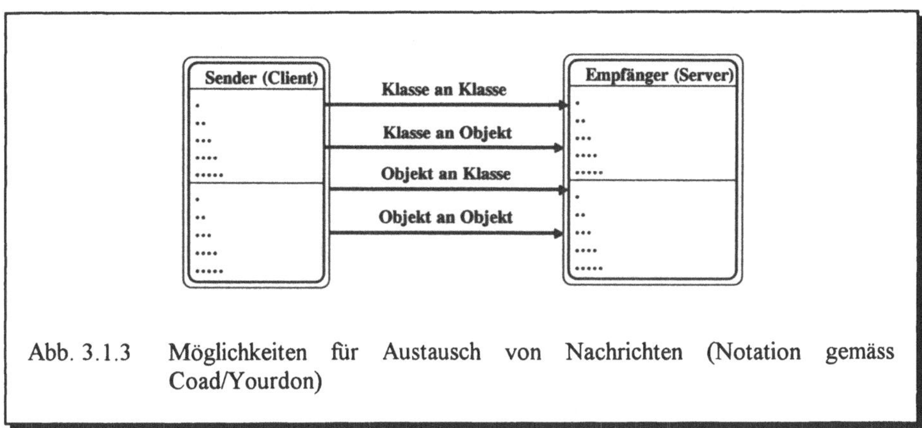

Abb. 3.1.3 Möglichkeiten für Austausch von Nachrichten (Notation gemäss Coad/Yourdon)

Zu beachten ist, dass die vorstehenden Fälle in den bislang diskutierten *Klassen-Diagrammen* gemäss Booch nicht zu unterscheiden sind. Vielmehr wird hier mit sogenannten *Using Relationships* (Abb. 3.1.4 zeigt die Notation) zum Ausdruck gebracht, dass Objekte einer Klasse *Sender* (*Client*) Dienste einer Klasse *Empfänger* (*Server*) in Anspruch nehmen können. Welcher Art diese Dienste sind, bzw. welche Methoden im Empfänger aktiviert werden, ist aus einer Using Relationship nicht zu erkennen. Gleiches gilt übrigens auch für die in Abb. 3.1.3 gezeigte Notation gemäss Coad/Yourdon, es sei denn, man weise die aktivierten Methoden mittels eines Kommentars aus.

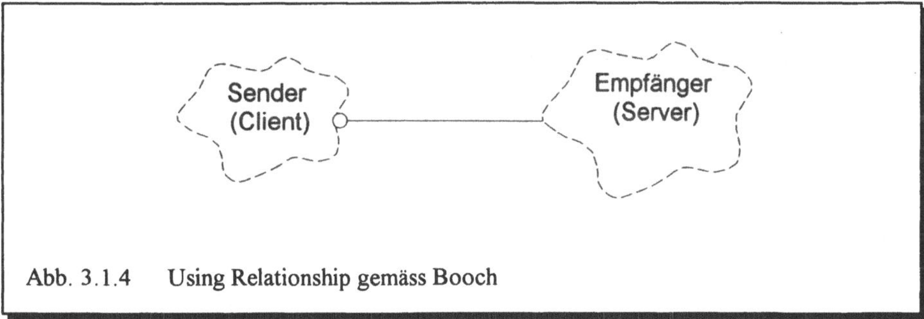

Abb. 3.1.4 Using Relationship gemäss Booch

Falls die vorgenannten Fälle in einem Booch-Diagramm zu unterscheiden sind, ist nicht mit einem *Klassen-*, sondern mit einem sogenannten *Objekt-Diagramm* gemäss Abb. 3.1.5 zu arbeiten. Im Gegensatz zu einem Klassen-Diagramm sind in einem Objekt-Diagramm auch Objekte vorzufinden (wie Klassen als Wolke, aber mit ausgezogenen Konturen darzustellen). Zudem sind die von einem Sender beim Empfänger aktivierten Methoden nebst Methodenabfolgesequenz auszuweisen.

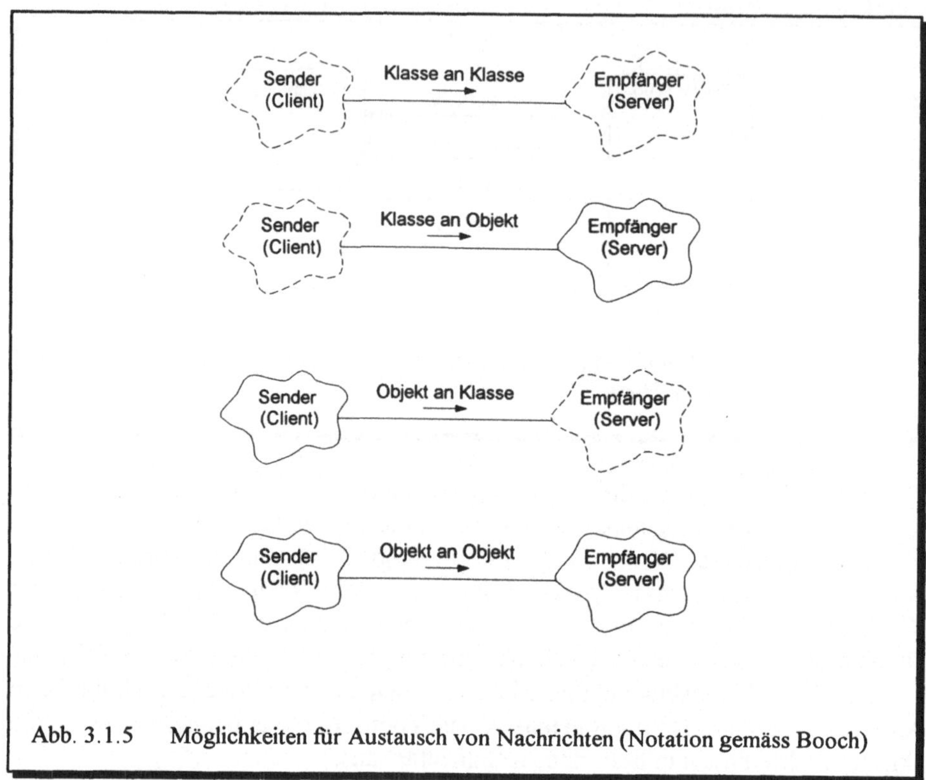

Abb. 3.1.5 Möglichkeiten für Austausch von Nachrichten (Notation gemäss Booch)

Mit Objekt-Diagrammen sind sogenannte *Ablaufszenarien* - also exakte Abläufe von Systemfunktionen - festzuhalten. Am besten verdeutlichen wir das Ganze anhand eines Beispiels.

Abb. 3.1.6 erinnert nochmals an die in Abschnitt 2.2 eingeführte Benützersicht *Kursbeschreibung*. Die schattierten, mit Nummern gekennzeichneten Bereiche deuten auf Objekte hin, welche die im schattierten Bereich vorzufindenden Datenwerte enthalten. Falls nun für den Kurs K1 eine Kursbeschreibung zu erstellen ist, so ist zunächst die Methode *TN-Liste-erstellen* des dem Kurs K1 entsprechenden Objekts zu aktivieren. Besagte Methode wird nun nacheinander Dienste des dem Lokal L7 entsprechenden Objekts (für die Lokalgrösse), des dem Dozenten D4 entsprechenden Objekts (für den Dozentennamen), der den Studenten S1, S2, ... entsprechenden Objekte (für die Studentennamen sowie die Geburtsdaten) usw. in Anspruch nehmen. Abb. 3.1.7 veranschaulicht das geschilderte *Ablaufszenario* in der Notation von Coad/Yourdon. Den einzelnen Nachrichten sind Kommentare zugeordnet, welche die Methodenabfolgesequenz sowie die aktivierten Methoden betreffen.

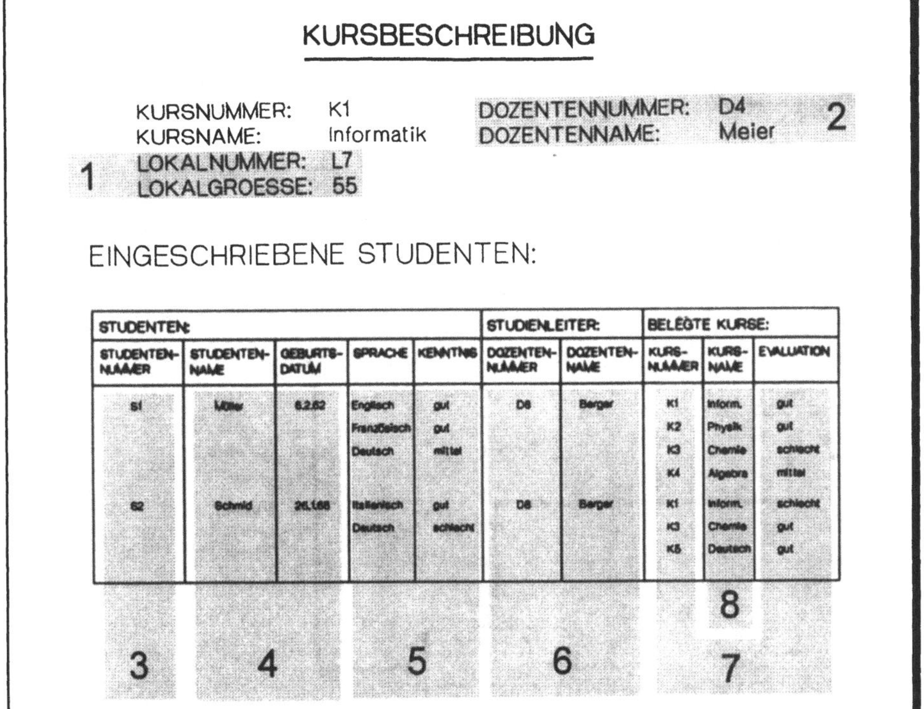

KURSBESCHREIBUNG

KURSNUMMER: K1
KURSNAME: Informatik
LOKALNUMMER: L7
LOKALGROESSE: 55 1

DOZENTENNUMMER: D4
DOZENTENNAME: Meier 2

EINGESCHRIEBENE STUDENTEN:

STUDENTEN:					STUDIENLEITER:		BELEGTE KURSE:		
STUDENTEN-NUMMER	STUDENTEN-NAME	GEBURTS-DATUM	SPRACHE	KENNTNIS	DOZENTEN-NUMMER	DOZENTEN-NAME	KURS-NUMMER	KURS-NAME	EVALUATION
S1	Müller	6.2.62	Englisch	gut	D8	Berger	K1	Inform.	gut
			Französisch	gut			K2	Physik	gut
			Deutsch	mittel			K3	Chemie	schlecht
							K4	Algebra	mittel
S2	Schmid	26.1.66	Italienisch	gut	D8	Berger	K1	Inform.	schlecht
			Deutsch	schlecht			K3	Chemie	gut
							K5	Deutsch	gut

8

3 4 5 6 7

Abb. 3.1.6 Benützersicht *Kursbeschreibung*

Das Booch'sche Verfahren ermöglicht ein differenzierteres Vorgehen. So liesse sich in einer frühen Projektphase in einem Klassendiagramm entsprechend Abb. 3.1.8 mit Using Relationships zum Ausdruck bringen, welche Objekte grundsätzlich Dienste anderweitiger Objekte in Anspruch nehmen. In einer späteren Projektphase wäre dann mit einem Objektdiagramm entsprechend Abb. 3.1.9 das *Ablaufszenario* (d.h. die zu aktivierenden Methoden sowie deren Abfolgesequenz) zu spezifizieren.

Die Darstellung von Ablaufszenarien mittels Objekt-Diagrammen ist zwar sehr übersichtlich, erfordert aber auch einen gewissen Aufwand. In vielen Fällen wird es ausreichen, ein Ablauszenario mittels einer Liste von Nachrichten zu dokumentieren. Abb. 3.1.10 zeigt eine derartige Liste für die Erstellung der Benützersicht *Kursbeschreibung*.

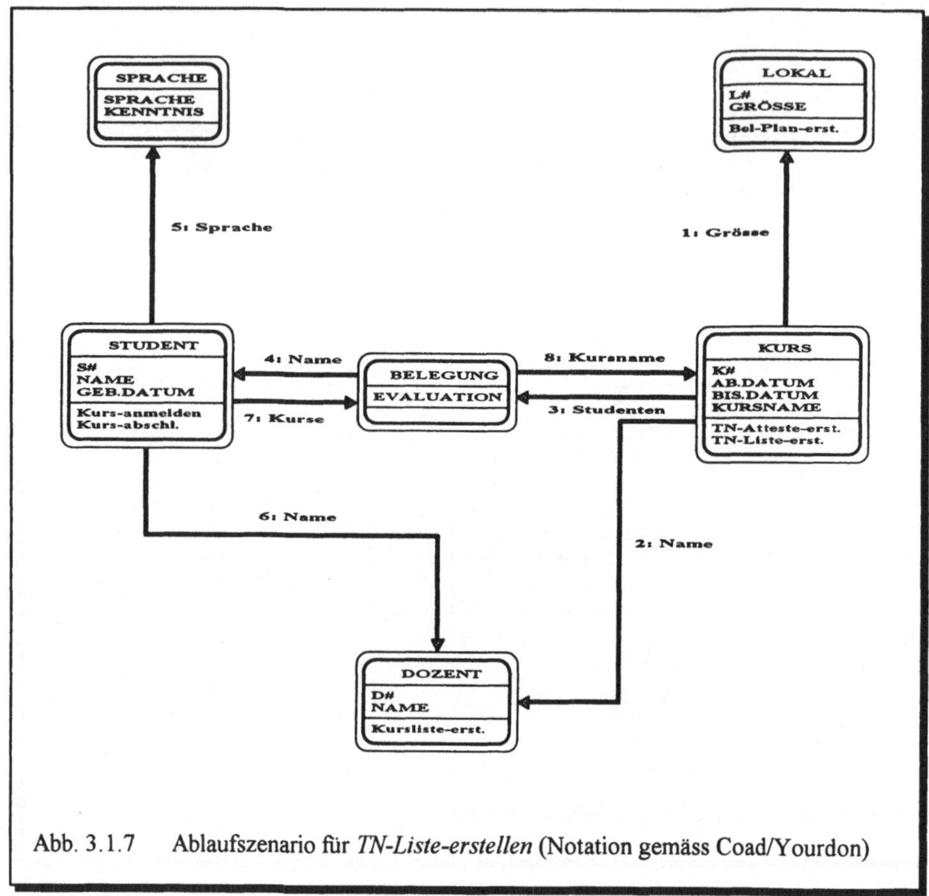

Abb. 3.1.7 Ablaufszenario für *TN-Liste-erstellen* (Notation gemäss Coad/Yourdon)

Wenn man die zeitliche Abfolge der Methoden in den Vordergrund rücken will, empfiehlt es sich, Ablaufszenarien mit sogenannten *Interaktionsdiagrammen* entsprechend Abb. 3.1.11 festzuhalten. Man sieht, dass in einem Interaktionsdiagramm in der Horizontalen die für eine Systemfunktion relevanten Klassen in beliebiger Reihenfolge angeordnet sind, während die Vertikale für die Zeitachse vorgesehen ist. Mit Pfeilen sind die von den Sendern zu den Empfängern fliessenden Nachrichten zusammen mit den aktivierten Methoden zum Ausdruck zu bringen.

Abb. 3.1.11 zeigt das Interaktionsdiagramm für die Erstellung der Benützersicht *Kursbeschreibung* und entspricht im Aussagegehalt den Objektdiagrammen in Abb. 3.1.7Abb. 3.1.9

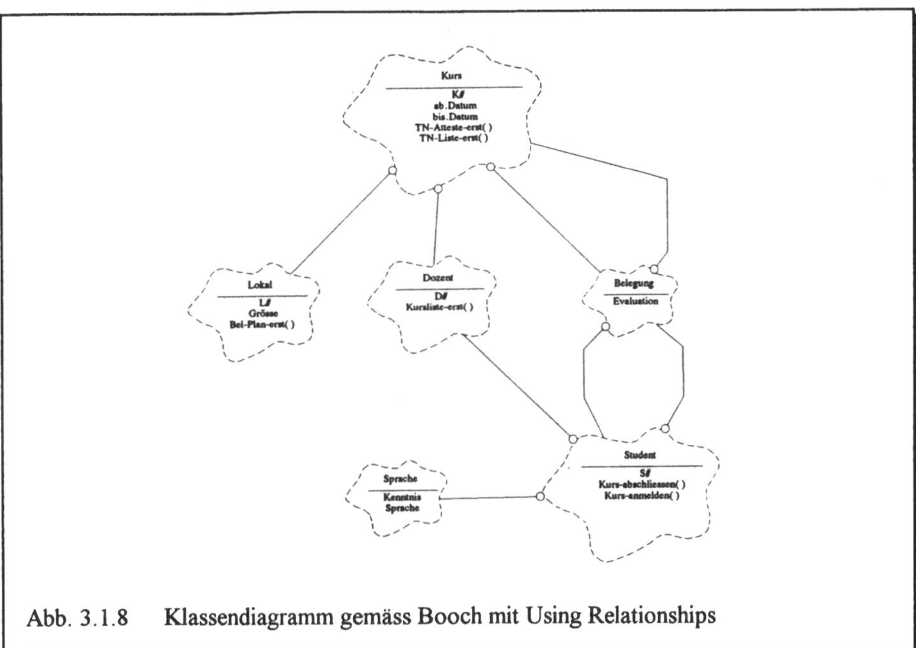

Abb. 3.1.8 Klassendiagramm gemäss Booch mit Using Relationships

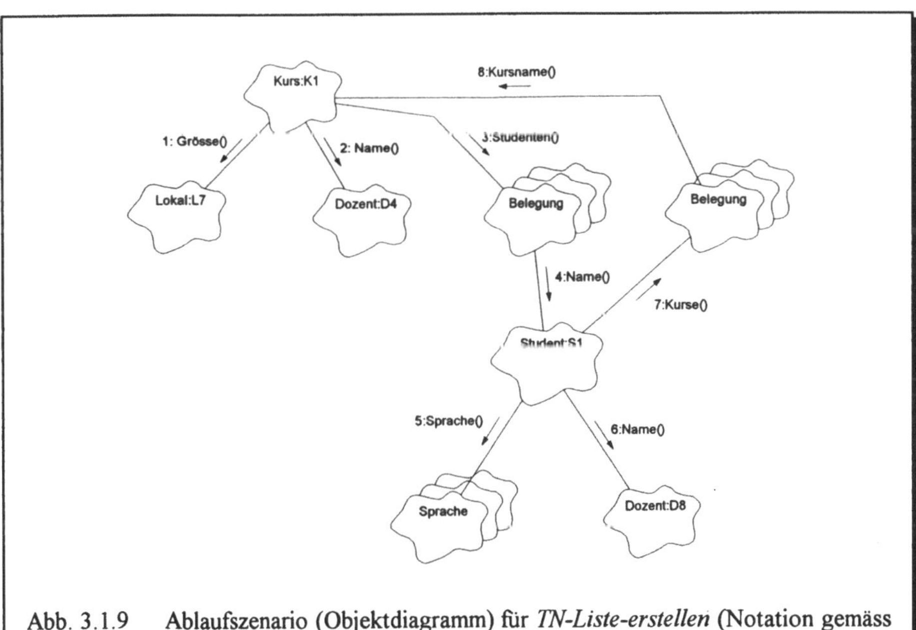

Abb. 3.1.9 Ablaufszenario (Objektdiagramm) für *TN-Liste-erstellen* (Notation gemäss Booch)

Ablaufszenario für *TN-Liste-erstellen*

1. **Lokalgrösse ermitteln**
2. **Dozentenname ermitteln**
3. **eingeschriebene Studenten ermitteln**
4. **pro Student: Name und Geburtsdatum ermitteln**
5. **pro Student: Sprachkenntnisse ermitteln**
6. **pro Student: Name des Studienleiters ermitteln**
7. **pro Student: besuchte Kurse ermitteln**
8. **pro Student und pro besuchten Kurs: Kursname ermitteln**

Abb. 3.1.10 Textuelle Beschreibung des Ablaufszenarios *TN-Liste-erstellen*

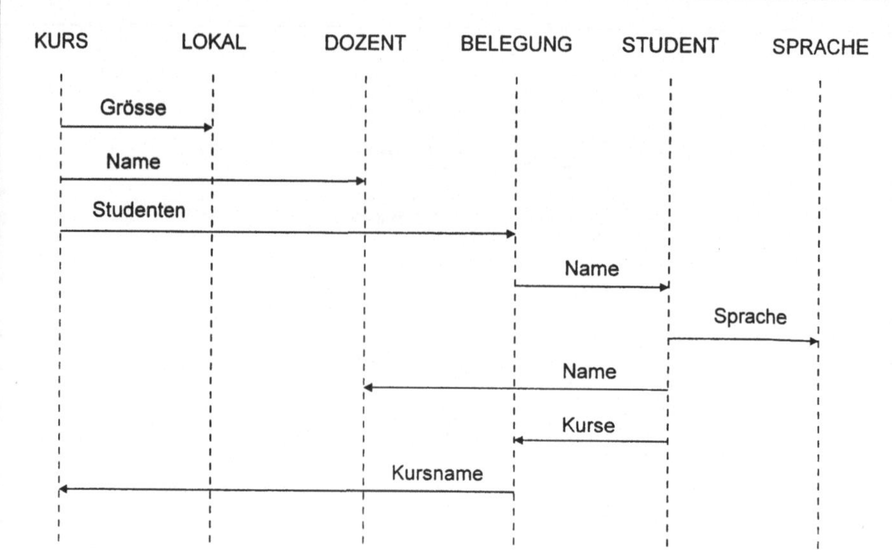

Abb. 3.1.11 Interaktionsdiagramm für Ablaufszenario *TN-Liste-erstellen*

Und gleich noch ein Beispiel[1].

Abb. 3.1.12 zeigt ein OO-Diagramm für eine Bibliothek. Aus der Sicht eines Kunden sind die wichtigsten Systemfunktionen "Fragen, ob Buch x vorhanden", "Buch x ausleihen, "Buch x zurückbringen". Die entsprechenden Ablaufszenarien sind Abb. 3.1.13, Abb. 3.1.14 sowie Abb. 3.1.15 zu entnehmen.

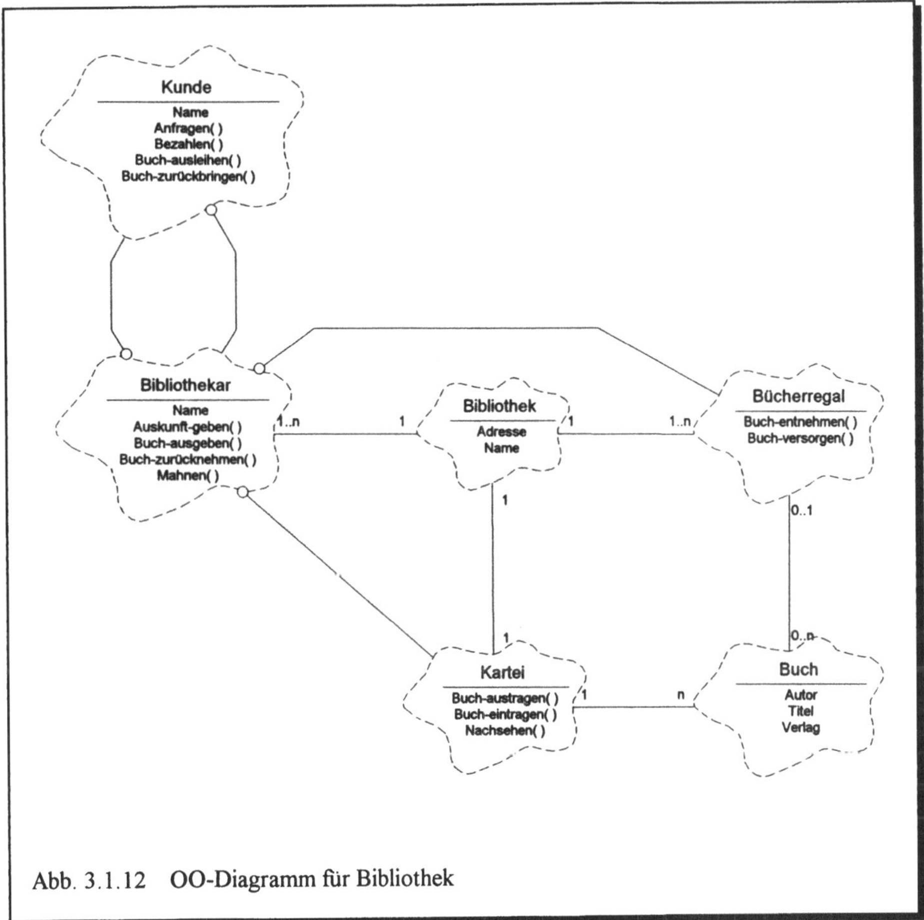

Abb. 3.1.12 OO-Diagramm für Bibliothek

[1] Das Beispiel ist dem Kurs *Objektorientierte Analyse* der Firma Zühlke Engineering, Zürich, entnommen.

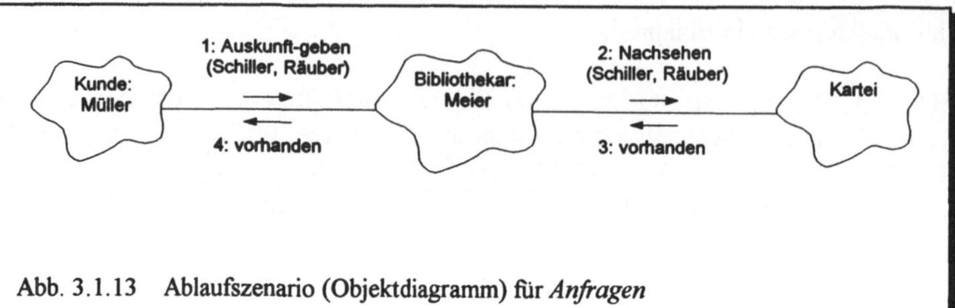

Abb. 3.1.13 Ablaufszenario (Objektdiagramm) für *Anfragen*

Abb. 3.1.14 Ablaufszenario (Objektdiagramm) für *Buch-ausleihen* mit negativem Ergebnis

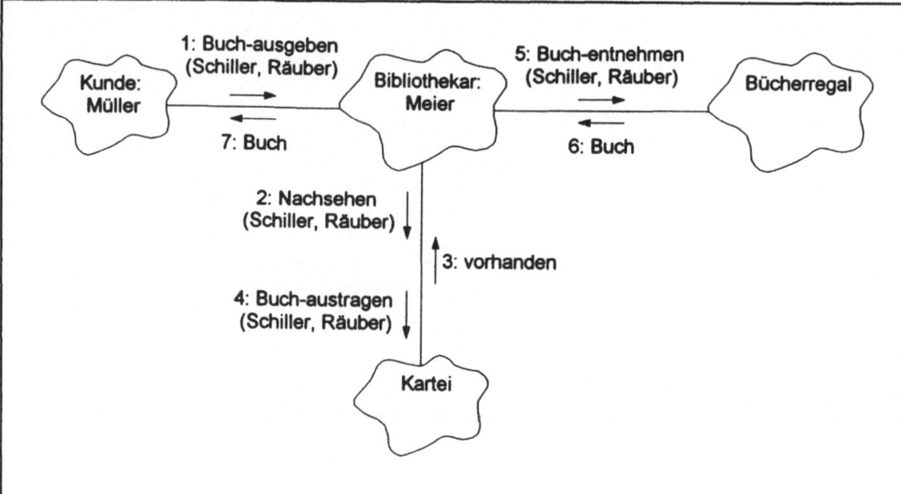

Abb. 3.1.15 Ablaufszenario (Objektdiagramm) für *Buch-ausleihen* mit positivem Ergebnis

Nachstehend noch die im Aussagegehalt mit dem Objektdiagramm aus Abb. 3.1.15 übereinstimmende textuelle Beschreibung des Ablaufszenarios *Buch-ausleihen* (mit positivem Ergebnis):

Ablaufszenario für Buch-ausleihen

1. **Bibliothekar.Buch-ausgeben (Schiller, Räuber)**
2. **Kartei.Nachsehen (Schiller, Räuber) –> vorhanden**
3. **Kartei.Buch-austragen (Schiller, Räuber)**
4. **Bücherregal.Buch-entnehmen (Schiller, Räuber) –> Buch**
5. **Ende der Methode –> Buch**

Abb. 3.1.16 Textuelle Beschreibung des Ablaufszenarios *Buch-ausleihen*

In den bisherigen Beispielen sind wir ausschliesslich Nachrichten begegnet, die von Objekten herrührten. Als Nachrichtenquellen kommen aber auch *externe Ereignisse* in Frage. Zudem sind Methoden auch *zeitgesteuert* zu aktivieren. Hierzu folgende Erläuterungen:

Externe, in Geräten oder anderweitigen Systemen vorkommende Ereignisse vermögen Nachrichten zu generieren und damit Methoden eines Systems zu aktivieren. Denkbar ist selbstverständlich auch der umgekehrte Vorgang, indem ein Objekt eines Systems einem externen Gerät oder einem anderweitigen System eine Nachricht zustellt und damit beim Empfänger ein Ereignis auslöst.

Zur Illustration stelle man sich entsprechend Abb. 3.1.17 ein Regenausgleichsbecken mit einem Ein- und Auslassventil sowie einem "Voll"- und "Leer"-Melder vor. Für die Steuerung ist ein Objekt der Klasse REGULATION zuständig. Das Ereignis *Regenausgleichsbecken voll* - mit andern Worten: das Ansprechen des "Voll"- Melders - löst eine Nachricht EE-1 aus (EE für externe Eingabe stehend), welche die Methode REGULATION.Voll aktiviert. Diese setzt die Variable "Füllstand" auf 100% und aktiviert mittels einer Nachricht die Methode REGULATION.Einlass-zu. Letztere generiert die Nachricht EA-3 (EA für externe Ausgabe stehend), welche die Schliessung des Einlassventils zur Folge hat.

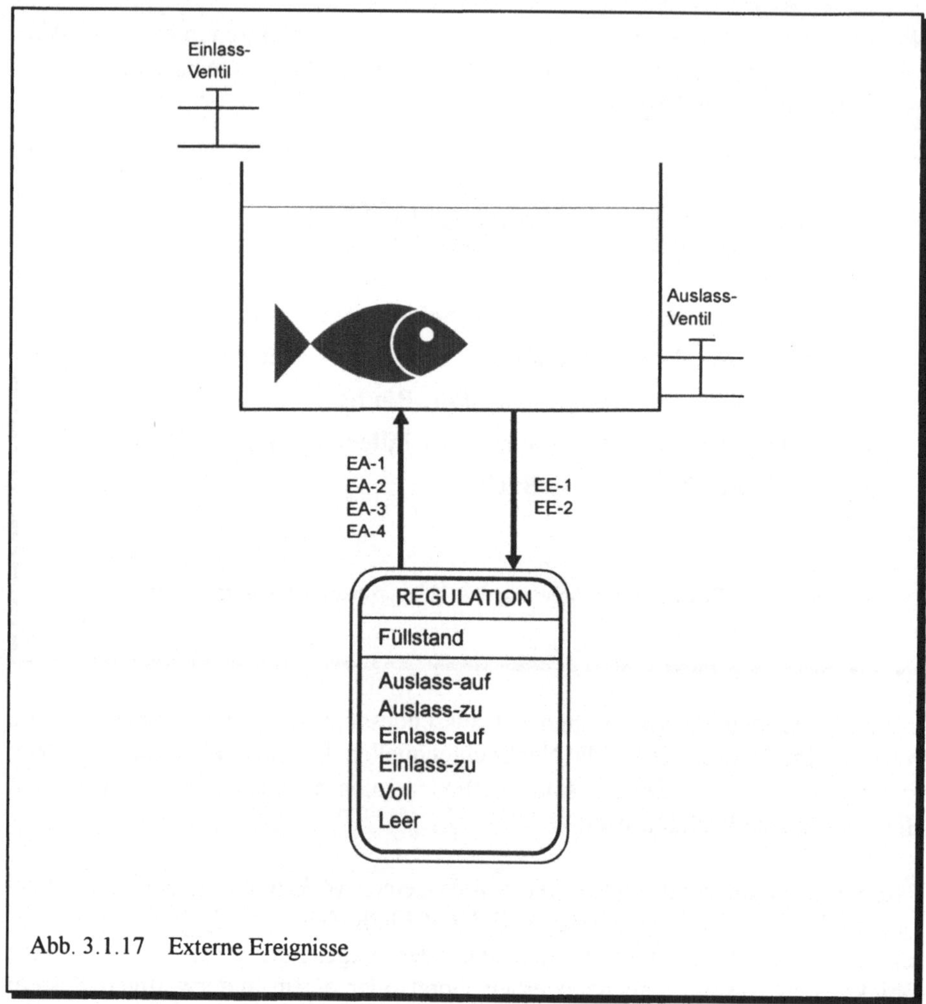

Abb. 3.1.17 Externe Ereignisse

Es empfiehlt sich, von aussen eintreffende bzw. nach aussen fliessende Nachrichten in einem OO-Diagramm speziell zu kennzeichnen. Beispielsweise kommt den Bezeichnungen in Abb. 3.1.17 folgende Bedeutung zu:

externes Ereignis:	generiert einfliessende Nachricht:	aktiviert Methode:
Tank voll	EE-1	REGULATION.Voll
Tank leer	EE-2	REGULATION.Leer

Methode:	generiert ausfliessende Nachricht:	bewirkt externes Ereignis:
REGULATION.Auslass-auf	EA-1	Auslassventil öffnen
REGULATION.Auslass-zu	EA-2	Auslassventil schliessen
REGULATION.Einlass-zu	EA-3	Einlassventil schliessen
REGULATION.Einlass-auf	EA-4	Einlassventil öffnen

Ein OO-Diagramm, das sämtliche ein- bzw. ausfliessenden Nachrichten aufweist, stimmt im Aussagegehalt mit einem aus der Datenfluss-Diagrammtechnik bekannten *Kontext-Diagramm* überein.

Bei der *zeitgesteuerten* Auslösung von Methoden sind folgende Fälle zu unterscheiden:

- Die Aktivierung erfolgt zu einer bestimmten Zeit
- Die Aktivierung erfolgt nach Ablauf einer bestimmten Zeitdauer

Zunächst ein Beispiel für die Aktivierung zu einer bestimmten Zeit.

Man stelle sich vor, dass für unser Beispiel *Kursorganisation* jedes Wochenende zuhanden des Empfangspersonals ein Schlafraum-Belegungsplan zu erstellen sei. Abb. 3.1.18 zeigt das diesbezügliche Objektdiagramm. Zu erkennen ist, dass das externe Ereignis *es ist Freitag 17:00 Uhr* eine Nachricht EE-1 auslöst, welche die Methode SCHLAFRAUM.Bel-Plan-erst in Gang setzt. Selbstverständlich kann die Regel für die Auslösung der Nachricht EE-1 auch komplexerer Art sein. Denkbar wäre beispielsweise, dass die Nachricht auszubleiben hat, sofern eine kommende Woche in die Ferienzeit fällt. Wie komplex die Regel für die Auslösung einer Nachricht aufgrund eines externen Ereignisses auch sein mag - exakt zu spezifizieren ist sie in jedem Fall.

Und noch ein Hinweis: Bei der Festlegung eines OO-Diagrammes geht man davon aus, dass das aktuelle Datum und die aktuelle Uhrzeit immer bekannt sind. Dies bedeutet, dass sich die Definition einer Klasse UHR - zumindest in der Analyse - erübrigt. In der Implementierung kann eine derartige Klasse aber durchaus angebracht sein.

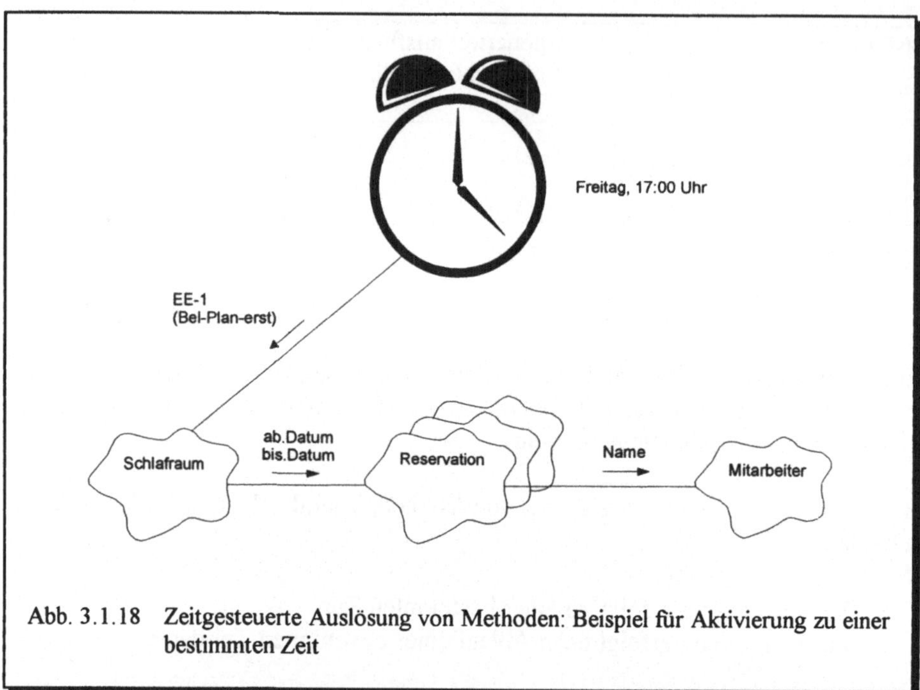

Abb. 3.1.18 Zeitgesteuerte Auslösung von Methoden: Beispiel für Aktivierung zu einer bestimmten Zeit

Und damit zur zweiten Möglichkeit der *zeitgesteuerten* Auslösung von Methoden - der Aktivierung nach Ablauf einer bestimmten Zeitdauer also.

In *Echt-Zeit-Systemen* sind Vorgänge häufig mittels sogenannter *Timeouts* zu überwachen. Diese laufen normalerweise nach einem Muster gemäss Abb. 3.1.19 ab.

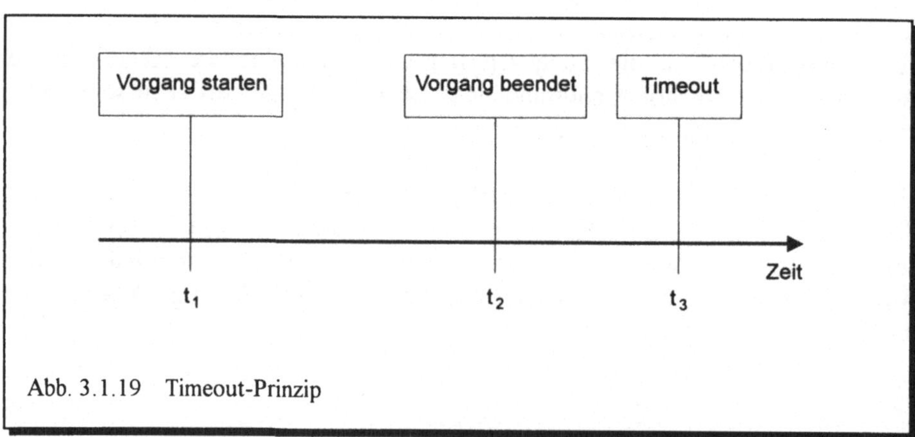

Abb. 3.1.19 Timeout-Prinzip

Für unser Beispiel *Regenausgleichsbecken* ist Abb. 3.1.19 wie folgt zu interpretieren:

Zum Zeitpunkt t_1 wird das Einfüllen des Beckens - das Öffnen des Einlassventils also - gestartet. Zum Zeitpunkt t_2 trete das Ereignis *Regenausgleichsbecken voll* ein. Im Normalfall müsste jetzt der "Voll"-Melder eine Nachricht EE-1 auslösen, welche die Methode REGULATION.Voll zu aktivieren hätte. Bleibt diese Nachricht - beispielsweise infolge Defekts des "Voll"-Melders - aus, so überläuft das Becken. Dies liesse sich mit einem *Timeout* verhindern, indem das Einlassventil zum Zeitpunkt t_3 - unabhängig vom Ereignis *Regenausgleichsbecken voll* - geschlossen wird. Als Timeout bezeichnet man also die Zeitspanne zwischen dem Starten eines Vorgangs (beispielsweise *Einlassventil öffnen*) und dessen notfallmässigen Terminieren. Abb. 3.1.20 illustriert, wie Timeouts zu modellieren sind.

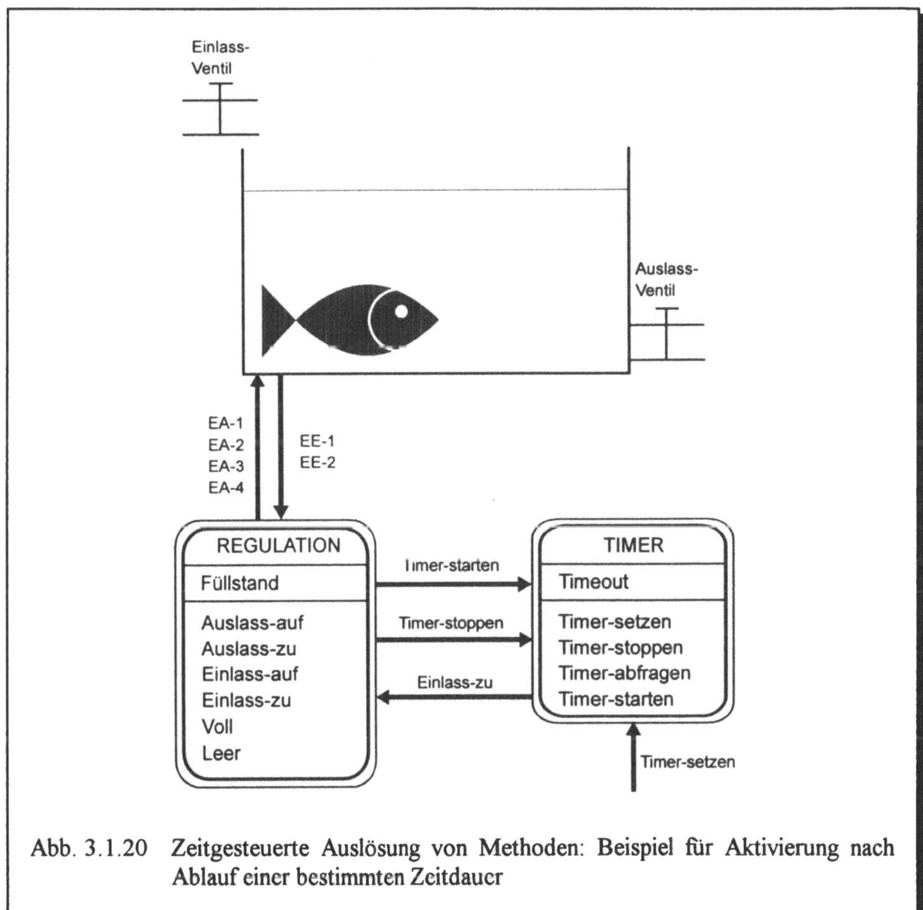

Abb. 3.1.20 Zeitgesteuerte Auslösung von Methoden: Beispiel für Aktivierung nach Ablauf einer bestimmten Zeitdauer

In Abb. 3.1.20 öffnet die Methode REGULATION.Einlass-auf nicht nur das Einlassventil, sondern setzt mittels Aktivierung der Methode TIMER.Timer-starten auch einen Timer in Gang. Dieser aktiviert nach Ablauf der in der Variablen *Timeout* festgehaltenen Zeitdauer die Methode REGULATION. Einlass-zu, sofern der "Voll"-Melder zuvor nicht schon angesprochen und mittels Aktivierung geeigneter Methoden die Schliessung des Einlassventils sowie das Stoppen des Timers veranlasst hat. Angedeutet ist auch, dass die Variable *Timeout* mittels Aktivierung der Methode TIMER.Timer-setzen von aussen festzulegen ist.

Mit der Methode TIMER.Timer-abfragen ist die verbleibende Zeit bis zum Absenden der die Schliessung des Einlassventils veranlassenden Nachricht ausfindig zu machen. Schliesslich ist mit der Methode TIMER.Timer-stoppen ein in Gang gesetzter Timer frühzeitig zu beenden.

Nachdem wir nun zur Kenntnis genommen haben, wie Methoden in Gang zu setzen sind, soll im nächsten Abschnitt von eben diesen Methoden die Rede sein. Wir werden dabei zunächst auf Methodenarten zu sprechen kommen. Anschliessend diskutieren wir ein Vorgehen zur Ermittlung von Methoden und zeigen schliesslich, wie Methoden zu dokumentieren sind.

Fragen zum Stoff von Abschnitt 3.1

1. Was ist eine Methode (Service)?

2. Womit sind Methoden zu aktivieren?

3. Was kommt als Nachrichtenquelle in Frage?

4. Weiss ein Senderobjekt wie das Empfängerobjekt ein Ergebnis ermittelt?

5. Welche Vorteile resultieren aus dem Umstand, dass das Empfängerobjekt gegenüber dem Senderobjekt als Blackbox in Erscheinung tritt?

6. Kann ein Objekt eigene Methoden aktivieren?

7. Was ist eine Using Relationship?

8. Was unterscheidet ein Objektdiagramm von einem Klassendiagramm?

9. Was ist ein Ablaufszenario?

10. Wozu dienen Interaktionsdiagramme?

11. Welche Fälle sind bei der zeitgesteuerten Auslösung von Methoden zu unterscheiden?

Fragen zum Stoff von Abschnitt 3.1 (Fortsetzung)

12. Was ist ein Timeout?

13. Wo sind Timeouts von Bedeutung?

14. Womit stimmen sämtliche ein- und ausfliessenden Nachrichten aufweisende OO-Diagramme überein?

3.2 Methoden

In diesem Abschnitt erfahren wir, welche Methodenarten in einem System zu unterscheiden sind. Anschliessend diskutieren wir ein Vorgehen zur Ermittlung von Methoden und zeigen schliesslich, wie Methoden zu dokumentieren sind.

Methodenarten

Zu unterscheiden ist zunächst zwischen

1. *objektbasierten und klassenbasierten Methoden*

Objektbasierte Methoden betreffen immer ein ganz bestimmtes Objekt, während *klassenbasierte Methoden* auf mehrere, allenfalls auf alle Objekte einer Klasse einwirken.

Abb. 3.2.1 zeigt einen Ausschnitt aus unserem Beispiel *Kursorganisation*. Bei der Methode *Alter* handelt es sich um eine *objektbasierte Methode*, ist doch damit anhand des Geburtsdatums sowie des aktuellen Datums das Alter eines bestimmten Mitarbeiters zu ermitteln. Bei der Methode *Durchschnittsalter* handelt es sich hingegen um eine *klassenbasierte Methode*, ist doch damit das Durchschnittsalter aller Mitarbeiter ausfindig zu machen.

Abb. 3.2.1 Objektbasierte und klassenbasierte Methoden

Es empfiehlt sich, klassenbasierte Methoden in einem OO-Diagramm speziell zu kennzeichnen (beispielsweise entsprechend Abb. 3.2.1 mittels [K]).

2. *Implizite Methoden*

Implizite Methoden gelten als vorhanden, auch wenn sie in einem OO-Diagramm aus Übersichtlichkeitsgründen nicht ausgewiesen werden. Zu den *impliziten Methoden* zählt man insbesondere:

2.1 Konstruktoren und Destruktoren

Ein *Konstruktor* ist eine klassenbasierte Methode, mit welcher einzelne Objekte der Klasse zu erzeugen sind.

Ein *Destruktor* ist eine objektbasierte Methode, mit welcher ein einzelnes Objekt zu löschen ist.

Vereinbarungsgemäss spricht man bezüglich eines Konstruktors bzw. eines Destruktors von einer *create* bzw. *delete Methode*.

2.2 Abfragen und initialisieren von Variablen (Attributen)

Vereinbarungsgemäss existiert für jede Variable eine implizite Methode *setVariable* sowie *getVariable.* Mit ersterer ist ein Variablenwert zu initialisieren und mit letzterer abzufragen. Abb. 3.2.2 illustriert den Sachverhalt anhand eines Ausschnittes aus unserem Beispiel *Kursorganisation*.

Klasse:	**MITARBEITER**
Variable:	**NAME** **GEBURTSDATUM**
Methoden:	**setName** **getName** **setGeburtsdatum,** **getGeburtsdatum**

Abb. 3.2.2 Implizite Set- und Get-Methoden

2.3 Beziehungen setzen und löschen

Mit der impliziten Methode *connect* ist eine Beziehung von einem Objekt zu einem andern Objekt herzustellen, während mit der impliziten Methode *disconnect* eine derartige Beziehung zu löschen ist.

3. *Synchrone und asynchrone Methoden*

Eine Methode ist *synchron*, wenn sie nach erfolgter Erledigung ihrer Aufgabe zu Ende läuft und die Kontrolle an den Sender zurückgibt. Synchrone Methoden sind typischerweise bei Berechnungen von Bedeutung.

Eine *asynchrone Methode* gibt demgegenüber nach Erledigung eines gewissen Teils ihrer Aufgabe die Kontrolle an den Sender zurück, läuft selber aber weiter. Eine asynchrone Methode bleibt solange aktiv, bis sie entweder gestoppt wird, oder von sich aus zu Ende läuft. Es versteht sich, dass mehrere asynchrone Methoden gleichzeitig aktiv sein können. Asynchrone Methoden sind typischerweise bei Überwachungen von Bedeutung.

Zunächst ein Beispiel für eine synchrone Methode.

Abb. 3.2.3 zeigt wiederum einen Ausschnitt aus unserem Beispiel *Kursorganisation.*

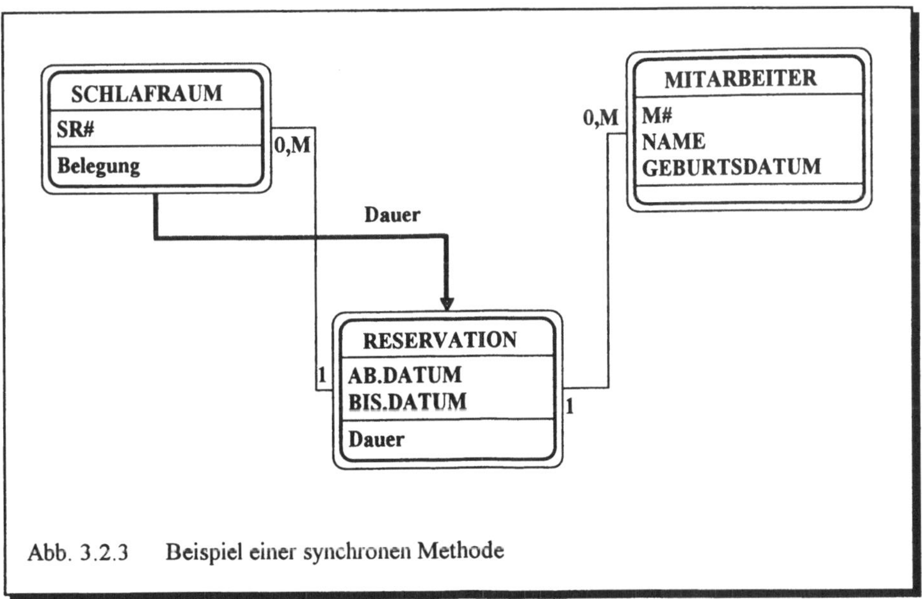

Abb. 3.2.3 Beispiel einer synchronen Methode

Objekte der Klasse RESERVATION beschreiben jeweils einen Zeitabschnitt, in dem ein bestimmter Mitarbeiter einen Schlafraum belegt. Die Methode RESERVATION.Dauer ermittelt anhand des AB.DATUM's und des BIS.DATUM's die Belegungsdauer in Tagen.

Die Methode SCHLAFRAUM.Belegung soll die gesamte Belegung eines Schlafraums in Tagen ermitteln. Hierfür nimmt besagte Methode die Dienstleistung der Methode RESERVATION.Dauer in Anspruch, indem die von letzterer zur Verfügung gestellten Belegungstage aufsummiert werden.

Zu beachten ist, dass die Methode RESERVATION.Dauer synchron ist, weil sie nach Ermittlung der Belegungsdauer eines Schlafraums durch einen Mitarbeiter zu Ende läuft und die Kontrolle an die Methode SCHLAFRAUM.Belegung zurückgibt.

Und nun zu dem in Abb. 3.2.4 gezeigten Beispiel für eine asynchrone Methode.

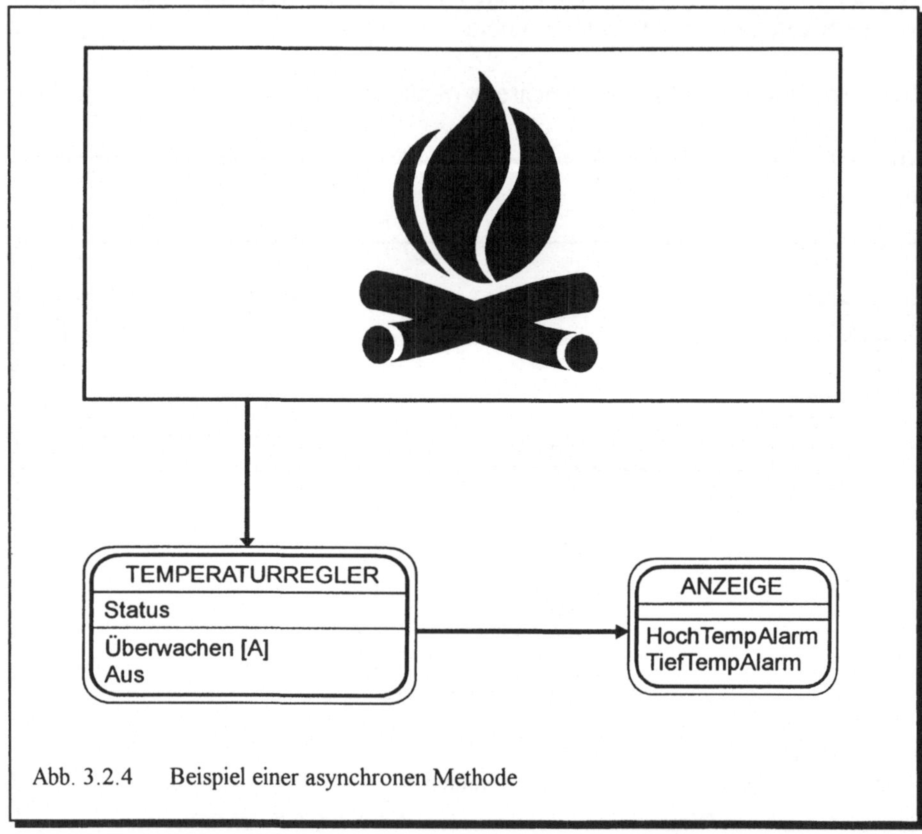

Abb. 3.2.4 Beispiel einer asynchronen Methode

Eine Heizung sei mit einem ein- und ausschaltbaren Temperaturregler ausgerüstet. Die Methode TEMPERATURREGLER.Überwachen setzt den Regler in Betrieb und überwacht die Temperatur der Heizung solange, bis die Methode TEMPERATURREGLER.Aus aktiviert wird. Sofern die Methode TEMPERATURREGLER.Überwachen als asynchrone Methode implementiert ist, läuft parallel dazu der Sender der Nachricht *Überwachen* weiter.

Offenbar registriert die Methode TEMPERATURREGLER.Überwachen zu hohe bzw. zu tiefe Temperaturen und übermittelt die Ergebnisse mittels einer Nachricht an ein ANZEIGE-Objekt. Hier wird ein der Situation entsprechender Alarm ausgelöst.

Es empfiehlt sich, asynchrone Methoden in einem OO-Diagramm speziell zu kennzeichnen (beispielsweise entsprechend Abb. 3.2.4 mittels [A]).

Ermittlung von Methoden

Für die Ermittlung von Methoden empfiehlt sich folgendes Vorgehen:

1. *Objektstatusdiagramm* erstellen
2. Aus Objektstatusdiagramm erforderliche Methoden ableiten
3. Erforderliche Message-Connections (Nachrichten-Verbindungen) gemäss Abschnitt 3.1 identifizieren
4. Methoden spezifizieren

Hierzu folgende Erläuterungen:

Im Leben eines Objekts sind in der Regel verschiedene, unter Umständen sich wiederholende Phasen zu unterscheiden. So wird im Beispiel *Kursorganisation* ein Schlafraum nach erfolgter Belegung gereinigt, um anschliessend - allenfalls nach einem gewissen Unterbruch - wieder belegt zu werden. Ein Schlafraum befindet sich also zu jedem Zeitpunkt in einem der Zustände *ist belegt, ist frei, wird gereinigt*. Zu beschreiben ist ein derartiger Lebenszyklus mittels eines sogenannten *Statusübergangsdiagramms* (im objektorientierten Umfeld normalerweise *Objektstatusdiagramm* genannt).

Ein Objektstatusdiagramm beschreibt also den Lebenszyklus eines typischen Objekts einer Klasse. Die dafür zu verwendenden Symbole sind Abb. 3.2.5 zu entnehmen (Notation gemäss Booch).

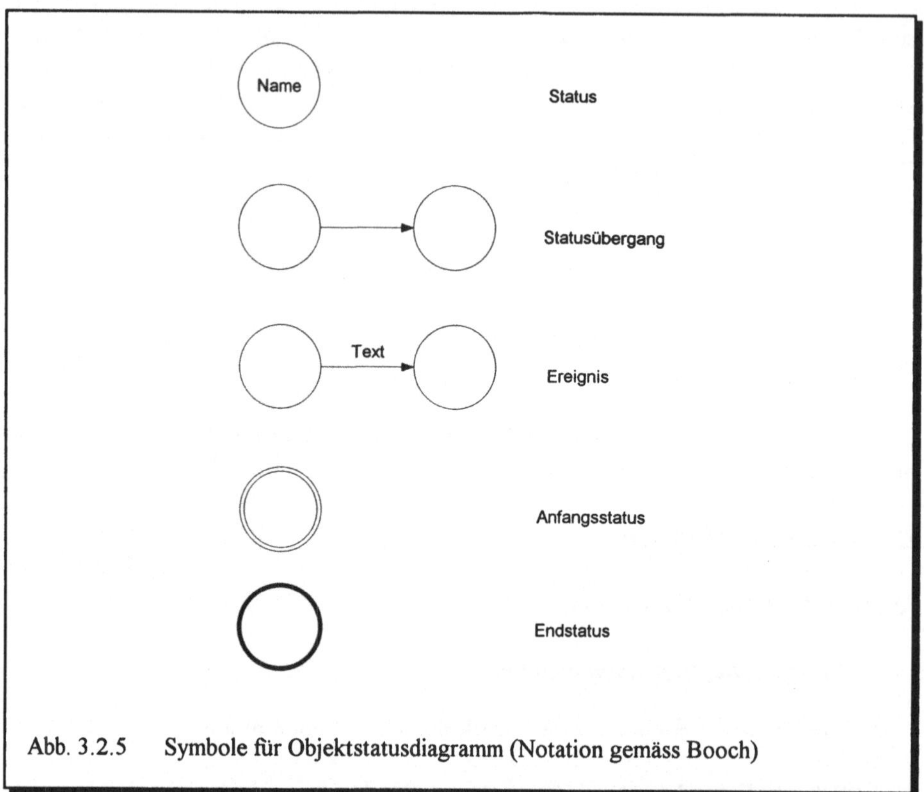

Abb. 3.2.5 Symbole für Objektstatusdiagramm (Notation gemäss Booch)

Ein Status ist als Kreis darzustellen, während Statusübergänge als gerichtete Linien zwischen zwei Stati in Erscheinung treten. Ein Statusübergang wird durch ein Ereignis ausgelöst, dessen Bezeichnung der Statusübergangslinie zuzuordnen ist. Spezielle Symbole kennzeichnen den Anfangs- sowie den Endstatus eines Objekts.

Zu beachten ist, dass ein Objektstatusdiagramm *objektbasiert* und nicht *klassenbasiert* ist. Die Objekte ein und derselben Klasse können also zu einem bestimmten Zeitpunkt durchaus verschiedenartige Zustände aufweisen. So gibt es auf unser Beispiel *Kursorganisation* bezogen gleichzeitig belegte, freie sowie in Reinigung befindliche Schlafräume.

Am besten illustrieren wir unsere Aussagen anhand eines etwas umfangreicheren Beispiels.

Abb. 3.2.6 zeigt ein Objektstatusdiagramm für ein Objekt der Klasse AUTO.

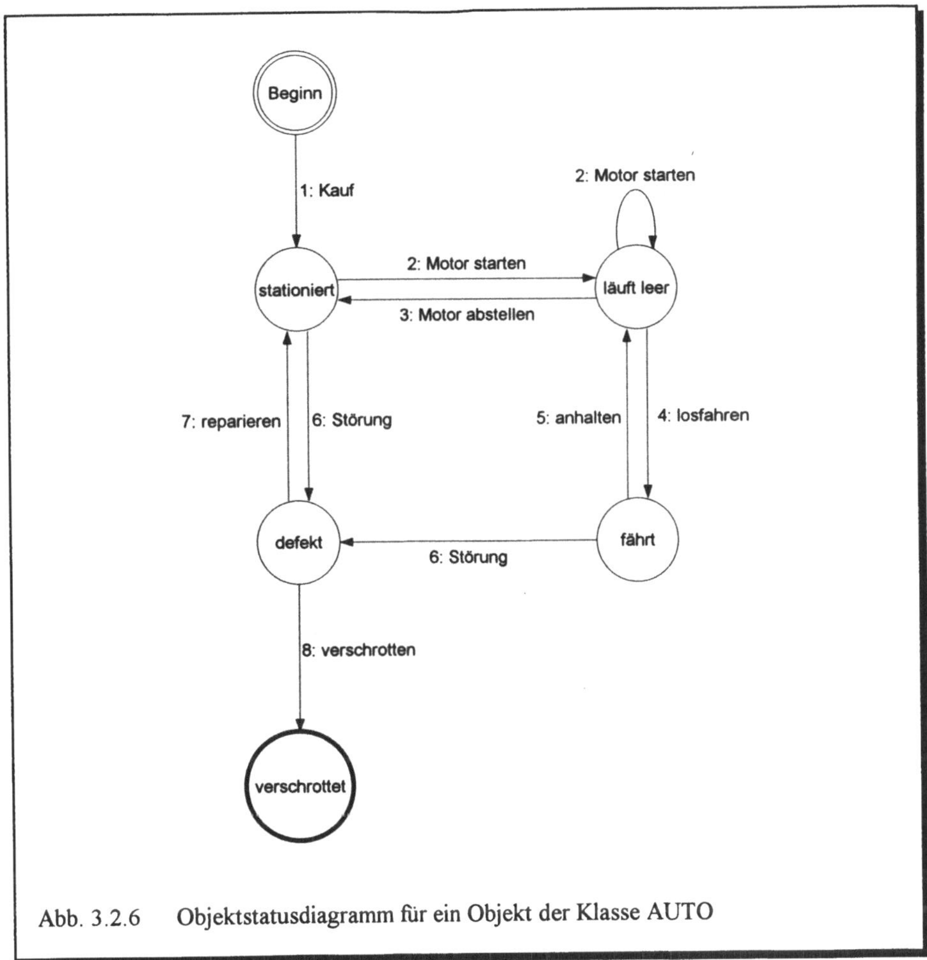

Abb. 3.2.6 Objektstatusdiagramm für ein Objekt der Klasse AUTO

Je umfangreicher ein Objektstatusdiagramm, umso schwieriger sind zulässige und unzulässige Statusübergänge zu erkennen. In solchen Fällen hilft man sich am besten mit einer sogenannten *Statusübergangstabelle* entsprechend Abb. 3.2.7.

In einer Statusübergangstabelle sind die Ereignisse auf der Horizontalen und die Stati auf der Vertikalen vorzufinden. Den Tabellenzellen sind die Stati zu entnehmen, in die ein in einem bestimmten Status befindliches Objekt aufgrund von Ereignissen überzuführen ist. Beispielsweise ist ein stationiertes Auto aufgrund des Ereignisses *Motor starten* in den Zustand *läuft leer* und aufgrund des Ereignisses *Störung* in den Zustand *defekt* überzuführen.

Ereignis / Status	1 Kauf	2 Motor starten	3 Motor abstellen	4 losfahren	5 anhalten	6 Störung	7 reparieren	8 verschrotten
Beginn	stationiert	-	-	-	-	-	-	-
stationiert	-	läuft leer	-	-	-	defekt	-	-
läuft leer	-	*ignoriert*	stationiert	fährt	-	-	-	-
fährt	-	-	-	-	läuft leer	defekt	-	-
defekt	-	-	-	-	-	-	stationiert	verschrottet
verschrottet	-	-	-	-	-	-	-	-

Abb. 3.2.7 Statusübergangstabelle für ein Objekt der Klasse AUTO

Das Zeichen "-" kennzeichnet unzulässige Kombinationen. Beispielsweise ist nicht zulässig, dass ein Auto vom Zustand *stationiert* direkt in den Zustand *fährt* übergeht, ohne dass vorgängig das Ereignis *Motor starten* stattgefunden hat. Im übrigen sind Zustände möglich, für die denkbare Ereignisse zu ignorieren sind. So ist beispielsweise das Ereignis *Motor starten* im Zustand *läuft leer* zu ignorieren.

Aus Objektstatusdiagrammen bzw. Statusübergangstabellen sind Methoden abzuleiten, muss es doch zu jedem Statusübergang mindestens eine den Übergang veranlassende Methode geben.

Wichtig ist, dass der Status eines Objekts festzuhalten ist. Zu diesem Zwecke muss jede ein Objektstatusdiagramm aufweisende Klasse eine STATUS-Variable aufweisen. Abb. 3.2.8 illustriert unsere Aussagen am Beispiel *Auto*.

Sind die Statusübergänge veranlassenden Methoden mit Hilfe von Objektstatusdiagrammen bzw. Statusübergangstabellen einmal ermittelt, so ist im nächsten Schritt für jede Methode festzuhalten, was im einzelnen zu geschehen hat.

Abb. 3.2.8 Klasse AUTO mit erforderlichen Variablen und Methoden

Dokumentation von Methoden

Bisher sind lediglich Mittel und Wege zur Ermittlung von Methoden zur Sprache gekommen. Pro Methode ist früher oder später aber auch festzulegen, welche Dienstleistungen nach aussen angeboten werden und was mit einer Methode im einzelnen zu geschehen hat. Zu diesem Zwecke sind sowohl *Interface* (d.h. eine mittels *Input-* und *Output-Parametern* festzulegende *Schnittstelle*) wie auch *Aktionen* zu bestimmen. Das Interface einer Methode bezeichnet man mitunter auch als *Signature* (Unterschrift), während man hinsichtlich aller Methoden einer Klasse vom *Protokoll der Klasse* spricht. Zu dokumentieren sind Interface und Aktionen entweder mittels

- strukturiertem Text oder
- Service-Charts

Anzumerken ist, dass man zumindest einfachere Methoden direkt mit der zum Einsatz gelangenden Programmiersprache spezifiziert und nicht zunächst textuell bzw. mittels Service-Charts dokumentiert.

Wir erläutern das Vorgehen am Beispiel *Kursorganisation* und konzentrieren uns auf den in Abb. 3.2.3 gezeigten Ausschnitt. Zu spezifizieren sind also Interface und Aktionen der Methoden RESERVATION.Dauer sowie SCHLAFRAUM.Belegung.

Bekanntlich beschreibt jedes Objekt der Klasse RESERVATION einen mittels eines AB.DATUM's und eines BIS.DATUM's fixierten Zeitabschnitt, in dem ein Mitarbeiter einen Schlafraum belegt. Mit der Methode RESERVATION.Dauer ist die Dauer einer Belegung in Tagen ausfindig zu machen. Demgegenüber ermittelt die Methode SCHLAFRAUM.Belegung die gesamte Belegungsdauer eines Schlafraums innerhalb einer vorzugebenden Zeitperiode. Hierfür nimmt die Methode SCHLAFRAUM.Belegung die Dienstleistung der Methode RESERVATION.Dauer in Anspruch, indem die von letzterer pro Belegung zur Verfügung gestellten Belegungstage aufsummiert werden.

Abb. 3.2.9 illustriert, wie die Objekte der Klasse RESERVATION hinsichtlich einer vorgegebenen Zeitperiode liegen können. Für die Berechnung der Dauer einer Belegung sind die gezeigten fünf Fälle zu unterscheiden.

Im folgenden diskutieren wir zunächst die erforderlichen Interface-Spezifikationen mittels strukturiertem Text.

Abb. 3.2.10 zeigt die Interface-Spezifikation für die Methode RESERVATION.Dauer und Abb. 3.2.11 jene für die Methode SCHLAFRAUM.Belegung. Beide Methoden akzeptieren als Input ein AB.DATUM und ein BIS.DATUM, Beginn und Ende der Zeitperiode markierend, für welche die Schlafraumbelegung insgesamt zu berechnen ist. Was den Output anbelangt, so unterscheiden sich die beiden Methoden. So liefert die Methode RESERVATION.Dauer die Belegungsdauer in Tagen für eine Belegung, während die Methode SCHLAFRAUM.Belegung die Belegungsdauer in Tagen innerhalb einer vorgegebenen Zeitperiode zurückgibt.

Damit ist das Interface der beiden Methoden beschrieben. Zu beachten ist, dass es in der OO-Analyse durchaus ausreicht, die Input- und Output-Parameter zu benennen und deren Bedeutung zu beschreiben. Die den Parametern zugrunde liegenden Datentypen sind erst bei der Implementierung festzulegen.

Und damit zur Spezifikation von Aktionen.

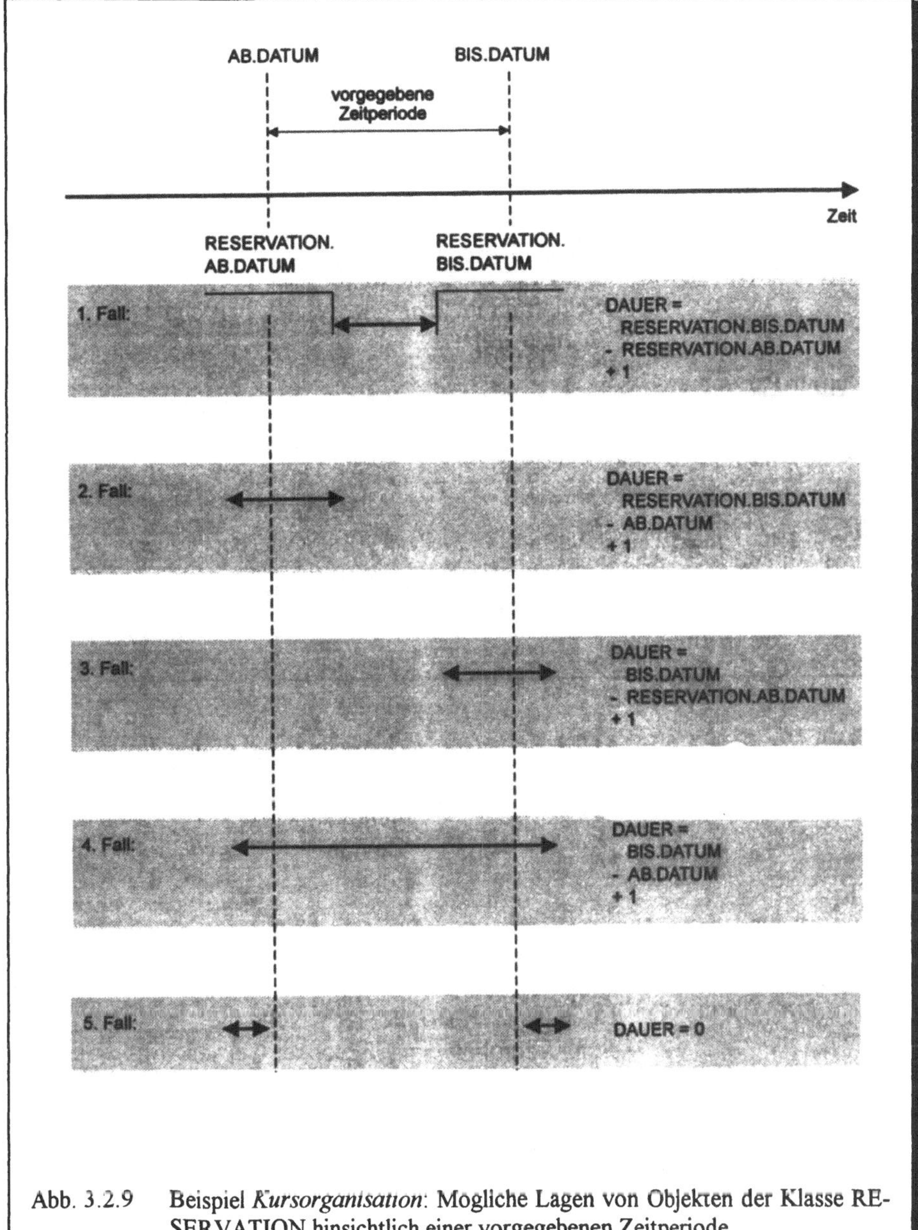

Abb. 3.2.9 Beispiel *Kursorganisation*: Mogliche Lagen von Objekten der Klasse RESERVATION hinsichtlich einer vorgegebenen Zeitperiode

Methode: **RESERVATION.Dauer** (berechnet Belegungsdauer in Tagen für eine Belegung)

Input-Parameter:

AB.DATUM:	Beginn und
BIS.DATUM:	Ende der Zeitperiode, für welche die Schlafraumbelegung insgesamt berechnet werden soll

Output-Parameter:

DAUER:	Belegungsdauer in Tagen für eine Belegung

Abb. 3.2.10 Interface-Spezifikation für Methode RESERVATION.Dauer

Methode: **SCHLAFRAUM.Belegung** (berechnet Belegungsdauer in Tagen für alle Belegungen innerhalb eines vorgegebenen Zeitraums)

Input-Parameter:

AB.DATUM:	Beginn und
BIS.DATUM:	Ende der Zeitperiode, für welche die Schlafraumbelegung berechnet werden soll

Output-Parameter:

BEL.TAGE.INSGESAMT

Abb. 3.2.11 Interface-Spezifikation für Methode SCHLAFRAUM.Belegung

Bei der textuellen Spezifikation der Aktionen einer Methode sind folgende Teile zu unterscheiden:

- *Preconditions:*

  Mit Preconditions sind Bedingungen gemeint, die bei der Aktivierung einer Methode erfüllt sein müssen. Diese Bedingungen können sich sowohl auf Input-Parameter wie auch auf den Status eines Objekts beziehen. Wichtig ist, dass die Aktionen einer Methode nur dann zur Ausführung gelangen, wenn alle Preconditions erfüllt sind (es können pro Methode durchaus mehrere Preconditions vorliegen).

- *Aktionen:*

  Aktionen umschreiben, was in einer Methode im einzelnen zu geschehen hat.

- *Postconditions:*

  Mit Postconditions sind Bedingungen gemeint, die bei der Beendigung einer Methode erfüllt sein müssen.

Preconditions, Postconditions sowie Aktionen sind pro Methode zu spezifizieren, wobei nur letztere zwingend sind. Ausserdem sind bei Bedarf sogenannte *invariante Bedingungen* (*Class Invariants*) festzulegen, die jederzeit für sämtliche Objekte einer Klasse zutreffen müssen. So wäre beispielsweise für das in Abschnitt 2.5 diskutierte Buchungsproblem einer Bank mit einer Class Invariant zu bewirken, dass der Saldo aller Kontoinhaber jederzeit grösser als 0 zu sein hat.

Auf unser Beispiel *Kursorganisation* bezogen, gelangt die Methode SCHLAFRAUM.Belegung aufgrund der in Abb. 3.2.12 spezifizierten Preconditions nur dann zur Ausführung, wenn die Zeitperiode, für welche die Schlafraumbelegung insgesamt zu ermitteln ist, durch ein gültiges ab- sowie bis-Datum festgelegt ist. Ferner muss besagtes ab-Datum ≤ dem bis-Datum sein und darf die vorgegebene Zeitperiode 365 Tage nicht übersteigen. Was die Aktionen anbelangt, so sind die Belegungstage der einzelnen Belegungen pro Schlafraum zu summieren. Zu diesem Zweck ist die Methode RESERVATION.Dauer solange zu aktivieren, als ein Schlafraum Objekte der Klasse RESERVATION aufweist. Die Postcondition bringt zum Ausdruck, dass die ermittelte Belegungsdauer 365 Tage insgesamt nicht übertreffen darf.

Methode: **SCHLAFRAUM.Belegung** (berechnet Belegungsdauer in Tagen für alle Belegungen eines Schlafraums innerhalb einer vorgegebenen Zeitperiode)

Input-Parameter:

AB.DATUM: Beginn und

BIS.DATUM: Ende der Zeitperiode, für welche die Schlafraumbelegung berechnet werden soll

Output-Parameter:

BEL.TAGE.INSGESAMT

Preconditions:

1. AB.DATUM und BIS.DATUM sind gültige Kalendertage
2. AB.DATUM <= BIS.DATUM
3. BIS.DATUM - AB.DATUM <= 365 Tage

Aktionen:

1. Belegungstage aufsummieren:
   - 1.1 Nachricht "Dauer" an jedes RESERVATION-Objekt senden
   - 1.2 Von RESERVATION.Dauer ermittelte Tage in BEL.TAGE.INSGESAMT aufsummieren

Postconditions:

1. BEL.TAGE.INSGESAMT <= 365 Tage

Abb. 3.2.12 Methoden-Spezifikation zur Berechnung der Belegungsdauer eines Schlafraums in Tagen innerhalb eines vorgegebenen Zeitraums

Die Spezifikation der Methode RESERVATION.Dauer ist Abb. 3.2.13 zu entnehmen. Zu erkennen ist, dass die optionalen Pre- und Postconditions fehlen. Was die Aktionen anbelangt, so wird den in Abb. 3.2.9 gezeigten Fällen Rechnung getragen. Wichtig ist, dass der die Methode RESERVATION.Dauer aktivierende Sender weder hinsichtlich der verschiedenen Fälle noch hinsichtlich der Berechnungsarten Kenntnis haben muss. Die Methode RESERVATION.Dauer ist also sowohl bezüglich der Fälle wie auch der Berechnungsarten zu ändern, ohne dass der Sender davon betroffen ist.

Abb. 3.2.14 illustriert, wie die asynchrone Methode TEMPERATURREGLER.Überwachen aus Abb. 3.2.4 zu spezifizieren ist. Die Methode misst im Abstand eines mittels eines Input-Parameters bekanntgegebenen Zeitintervalls die Temperatur einer Heizung und sendet eine Nachricht, sofern eine vorgegebene Minimaltemperatur unterschritten bzw. eine vorgegebene Maximaltemperatur überschritten wird. Der Vorgang läuft solange weiter, bis die Methode TEMPERATURREGLER.Aus aktiviert wird.

Soviel zur textuellen Dokumentation von Methoden. Im folgenden ist dargelegt, wie Methoden mittels *Service-Charts* zu dokumentieren sind.

Die Dokumentation von Methoden mittels Service-Charts ist nicht neu, entsprechen letztere doch den bekannten Flussdiagrammen. Abb. 3.2.15 zeigt eine mögliche Notation. Auf unser Beispiel appliziert, ergeben sich damit die in Abb. 3.2.16 (für die Methode SCHLAFRAUM.Belegung) und Abb. 3.2.17 (für die Methode RESERVATION.Dauer) gezeigten Service-Charts.

Neben strukturiertem Text und Service-Charts kommen für die Dokumentation von Methoden selbstverständlich auch weitere Techniken wie Entscheidungs- und sonstige Tabellen, Formeln, Skizzen sowie Hinweise auf anderweitige Dokumente in Frage. Grundsätzlich ist alles erlaubt, was zur Verdeutlichung der Funktionsweise einer Methode beizutragen vermag.

Methode: **RESERVATION.Dauer** (berechnet Belegungsdauer in Tagen für eine Belegung)

Input-Parameter:

AB.DATUM: Beginn und

BIS.DATUM: Ende der Zeitperiode, für welche die Schlafraumbelegung insgesamt berechnet werden soll

Output-Parameter:

DAUER: Belegungsdauer in Tagen für eine Belegung

Aktionen:

1. Berechne Belegungsdauer:

1.1 Falls AB.DATUM <= RESERVATION.AB.DATUM und BIS.DATUM >= RESERVATION.BIS.DATUM

DAUER = RESERVATION.BIS.DATUM - RESERVATION.AB.DATUM + 1

1.2 Falls RESERVATION.AB.DATUM <= AB.DATUM <= RESERVATION.BIS.DATUM und BIS.DATUM >= RESERVATION.BIS.DATUM

DAUER = RESERVATION.BIS.DATUM - AB.DATUM + 1

1.3 Falls RESERVATION.AB.DATUM <= BIS.DATUM <= RESERVATION.BIS.DATUM und AB.DATUM <= RESERVATION.AB.DATUM

DAUER = BIS.DATUM - RESERVATION.AB.DATUM + 1

1.4 Falls RESERVATION.AB.DATUM <= AB.DATUM <= RESERVATION.BIS.DATUM und RESERVATION.AB.DATUM <= BIS.DATUM <= RESERVATION.BIS.DATUM

DAUER = BIS.DATUM - AB.DATUM + 1

1.5 Übrige Fälle: DAUER = 0

Abb. 3.2.13 Methoden-Spezifikation zur Berechnung der Belegungsdauer eines Schlafraums für eine Belegung

Methode: **TEMPERATURREGLER.Überwachen**
(aktiviert Temperaturüberwachung)

Input-Parameter:
- INTERVALL: Zeitspanne zwischen Messungen in Stunden
- MINTEMP: Minimaltemperatur
- MAXTEMP: Maximaltemperatur

Preconditions:
1. MINTEMP < MAXTEMP
2. STATUS = Ein

Aktionen:
1. Wiederhole, solange STATUS = Ein:
   - 1.1 Messe Temperatur
   - 1.2 Temperatur <= MINTEMP
     Sende Nachricht "TiefTempAlarm" an ANZEIGE
   - 1.3 Temperatur >= MAXTEMP
     Sende Nachricht "HochTempAlarm" an ANZEIGE
   - 1.4 Pausiere INTERVALL Stunden

Methode: **TEMPERATURREGLER.Aus**
(desaktiviert Temperaturüberwachung)

Aktion:
1. STATUS = Aus

Abb. 3.2.14 Methoden-Spezifikation für Temperatur-Überwachung

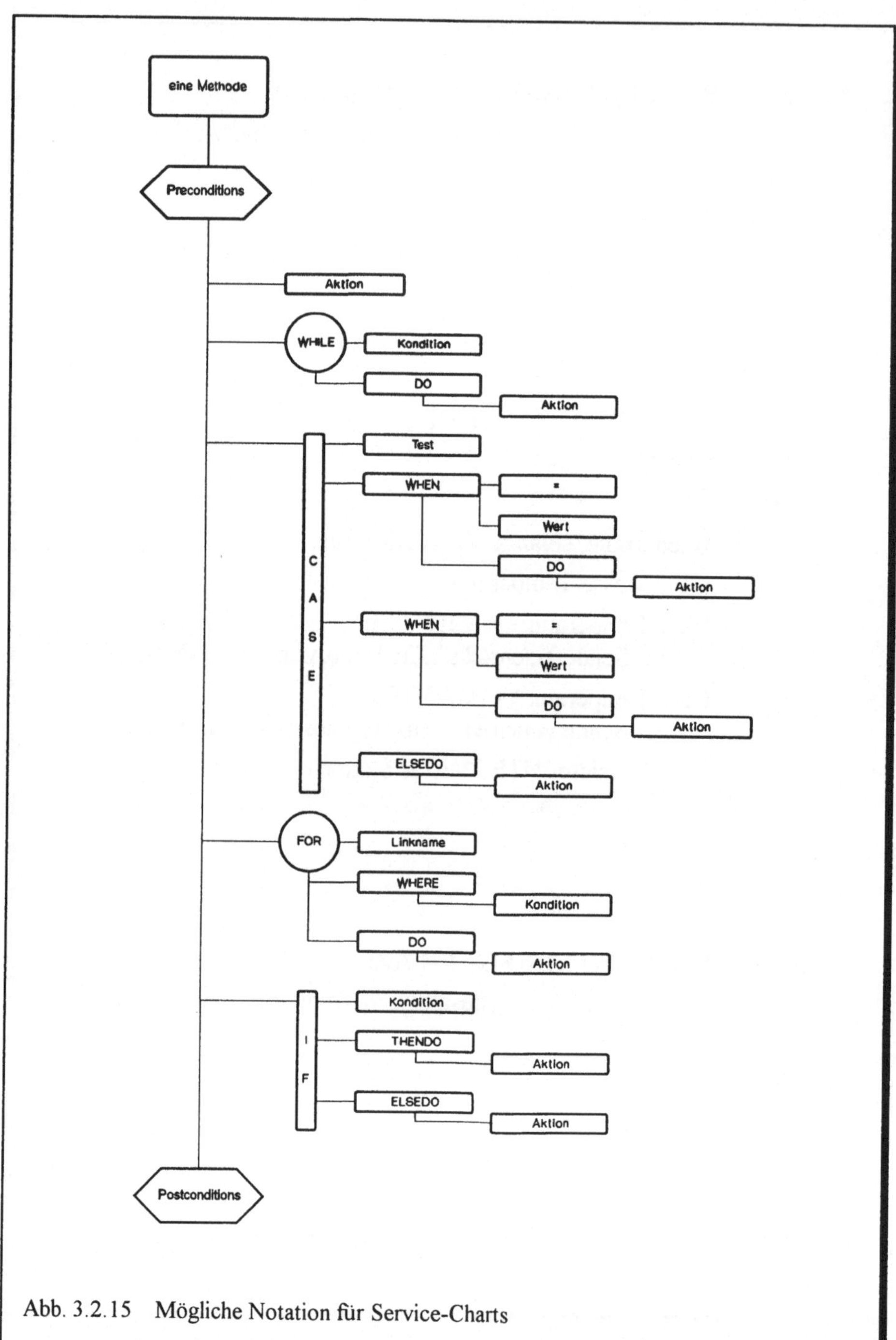

Abb. 3.2.15 Mögliche Notation für Service-Charts

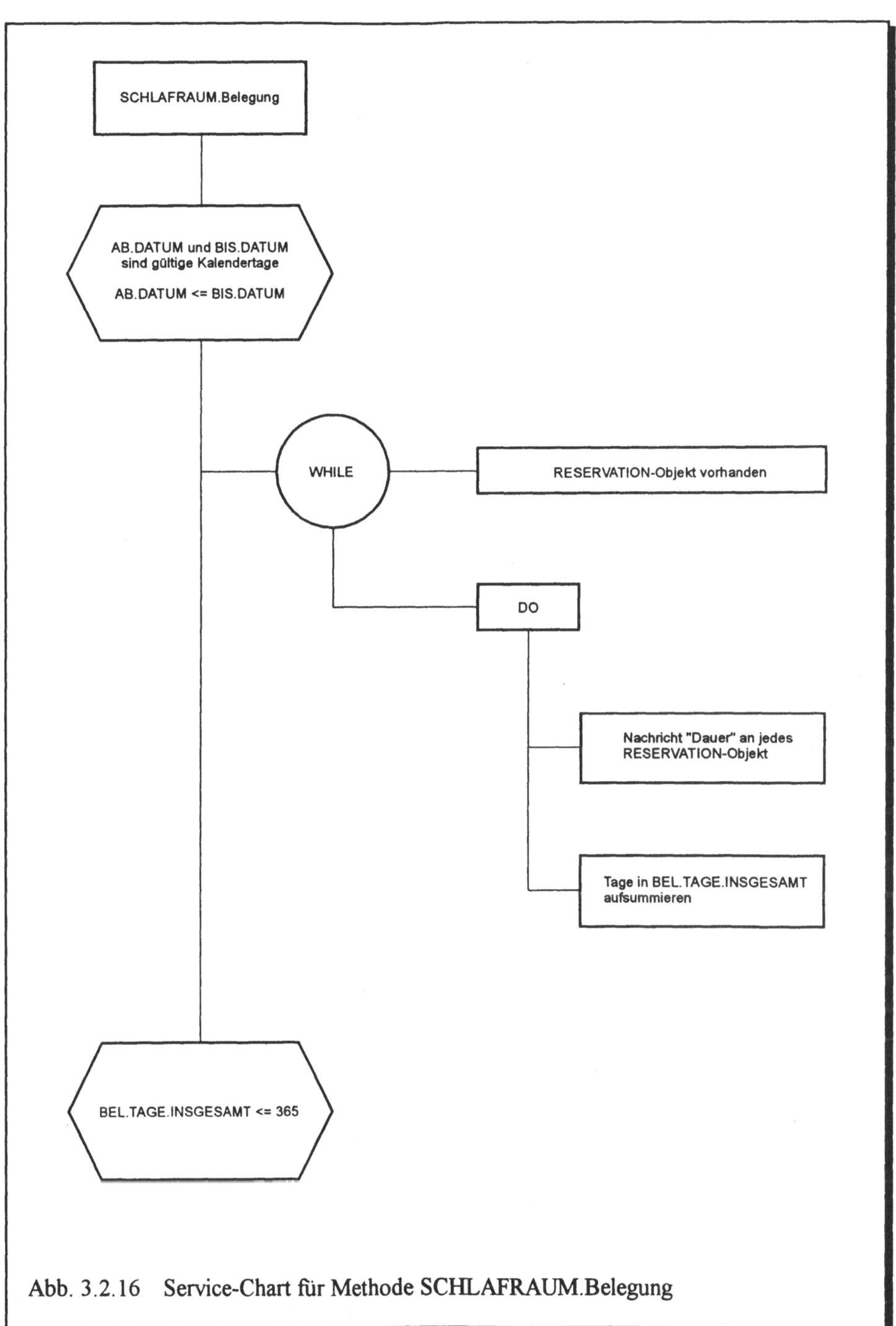

Abb. 3.2.16 Service-Chart für Methode SCHLAFRAUM.Belegung

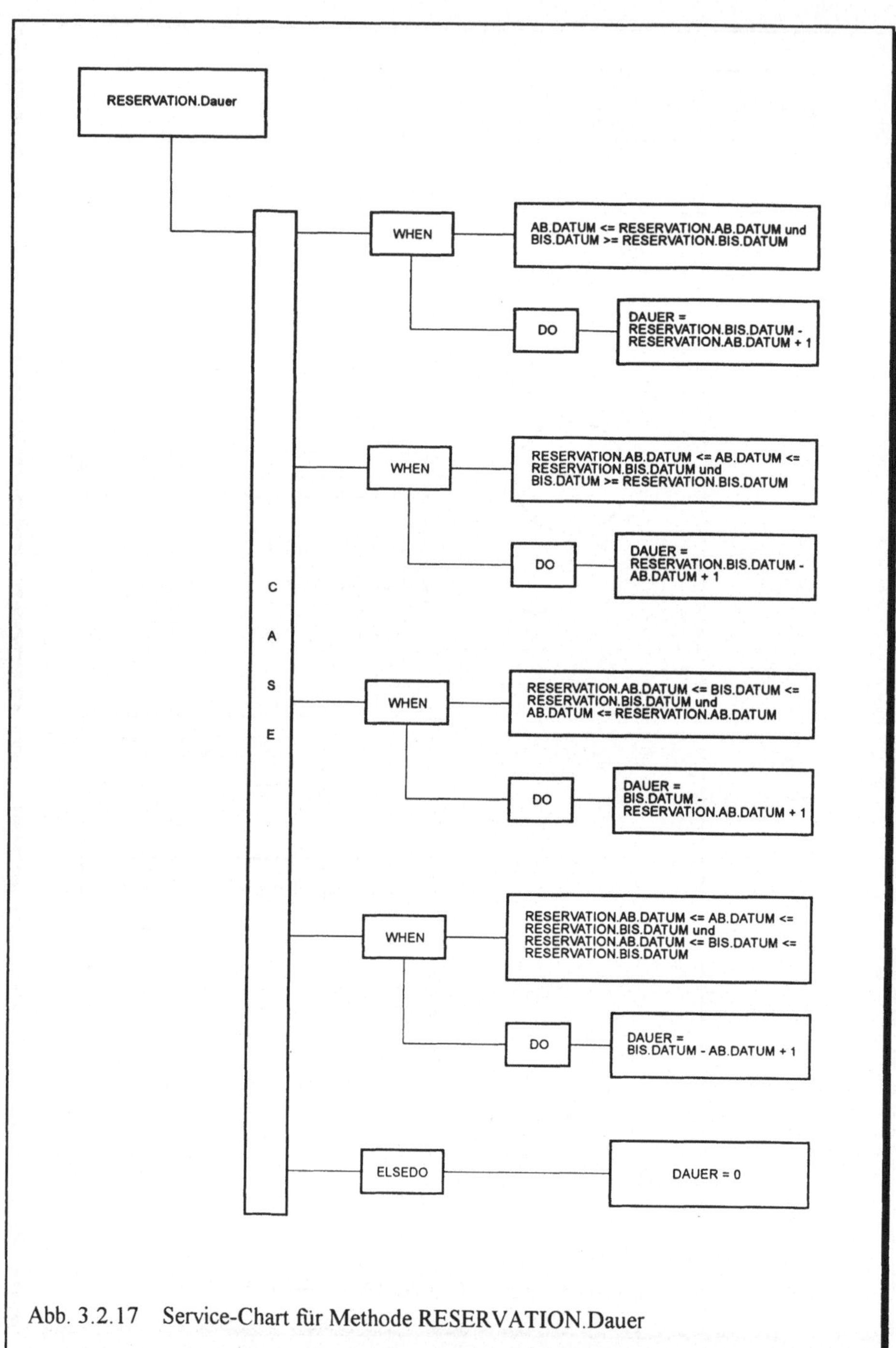

Abb. 3.2.17 Service-Chart für Methode RESERVATION.Dauer

Zum Abschluss dieses Abschnittes noch einige ergänzende Hinweise zu dem in Abschnitt 2.3 diskutierten Vererbungsmechanismus.

Grundsätzlich sind von einer Superklasse folgende Spezifikationen auf Subklassen zu vererben:

- Variable (Attribute)
- Beziehungen
- Aggregationen
- Objektstatusdiagramm
- Message Connections
- Methoden mit Interfaces, Pre- und Postconditions sowie Aktionen
- Class Invariants

Die vorgenannten Spezifikationen einer Superklasse gelten auch für deren Subklassen es sei denn, es liege eine Redefinition vor. Dabei gilt, dass Beziehungen und Aggregationen *nicht* zu redefinieren, sondern nur als für die Subklasse nicht relevant zu deklarieren sind. Vererbte Class Invariants sind ebenfalls *nicht* zu redefinieren, sondern nur zu ergänzen. Für eine Subklasse gelten also neben den eigenen Class Invariants immer auch jene der zugehörigen Superklassen.

Am häufigsten sind Methoden zu redefinieren. Was dabei zu beachten ist, sei anhand des in Abb. 3.2.18 und Abb. 3.2.19 gezeigten Beispiels erläutert.

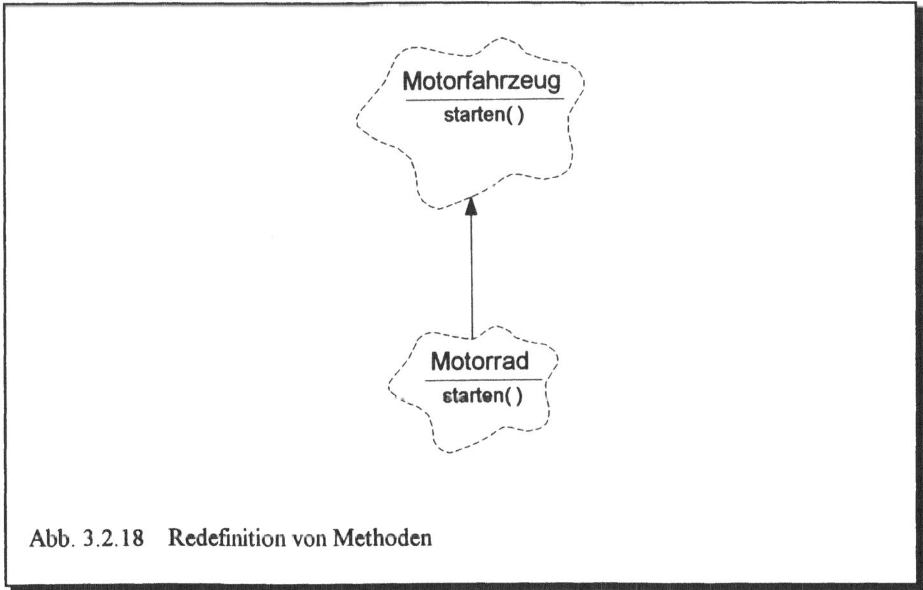

Abb. 3.2.18 Redefinition von Methoden

Methode: **MOTORFAHRZEUG.starten**

Preconditions:

Ausser Betrieb

Aktionen:

1. Zündung einschalten
2. Zündung betätigen bis Motor anspringt

Postconditions:

Motor in Betrieb

Methode: **MOTORRAD.starten**

Aktionen:

1. Zündung einschalten
2. Ankicken bis Motor anspringt

Abb. 3.2.19 Überschreiben von Methoden

Zu erkennen ist eine Vererbungsstruktur mit MOTOFAHRZEUG als Superklasse und MOTORRAD als Subklasse. Die in der Superklasse festgelegte Methode *starten* wird in der Subklasse überschrieben. Weil für die Methode der Subklasse keine Pre- und Postconditions spezifiziert wurden, gelten die vererbten der Superklasse.

Werden Pre- und Postconditions in der Subklasse redefiniert, so gilt:

Für Preconditions: Precondition der Subklasse *oder* Precondition der Superklasse

Für Postconditions: Postcondition der Subklasse *und* Postcondition der Superklasse

Sofern eine redefinierte Precondition nicht schwächer ist als jene der Superklasse, gilt immer letztere. Eine redefinierte Postcondition kann demgegenüber nur schärfer werden, weil immer auch die Postcondition der Superklasse gilt.

Fragen zum Stoff von Abschnitt 3.2

1. **Welche Methodenarten unterscheidet man?**
2. **Worin unterscheiden sich *objektbasierte* und *klassenbasierte* Methoden?**
3. **Wo sind synchrone Methoden von Bedeutung?**
4. **Wo sind asynchrone Methoden von Bedeutung?**
5. **Wie sind Methoden zu ermitteln?**
6. **Was ist mit einem Objektstatusdiagramm festzuhalten?**
7. **Was ist mit einer Statusübergangstabelle festzuhalten?**
8. **Mit welchen Techniken sind Methoden zu dokumentieren?**
9. **Aus welchen Teilen besteht eine Methodenspezifikation?**
10. **Was sind Pre- und Postconditions?**
11. **Was sind Class Invariants?**
12. **Was wird von einer Superklasse auf ihre Subklassen vererbt?**

3.3 CASE-Tools

CASE-Tools[1] unterstützen den Anwendungsentwickler im klassischen Umfeld schon seit geraumer Zeit. Allerdings hat die anfängliche Euphorie mittlerweile vielerorts einer gewissen Ernüchterung Platz gemacht. Zu Unrecht, hat sich doch gezeigt, dass durchaus respektable Ergebnisse zu erzielen sind, sofern man in Betracht zieht, dass für eine effiziente Anwendungsentwicklung grundsätzlich drei Faktoren von Bedeutung sind. Es sind dies:

- Ein methodisches Vorgehen
  (dieses befasst sich mit der Frage: *Was* hat *wann* mit *welcher Technik* zu geschehen?)

- Techniken
  (diese befassen sich mit der Frage: *Wie* hat etwas zu geschehen?)

- Werkzeuge
  (diese befassen sich mit der Frage: *Womit* ist die Anwendungsentwicklung zu unterstützen?)

Die besten CASE-Tools sind wertlos, wenn sie nicht im Rahmen eines methodischen, den Werdegang von Anwendungen nach zeitlichen Gesichtspunkten regelnden Vorgehens zur Anwendung gelangen. Dieses methodische Vorgehen ist zu beherrschen, genauso wie die zur Herstellung von Anwendungen einzusetzenden Techniken. CASE-Tools vermögen zwar den Wirkungsgrad besagter Techniken zu erhöhen, keinesfalls aber - gewissermassen per Knopfdruck - Anwendungen aus dem Nichts zu erzeugen.

Wenngleich bezüglich eines objektorientierten, methodischen Vorgehens noch viele Fragen offen stehen, gelten die vorstehenden Aussagen ohne Abstriche auch für das objektorientierte Umfeld. Auch hier sind mittlerweile CASE-Tools sonder

---

[1] CASE = Computer Aided Software Engineering

Zahl erhältlich[1]. Auffallend ist, dass diese Produkte der sogenannten *Persistenz* (d.h. der dauerhaften Sicherstellung von Objekten auf externen Speichermedien) in vielen Fällen nur insofern Rechnung tragen, als sie entsprechend Abb. 3.3.1 die Sicherstellung ganzer Hauptspeicherbereiche im Sinne eines Spiegelbildes vorsehen. Dass damit ein konventionellen Datenbanken auch nur annähernd vergleichbarer Betrieb nicht möglich ist, versteht sich von selbst.

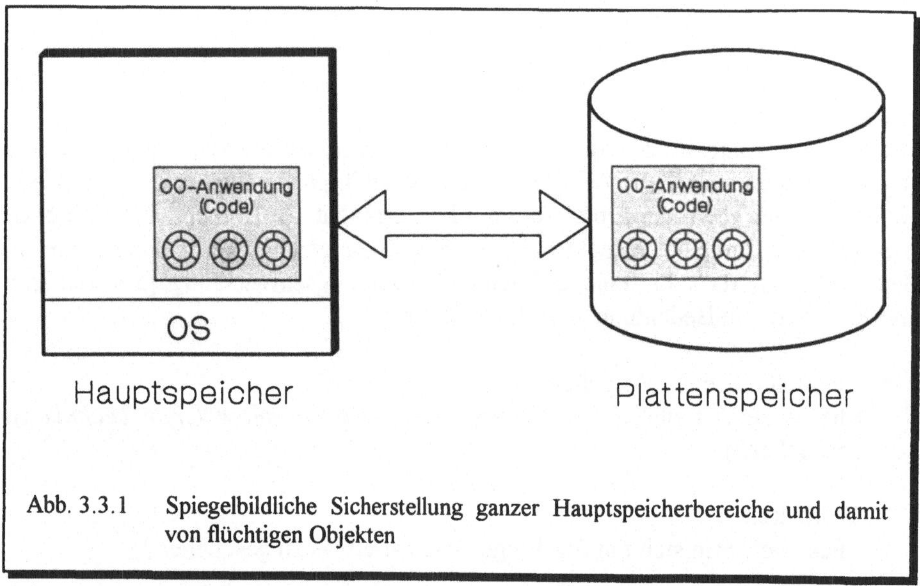

Abb. 3.3.1 Spiegelbildliche Sicherstellung ganzer Hauptspeicherbereiche und damit von flüchtigen Objekten

Was not tut sind *objektorientierte Datenbankmanagementsysteme* (ooDBMS), mit welchen flüchtige, nur während der Programmausführung existierende Objekte permanent sicherzustellen sind (Abb. 3.3.2). Welchen Anforderungen ooDBMS zu genügen haben, ist einem viel beachteten, von zahlreichen Autoren verfassten Manifest zu entnehmen[2]. Danach ist ein ooDBMS ein Datenbanksystem, welches an seiner Schnittstelle ein objektorientiertes Datenmodell (ooDM) anbietet. Dieses unterstützt seinerseits ein Objektkonzept, in welchem unter anderem die in den vorangehenden Abschnitten diskutierten

[1] Beispielsweise wurden die in diesem Buche gezeigten Coad/Yourdon-Diagramme allesamt mittels OOATool(tm) von OBJECT INTERNATIONAL, INC., Austin, Texas, USA und die Booch-Diagramme mittels *Rational Rose* von RATIONAL Object-Oriented Software Engineering, Santa Clara, CA 95051 erstellt.

[2] Atkinson M., Bancilhon F., DeWitt D., Dittrich K., Maier D., Zdonik S.: The Object-Oriented Database System Manifesto. Proc. of the First International DOOD Conference. Kim, Nicolas, Nishio (eds.), Kyoto, 1989

Prinzipien wie *Objektidentität, Kapselung, Klassenbildung, Vererbung, Polymorphismus, Überschreibung von Methoden* zum Tragen kommen. Zu Recht fordern die Autoren eines "Gegenmanifests", dass darüber hinaus auch die typischen Konzepte konventioneller DBMS wie *dauerhafte Verwaltung grosser, integrierter Datenbestände, Mehrbenutzerbetrieb, Konsistenz- und Verlustsicherung, Datenunabhängigkeit, Verteilung, Wiederanlaufunterstützung, Direktanfragemöglichkeiten* anzubieten seien[1].

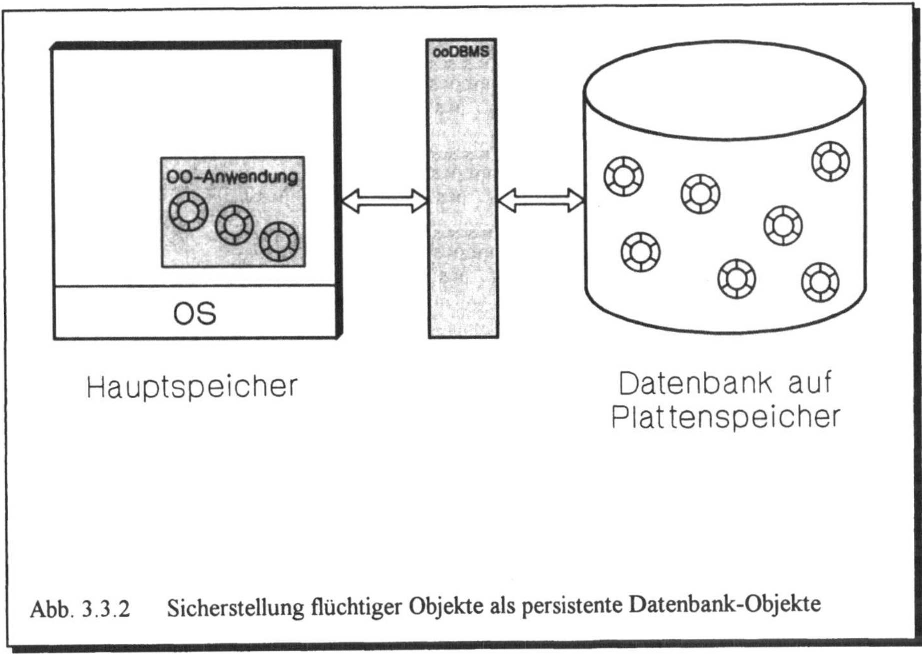

Abb. 3.3.2 Sicherstellung flüchtiger Objekte als persistente Datenbank-Objekte

Auch wenn objektorientierte Datenbankmanagementsysteme (ooDBMS) als Symbiose von klassischen Datenbankkonzepten und von objektorientierten Prinzipien seit etwa Mitte der achtziger Jahre Gegenstand intensiver Forschung sind und daraus mittlerweile auch entsprechende Produkte resultierten, sind diese - um mit Worten von Prof. K. Dittrich zu sprechen - *"noch nicht reif, um generell die Bastionen der heutigen Datenbanktechnologie auf breiter Front zu erstürmen"*[2]. Aus dieser Optik ist zu begrüssen, dass konventionelle CASE-

[1] Committee for Advanced DBMS Functionality: Third-generation database system manifesto. ACM SIGMOD Record 19 (1990)

[2] Dittrich K.: Objektorientierte Datenbanksysteme: Konzepte, Nutzen und Positionierung. In: Wirtschaftsinformatik in Forschung und Praxis, Hrsg. Curth M., Lebsanft E., Carl Hanser Verlag München, 1992

Tools, welche die Funktionalitäten tradierter DBMS nutzen, mehr und mehr auch Prinzipien objektorientierter Art unterstützen. Von diesen Tools sei nachstehend die Rede[1].

Interessant ist zunächst, dass mit neueren Versionen konventioneller CASE-Tools neben den klassischen *Beziehungsstrukturen* nunmehr auch *Vererbungsstrukturen* zu unterstützen sind. Dabei wird entsprechend Abb. 3.3.3 den bei der Generalisierung bzw. Spezialisierung zu unterscheidenden, in Abschnitt 2.3 diskutierten Fälle mit entsprechenden Notationen vollumfänglich Rechnung getragen.

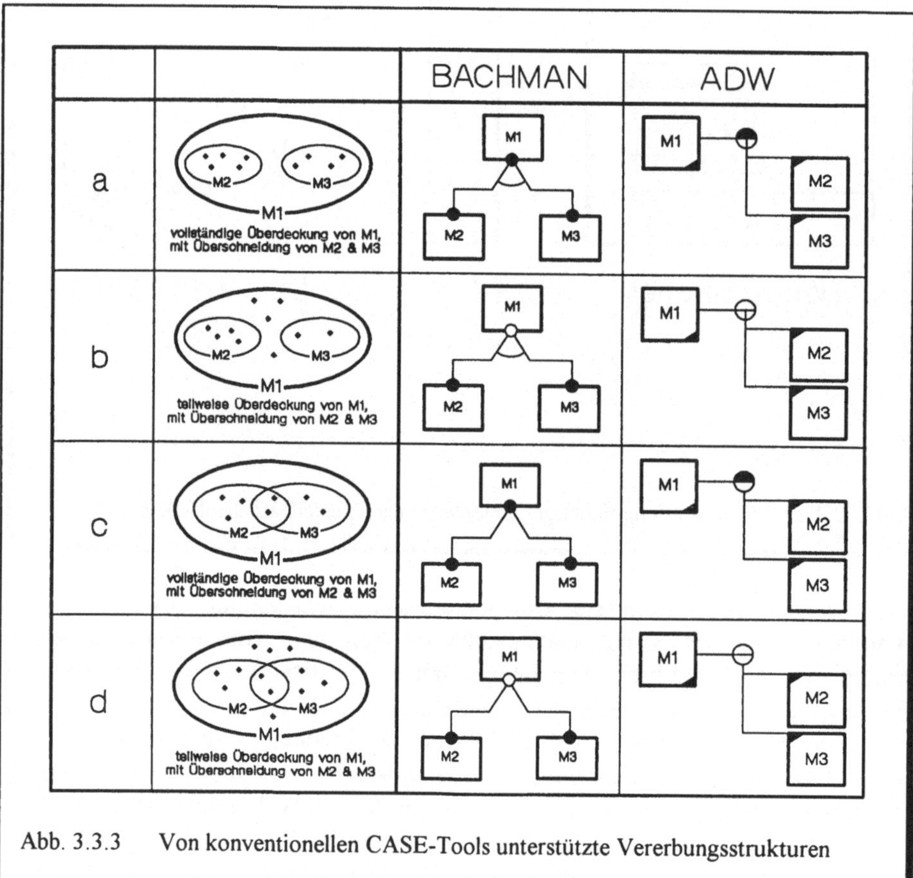

Abb. 3.3.3 Von konventionellen CASE-Tools unterstützte Vererbungsstrukturen

[1] Wir beschränken uns auf folgende Tools: ADW (Application Development Workbench) von KnowledgeWare, Inc. und BACHMAN/Analyst von Bachman Information Systems, Inc.

Sodann unterstützen klassische CASE-Tools neuerdings auch die für die Objektorientierung typische Koppelung von Funktionen und Daten. Abb. 3.3.4 illustriert, wie man sich diesen Sachverhalt vorzustellen hat. Zu erkennen ist, dass für Entitätsmengen und Beziehungsmengen *Variable* (*Attribute*), *Methoden* sowie *ableitbare Variable* zu deklarieren und in einem Repository zu versorgen sind. Zur Erinnerung:

- *Variable* (*Attribute*) betreffen Daten, die für eine Entitätsmenge bzw. Beziehungsmenge zu speichern sind
- *Methoden* betreffen Funktionen, mit welchen Daten von Entitätsmengen und Beziehungsmengen zu verarbeiten sind
- *Ableitbare Variable* betreffen nicht gespeicherte Daten, die aus anderweitigen Daten abzuleiten sind (beispielsweise ist das Alter einer Person aus dem Geburtsdatum und dem aktuellen Datum abzuleiten)

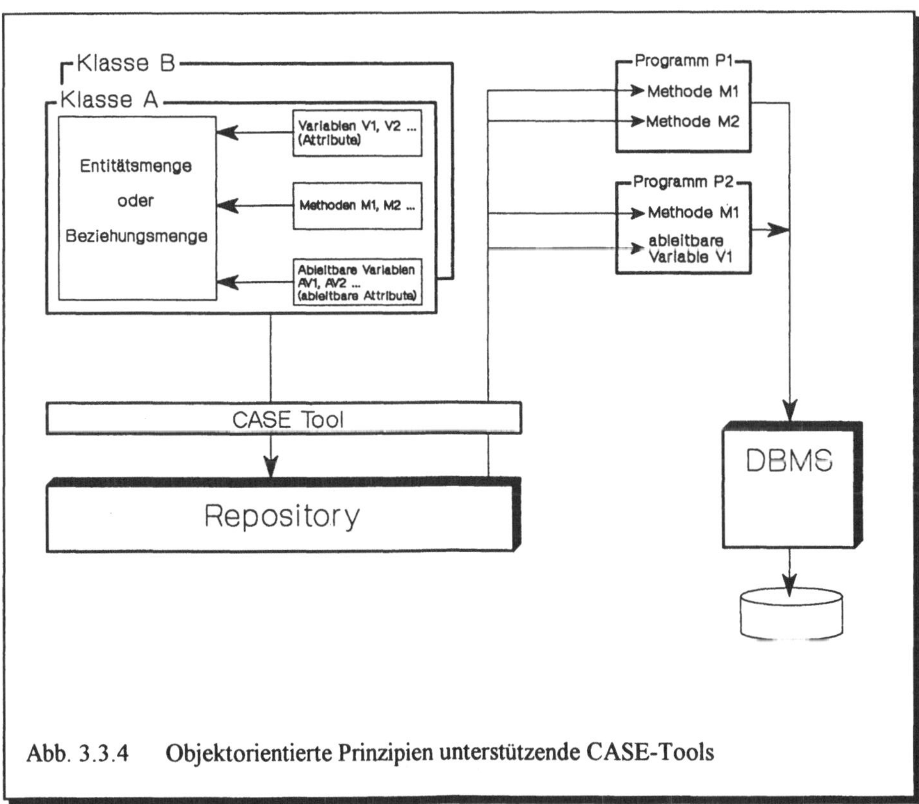

Abb. 3.3.4 Objektorientierte Prinzipien unterstützende CASE-Tools

Selbstverständlich vermag ein CASE-Tool auch zu gewährleisten, dass sich der Anwendungsentwickler im Repository zurechtfindet und geeignete Methoden per "Mausklick" in Programme integrieren kann.

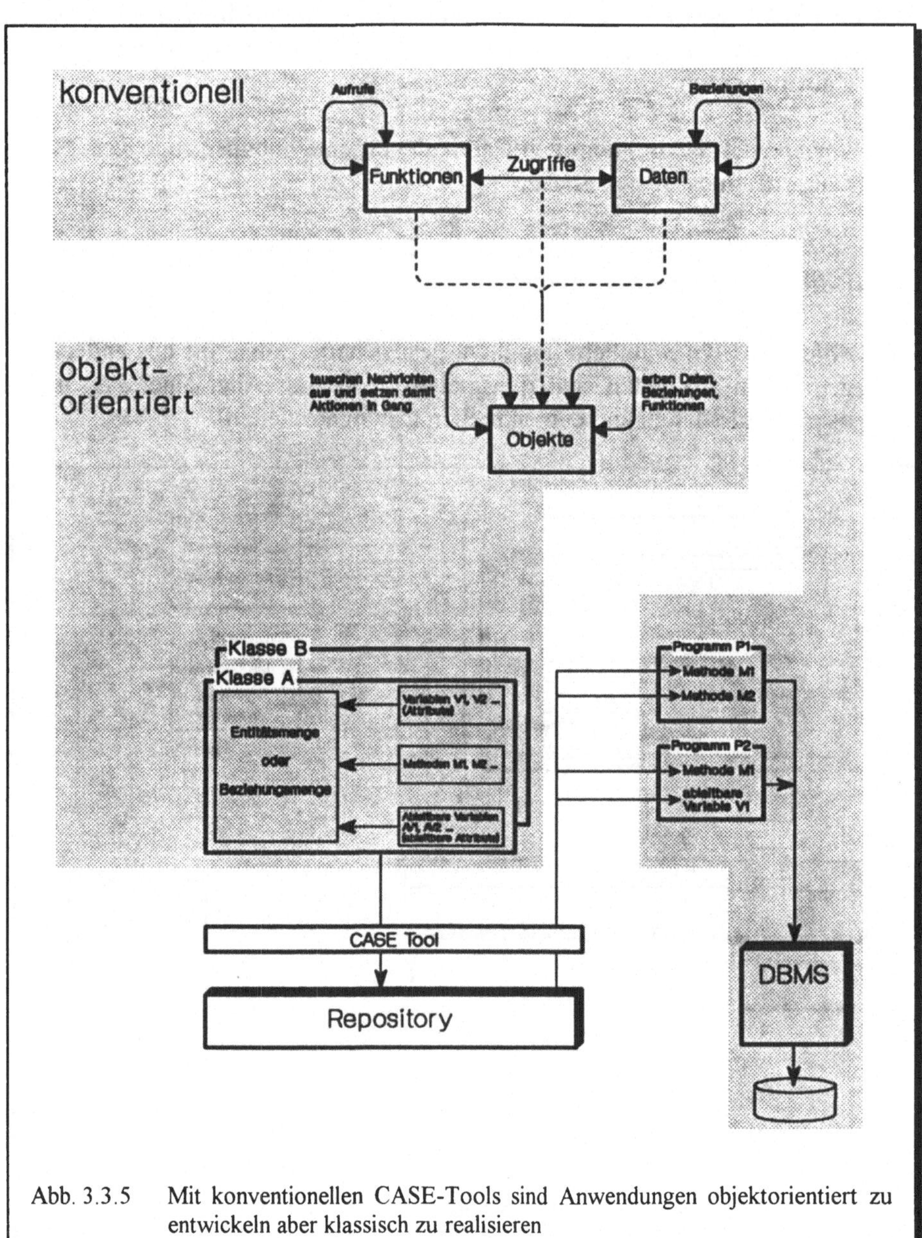

Abb. 3.3.5 Mit konventionellen CASE-Tools sind Anwendungen objektorientiert zu entwickeln aber klassisch zu realisieren

Zu beachten ist, dass das diskutierte Vorgehen zwar eigentliche Klassen (also Entitätsmengen bzw. Beziehungsmengen mit zugehörigen Attributen und darauf operierenden Methoden) im Sinne des objektorientierten Ansatzes zu deklarieren erlaubt, den realisierten Programmen aber nach wie vor ein klassisches Muster zugrunde liegt (Funktionen und Daten sind getrennt). Mit andern Worten: Man denkt entsprechend Abb. 3.3.5 bei der Entwicklung von Anwendungen in *objektorientierten Dimensionen*, realisiert aber in Ermangelung objektorientierter Datenbankmanagementsysteme (ooDBMS) in konventioneller Art.

Wir illustrieren unsere Aussagen im folgenden anhand eines Beispiels und konzentrieren uns zu diesem Zweck auf das in Abschnitt 2.5 diskutierte Buchungsproblem einer Bank, fassen diesmal aber entsprechend Abb. 3.3.6 die Mengen KONTO und BUCHUNG nicht als Klassen, sondern als Entitätsmenge bzw. Beziehungsmenge auf.

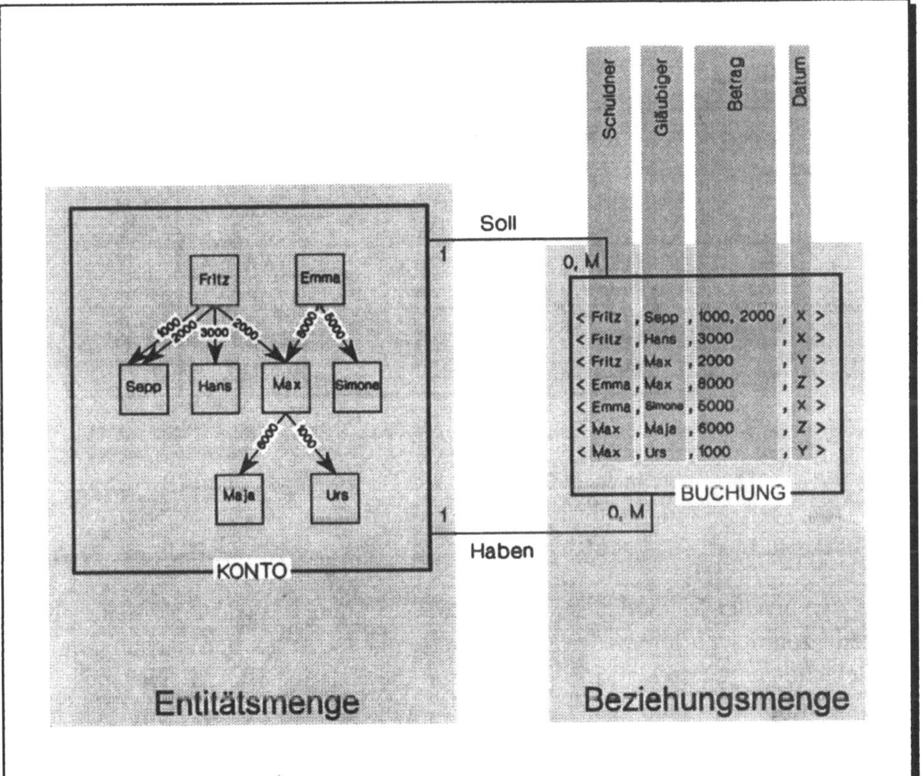

Abb. 3.3.6 Buchungsproblem einer Bank, dargestellt mittels Entitätsmenge und Beziehungsmenge

Für die Speicherung der Daten stehe ein relationales Datenbankmanagementsystem zur Verfügung. Die Mengen KONTO und BUCHUNG repräsentieren wir mit den in Abb. 3.3.7 gezeigten Relationen KONTO sowie BUCHUNG.

KONTO	KONTO#	SALDO ...
	Fritz	10'000
	Emma	20'000
	Sepp	80'000
	Hans	15'000
	Max	12'000
	Simone	10'000
	Maja	97'000
	Urs	66'000

BUCHUNG	SOLL.KONTO#	HABEN.KONTO#	BETRAG	DATUM
	Fritz	Sepp	2000.-	X
	Fritz	Hans	3000.-	Y
	Fritz	Max	2000.-	Y
	Emma	Max	8000.-	Z
	Emma	Simone	5000.-	Z
	Max	Maja	6000.-	Q
	Max	Urs	1000.-	R

Abb. 3.3.7 Der Entitätsmenge KONTO und der Beziehungsmenge BUCHUNG entsprechende Relationen

Mittels geeigneter Methoden sei nun zu gewährleisten, dass der Saldo eines Kunden jederzeit der Differenz der aufsummierten Gutschriften und der aufsummierten Belastungen entspricht. Ein Einschub in die Relation BUCHUNG muss also zwangsläufig zur Folge haben, dass der transferierte Betrag dem Schuldner belastet und dem Gläubiger gutgeschrieben wird. Zuvor ist aber zu prüfen, ob der Saldo des Schuldners ausreicht, den zu transferierenden Betrag zu decken.

Abb. 3.3.8 zeigt die Service-Charts der Methoden KORREKTER-SALDO sowie TRANSAKTION. Erstere betrifft die Entitätsmenge KONTO und prüft, ob der

Saldo des Schuldners den zu transferierenden Betrag deckt. Ist dies nicht der Fall, so wird die Meldung *"Saldo ungenügend"* zurückgegeben. Ist der zu transferierende Betrag aber gedeckt, so wird der Saldo des Schuldners und jener des Gläubigers nachgeführt und die Methode TRANSAKTION aktiviert. Letztere betrifft die Beziehungsmenge BUCHUNG und bewirkt einen die Transaktion reflektierenden Einschub.

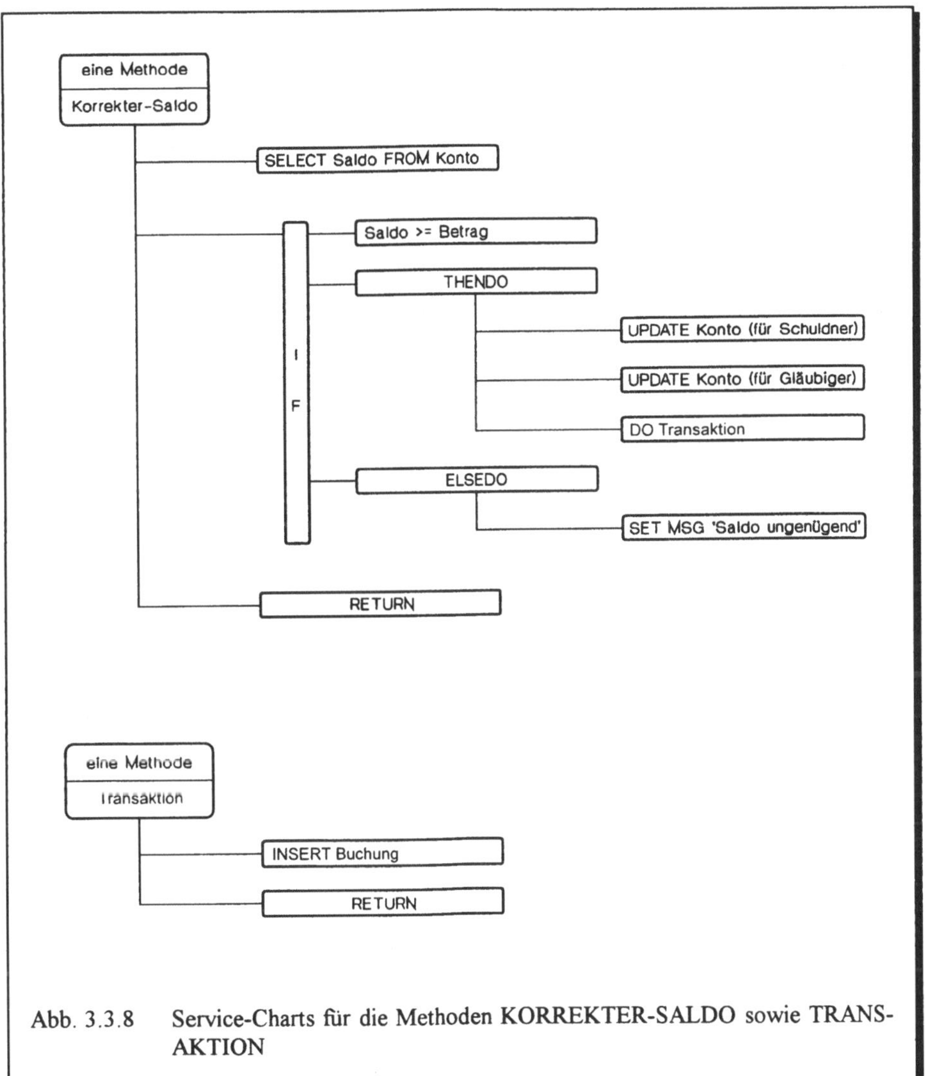

Abb. 3.3.8 Service-Charts für die Methoden KORREKTER-SALDO sowie TRANSAKTION

Abb. 3.3.9 kombiniert in etwas ungewöhnlicher Weise das Ablaufszenario und das Interface der Methoden KORREKTER-SALDO sowie TRANSAKTION.

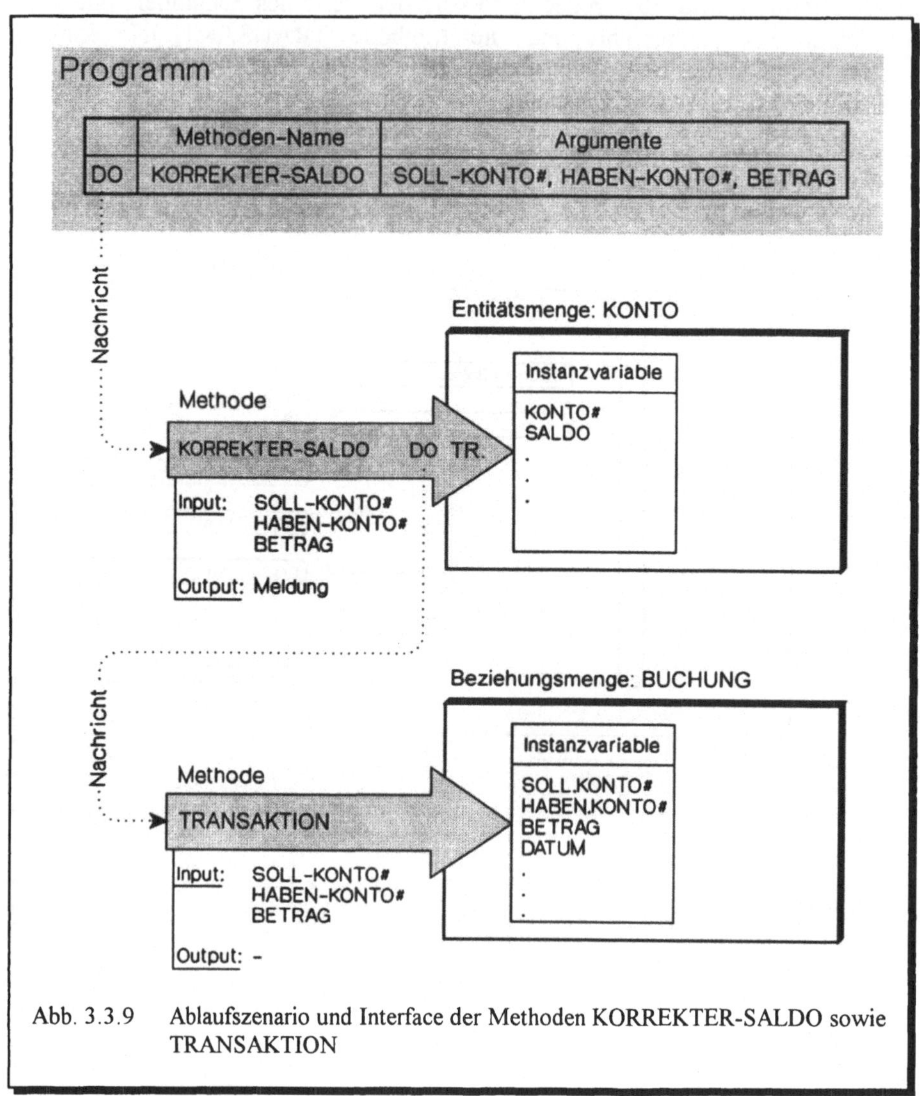

Abb. 3.3.9 Ablaufszenario und Interface der Methoden KORREKTER-SALDO sowie TRANSAKTION

Schliesslich ist Abb. 3.3.10 die Spezifikation der Methode KORREKTER-SALDO und Abb. 3.3.11 jene der Methode TRANSAKTION in der Notation von BACHMAN/Analyst zu entnehmen.

```
METHOD 'KONTO'.'KORREKTER-SALDO'
(INPUT 'SOLL-KONTO#', 'HABEN-KONTO#', 'BETRAG'
 OUTPUT 'MSG')
   SELECT 'KONTO'.'SALDO' FROM 'KONTO'
      WHERE 'KONTO'.'KONTO#' = 'SOLL-KONTO#'
   END SELECT
   IF 'KONTO'.'SALDO' >= 'BETRAG'
      THEN
         UPDATE 'KONTO'
            SET 'KONTO'.'SALDO' = 'KONTO'.'SALDO' - 'BETRAG'
            WHERE 'KONTO'.'KONTO#' = 'SOLL-KONTO#'
         END UPDATE
         UPDATE 'KONTO'
            SET 'KONTO'.'SALDO' = 'KONTO'.'SALDO' + 'BETRAG'
            WHERE 'KONTO'.'KONTO#' = 'HABEN-KONTO#'
         END UPDATE
         DO 'BUCHUNG'.'TRANSAKTION'
         (INPUT 'SOLL-KONTO#', 'HABEN-KONTO#', 'BETRAG'
         END DO
      ELSE
         SET 'MSG' = 'Saldo ungenügend'
   END IF
   RETURN
END
```

Abb. 3.3.10 Spezifikation der Methode KORREKTER-SALDO (Notation gemäss BACHMAN/Analyst)

```
METHOD 'BUCHUNG'.'TRANSAKTION'
(INPUT 'SOLL-KONTO#', 'HABEN-KONTO#', 'BETRAG')
   INSERT 'BUCHUNG' 'BUCHUNG'.'SOLL.KONTO#',
      'BUCHUNG'.'HABEN.KONTO#', 'BUCHUNG'.'BETRAG',
      'BUCHUNG'.'DATUM'
      VALUES 'SOLL-KONTO#', 'HABEN-KONTO#', 'BETRAG',
      SYSDATE
   END INSERT
   RETURN
END
```

Abb. 3.3.11 Spezifikation der Methode TRANSAKTION (Notation gemäss BACHMAN/Analyst)

Neben Vererbungsstrukturen und der Möglichkeit, Daten und Funktionen zu koppeln, bieten CASE-Tools konventioneller Art neuerdings auch Unterstützung bei der Gestaltung von graphischen Oberflächen (Graphical User Interfaces - GUI) an. Zu diesem Zwecke werden systemspezifische Funktionalitäten wie

- Vergrösserung bzw. Verkleinerung von Fenstern
- Menüleisten mit Pulldown-Menüs
- abrufbare Pop-up-Menüs
- Dialogboxen
- verschiedenartige Knöpfe und Schieber

zur Verfügung gestellt. Diese systemspezifischen Funktionalitäten sind mit Funktionalitäten firmenspezischer Art wie

- Präsentation des Firmenlogos
- Präsentation der Adresse
- Präsentation des Datums und der Uhrzeit

zu ergänzen. Abb. 3.3.12 illustriert, dass die genannten Funktionalitäten in Form einer Baumstruktur nach Ein-/Ausgabemedium geordnet zur Verfügung stehen.

Je nach dem, wo Auswertungen in Erscheinung treten sollen bzw. Eingaben zu erfassen sind, stehen Funktionalitäten für *Non Programmable Terminals (NPT)*, für *Graphical User Interfaces (GUI)*, für *Drucker*, etc. zur Verfügung.

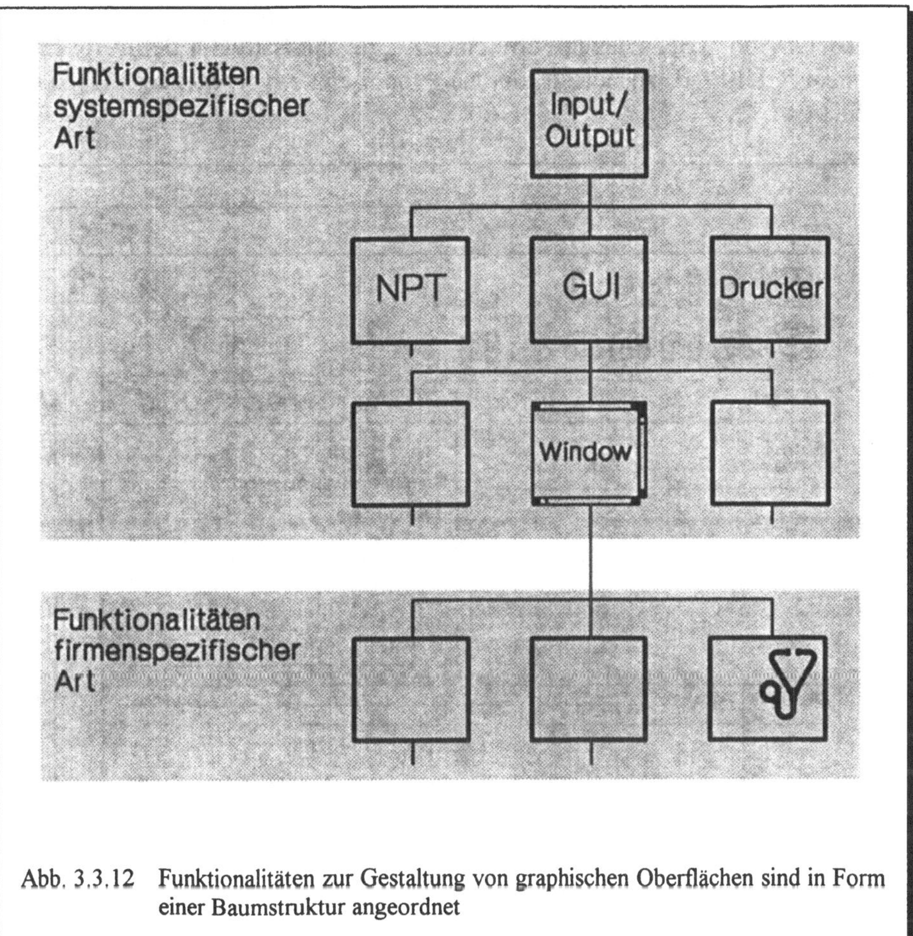

Abb. 3.3.12 Funktionalitäten zur Gestaltung von graphischen Oberflächen sind in Form einer Baumstruktur angeordnet

Mit der Baumstruktur ist angedeutet, dass die Funktionalitäten von oben nach unten vererbt werden. Dies macht man sich bei der Erstellung von Auswertungs- bzw. Erfassungsprogrammen zunutze, indem man jenen Hierarchiepfad ergänzt, der insgesamt am ehesten die für die Ergebnissermittlung erforderlichen Funktionalitäten anbietet. Was die angesprochene Ergänzung anbelangt, so ist in der Regel nur anzumerken, welche Instanzvariablen (Attribute) wo anzuordnen sind.

Am besten illustrieren wir unsere Aussagen anhand eines Beispiels.

Wir unterstellen, dass für unser wiederholt zur Sprache gekommenes *Spitalbeispiel* die in Abb. 3.3.13 gezeigte *Honorarrechnung* zu präsentieren sei. Da für unsere Auswertung GUI-Funktionalitäten von Bedeutung sind, weisen wir entsprechend Abb. 3.3.14 das in Form einer Aggregationsstruktur definierte Ergebnis dem GUI-Pfad zu, damit optimal von bereits vorliegenden Funktionen profitierend.

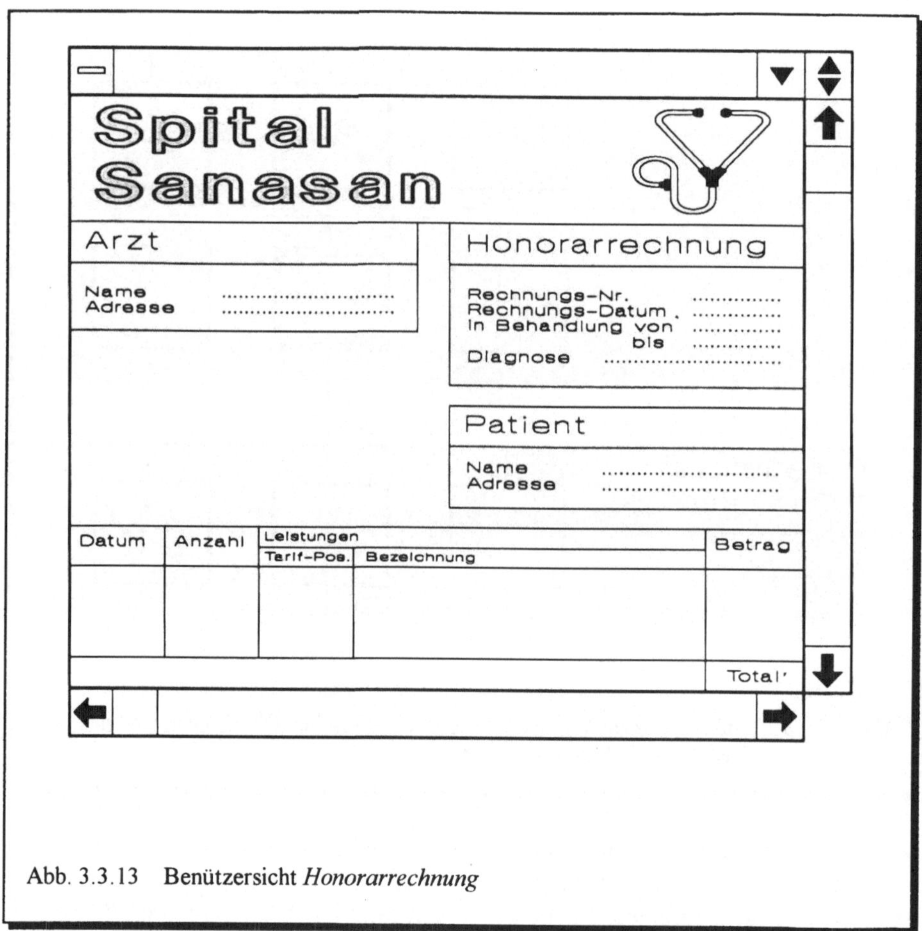

Abb. 3.3.13 Benützersicht *Honorarrechnung*

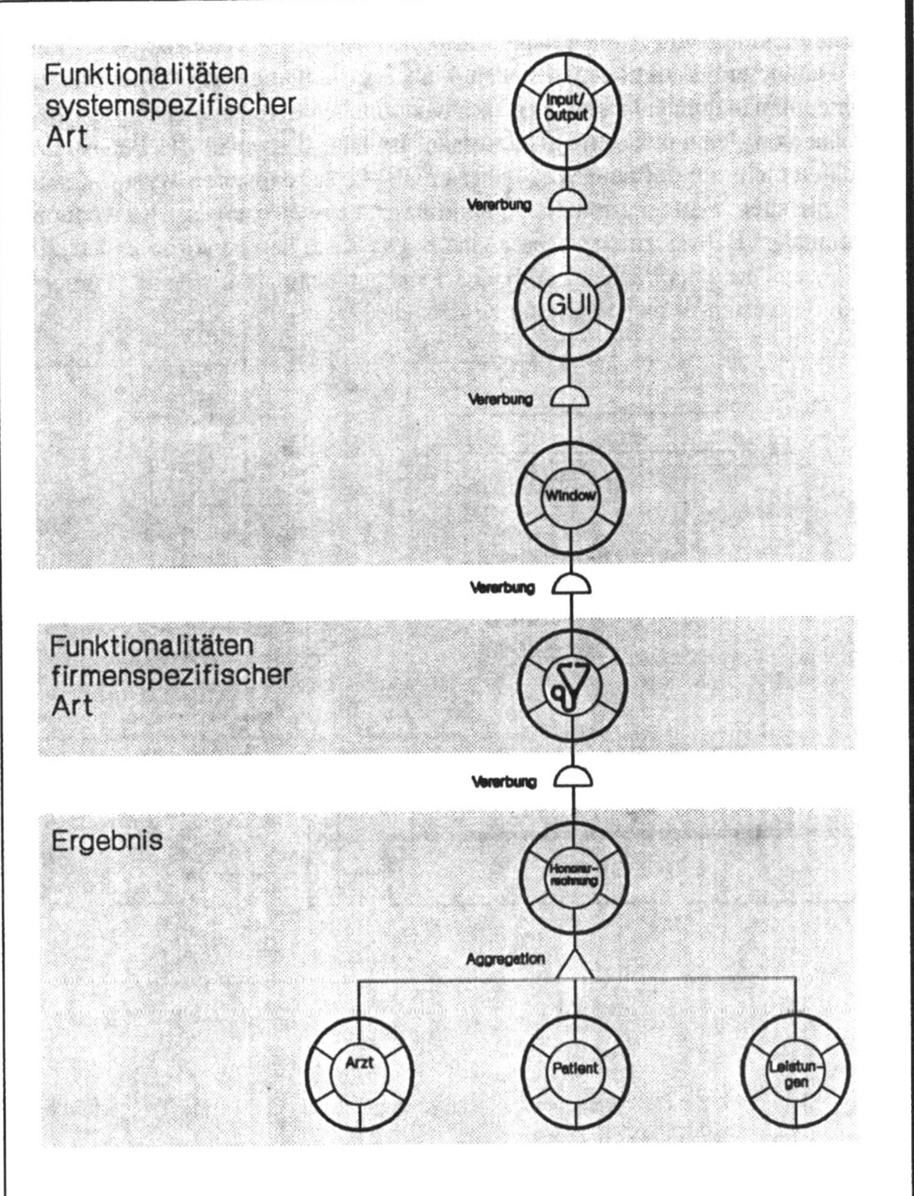

Abb. 3.3.14 Verwendung von durch CASE-Tools zur Verfügung gestellten Funktionalitäten

Fassen wir zusammen: Man denkt - so sagten wir mit Blick auf Abb. 3.3.5 - bei der Entwicklung von Anwendungen in *objektorientierten Dimensionen* (koppelt also Daten und Funktionen), realisiert aber in Ermangelung objektorientierter Datenbankmanagementsysteme in konventioneller Art (speichert also Daten getrennt von den Funktionen). Interessant ist nun, dass man die Persistenz von Objekten nicht nur auf dem Wege über ooDBMS zu realisieren versucht, sondern den gleichen Effekt mittels funktionaler Erweiterungen konventioneller (relationaler) DBMS zu erreichen gedenkt. Die Rede ist von sogenannten *aktiven DBMS*, welche entsprechend Abb. 3.3.15 sogenannte *Assert-* und *Triggerfunktionen* aufweisen. Was ist darunter zu verstehen?

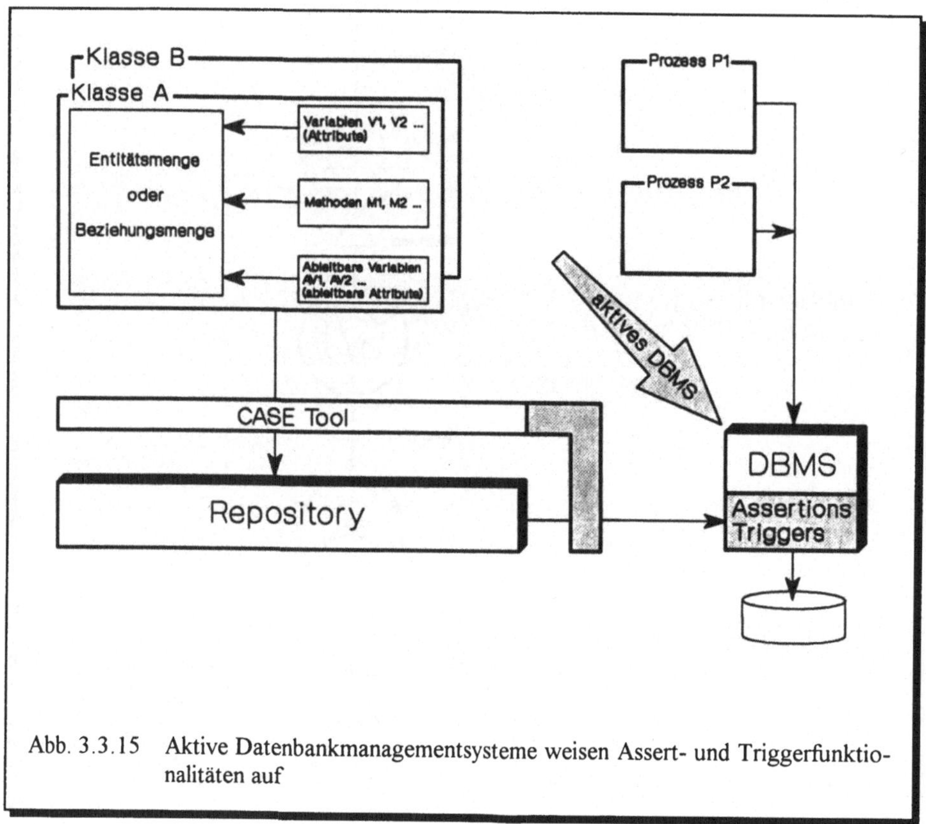

Abb. 3.3.15 Aktive Datenbankmanagementsysteme weisen Assert- und Triggerfunktionalitäten auf

Mit einer *Assertion* (*assert* bedeutet zu deutsch *gewährleiste*) vermag ein Datenbankmanagementsystem die Korrektheit von Objekteigenschaften sicherzustellen. So wäre beispielsweise in Anlehnung an die in Abschnitt 3.2 diskutierte *Class Invariant* mit einer *Assertion* zu gewährleisten, dass der Saldo aller Kontoinhaber jederzeit grösser als 0 zu sein hat. Demgegenüber entspricht ein *Trigger* (zu deutsch: *Auslöser*) einer Prozedur, die beim Eintreffen eines vordefinierten Ereignisses automatisch zur Ausführung gelangt. So wäre beispielsweise in Anlehnung an das in diesem Abschnitt diskutierte Buchungsproblem denkbar, dass die Methoden KORREKTER-SALDO sowie TRANSAKTION bei jeder Buchungsoperation automatisch zur Ausführung gelangen.

Und damit nochmals zurück zu Abb. 3.3.15. Mit der Schattierung ist angedeutet, dass mittels einer Erweiterung heutiger CASE-Tools in Zukunft zu bewirken ist, dass die für Entitäts- und Beziehungsmengen deklarierten Methoden aktiven Datenbankmanagementsystemen direkt in Form von *Assertions* und *Triggers* bekanntzugeben und nicht mehr in Programme aufzunehmen sind.

Im Sinne einer Zusammenfassung sei Prof. K. Dittrich wie folgt zitiert[1]:

- Objektorientierte Datenbanksysteme sind eine technische und marktpräsente Realität und werden sich mittelfristig durchsetzen

- Dabei verdrängen sie relationale Datenbanksysteme jedoch keineswegs; sie dringen vielmehr vorwiegend in Anwendungsgebiete ein, die bislang durch Datenbankdienste schlecht unterstützt werden konnten, und sie werden als Speichermedium für objektorientierte Programmiersysteme dienen

- "Relationale" Datenbanksysteme werden allmählich viele (alle?) der Eigenschaften von ooDBMS adaptieren (und dabei ihre vormalige Identität ziemlich verlieren, ja den Namen "relational" womöglich kaum noch verdienen)

- Einer Integration beider (und weiterer!) Systemarten unter einem "gemeinsamen Dach" kommt daher in Zukunft ganz besondere Bedeutung zu

- Die technischen "Segnungen" der Objektorientierung insgesamt und objektorientierter Datenbanksysteme im besonderen sind nicht gratis erhältlich, sondern erfordern einen entsprechenden organisatorischen und methodischen Rahmen, über dessen genaue Gestaltung heute noch keineswegs ausreichende Kenntnisse vorliegen

- Objektorientierte Konzepte in Datenbanksystemen sind Teil einer generellen Bestrebung, solche (vor allem funktional) leistungsfähiger zu gestalten; man spricht daher auch bereits von "next generation database systems", die

---

[1] Dittrich K.: Objektorientierte Datenbanksysteme. Fachseminar "Datenorganisation", Oracle Institut, München, 1994

allerdings zumindest für den praktischen Einsatz noch einige Zeit auf sich warten lassen werden.

Ob sich schliesslich *aktive* oder *objektorientierte Datenbankmanagementsysteme* durchsetzen oder ob Daten und Funktionen nach konventioneller Art auch in Zukunft zu trennen sein werden, ist solange belanglos, als entsprechend Abb. 3.3.16 CASE-Tools zum Einsatz gelangen, welche die Entwicklung von Anwendungen nach *objektorientierten Gesichtspunkten* unterstützen, die generierten Ergebnisse zu gegebener Zeit aber in dieser oder jener Form zur Verfügung stellen können. So kann man die Vorteile eines objektorientierten Vorgehens auch im klassischen Umfeld - zumindets was die Entwicklung von Anwendungen anbelangt - nutzen und bereitet erst noch einen nahtlosen Übergang auf zukünftige Systeme vor - wie auch immer diese gestaltet sein werden. Was die angesprochenen Vorteile anbelangt, so meint Prof. K. Dittrich[1]:

- Objektorientierte Datenmodelle helfen gerade bei der sachgerechten Modellierung komplexer Anwendungssachverhalte, sowohl hinsichtlich struktureller als auch hinsichtlich verhaltensmässiger (die Verwendung solcher Strukturen betreffender) Aspekte

- Sie versprechen insbesondere, solche Systeme einfacher planen, entwickeln und warten zu können

[1] Dittrich K.: Objektorientierte Datenbanksysteme. Fachseminar "Datenorganisation", Oracle Institut, München, 1994

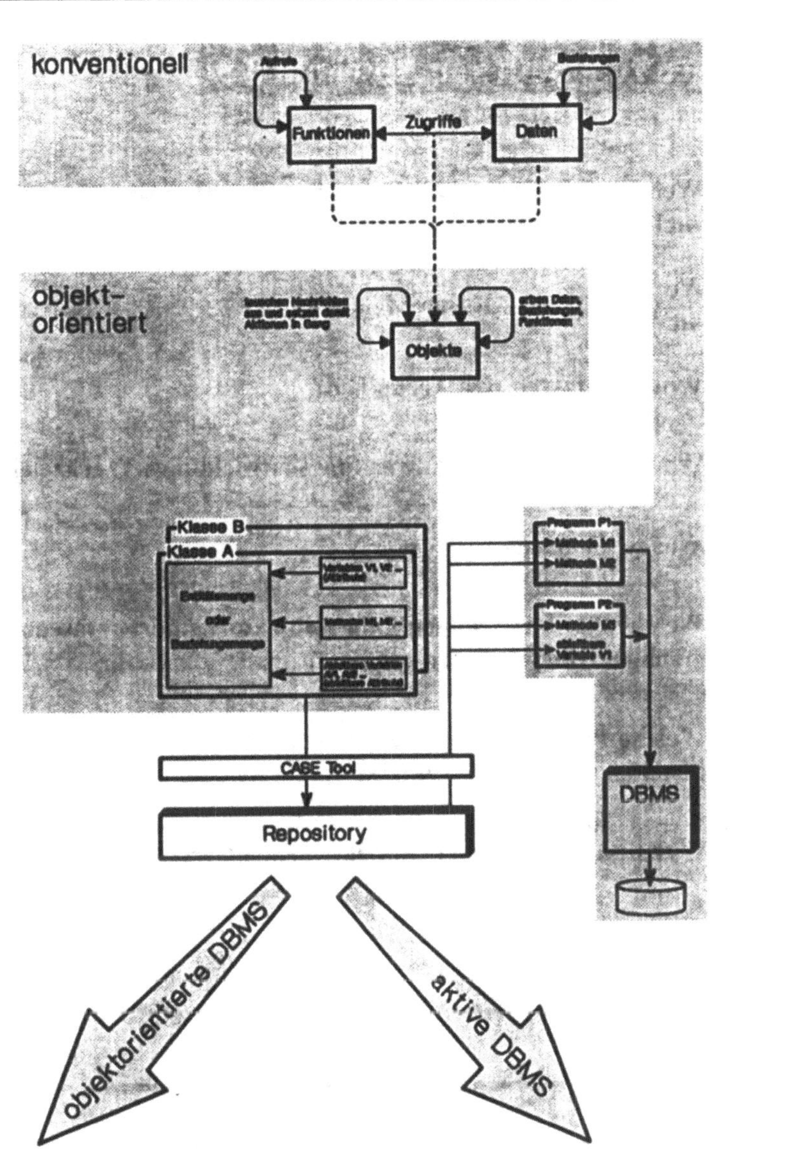

Abb. 3.3.16 Ob sich aktive oder objektorientierte Datenbankmanagementsysteme durchsetzen werden ist belanglos, sofern heute zum Einsatz gelangende CASE-Tools die generierten Ergebnisse zu gegebener Zeit in dieser oder jener Form zur Verfügung stellen können

Fragen zum Stoff von Abschnitt 3.3

1. **Welche Faktoren sind für eine effiziente Anwendungsentwicklung zu beachten?**
2. **Womit befasst sich eine Methode?**
3. **Womit befassen sich Techniken?**
4. **Womit befassen sich Anwendungsentwicklungs-Werkzeuge?**
5. **Was ist *Persistenz*?**
6. **Welchen Anforderungen haben objektorientierte Datenbankmanagementsysteme zu genügen?**
7. **Welche Prinzipien objektorientierter Art werden von konventionellen CASE-Tools unterstützt?**
8. **Was sind aktive Datenbankmanagementsysteme?**
9. **Was ist eine *Assertion*?**
10. **Was ist ein *Trigger*?**

3.4 Client-Server Anwendungen

Steigende Benützerzahlen und exponentiell wachsende Datenbestände zwingen mehr und mehr zur Dezentralisierung der Datenverarbeitung und damit auch zur Realisierung von *kooperativen Anwendungen* (*Client-Server Anwendungen*). Dabei übernehmen entsprechend Abb. 3.4.1 vernetzte Grossrechner in den Zentralen, damit verknüpfte mittelgrosse Rechner in den Abteilungen sowie vor Ort beim Benützer betriebene, programmierbare Arbeitsstationen ganz spezifische Aufgaben. Ziel ist:

- Objekte vorzugsweise dort zu speichern und zu verarbeiten, wo sie am häufigsten gebraucht werden

- Einem berechtigten Benützer unternehmungsrelevante Objekte jederzeit und beliebigenorts zur Verfügung zu stellen, ohne dass der Speicherort der Objekte bekanntzugeben ist

Voraussetzung dafür ist, dass ein sogenannter *Object Request Broker* (*ORB*) im Sinne eines "Maklers" (Vermittlers) den Standort unternehmungsrelevanter Objekte kennt (in Abb. 3.4.1 mit der dunkeln Schattierung angedeutet) und Maschinengrenzen sprengende Anfragen abwickeln - das heisst, an geeignete Server-Objekte weiterleiten kann (im Bilde mit der hellen Schattierung angedeutet). Mit einem *Object Request Broker* (*ORB*) ist einem Benützer also der Eindruck einer kompakten, homogenen Daten- (Objekt-) Basis zu vermitteln, selbst wenn für eine Aufgabe Objekte aus verschiedenen Rechnern anzusprechen sind. Damit geht aber für den Benützer eine drastische Vereinfachung der Verarbeitung einher. Kommt dazu, dass Wechsel des Speicherorts im Netz ohne Programmänderungen möglich sind. Folge davon ist, dass der Wartungsaufwand bei organisatorischen Massnahmen (beispielsweise *Downsizing* der Rechnerwelt) minimal bleibt.

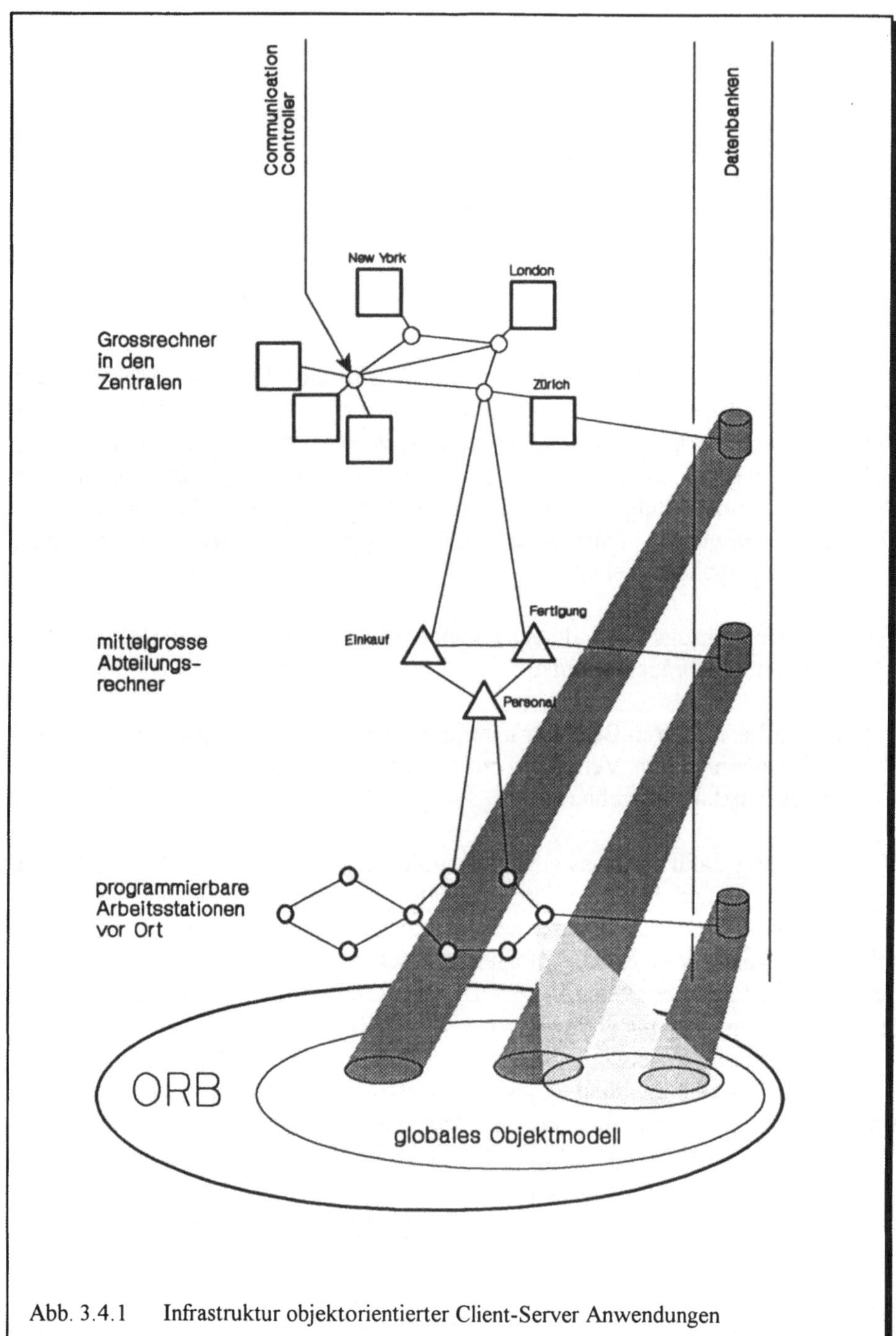

Abb. 3.4.1 Infrastruktur objektorientierter Client-Server Anwendungen

Für *Object Request Broker* (*ORB*) *Architekturen* wurde von der *Object Management Group* (*OMG*) ein *Common Object Request Broker Architecture* (*CORBA*) genannter Standard entwickelt und im Jahre 1992 veröffentlicht[1]. Die *Object Management Group* (*OMG*) selber ist eine internationale Non-profit-Organisation, welcher über 330 namhafte Systemhersteller, Softwarehäuser und Benutzer angehören (siehe Abb. 3.4.2).

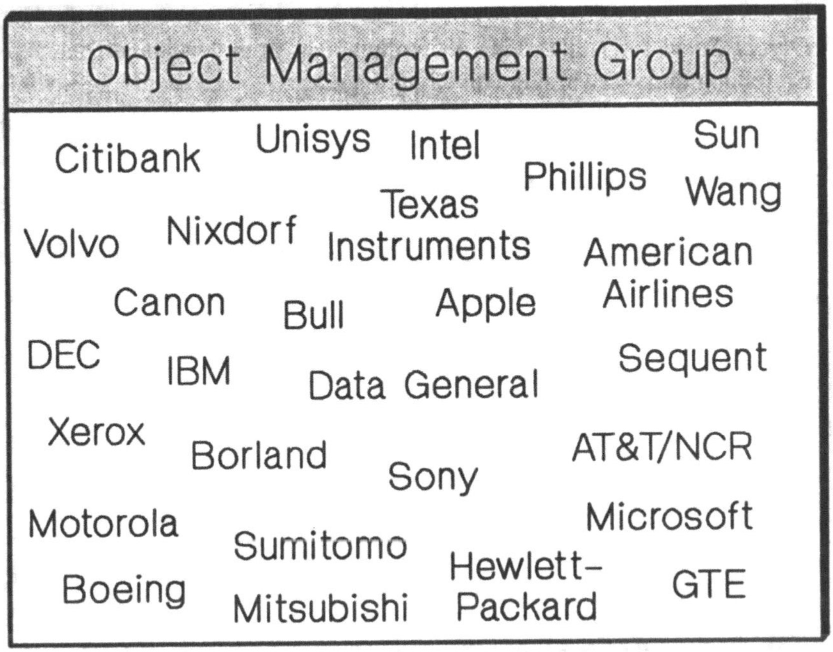

Object Management Group

Citibank
Unisys
Intel
Sun
Phillips
Wang
Texas Instruments
Volvo
Nixdorf
American Airlines
Canon
Bull
Apple
DEC
IBM
Data General
Sequent
Xerox
Borland
Sony
AT&T/NCR
Motorola
Sumitomo
Microsoft
Hewlett-Packard
Boeing
Mitsubishi
GTE

Abb. 3.4.2 Einige Mitglieder der *Object Management Group* (*OMG*)

Die *Object Management Group* (*OMG*) wurde im Jahre 1989 mit dem Ziel gegründet, Theorie und Praxis der objektorientierten Technologie in der Softwareentwicklung zu promovieren. Ein weiteres Ziel liegt in der Ausarbeitung von Industrienormen sowie von Spezifikationen für die Verwaltung von Objekten. Im Jahre 1990 wurde der *Object Management Architecture Guide* (*OMA Guide*)

---

1 Soley R. (Hrsg.): Object Managament Group: Common Object Request Broker Architecture and Specification. Framingham, Mass., 1992

und damit die Grundlage für die spätere Definition von detaillierten Schnittstellen publiziert.

Abb. 3.4.3 ist zu entnehmen, dass die *Object Management Architecture* folgende Komponenten unterstützt[1]:

- *Object Request Broker* (*ORB*): ist wie oben ausgeführt für die Kommunikation zwischen Objekten zuständig
- *Object Services*: stellen eine Sammlung von grundlegenden Diensten zur Erstellung und Verwaltung von Objekten dar
- *Common Facilities*: repräsentieren eine Sammlung von Klassen und Objekten mit nützlichen Diensten für viele Anwendungen
- *Application Objects*: repräsentieren die Objekte der Benutzerapplikationen

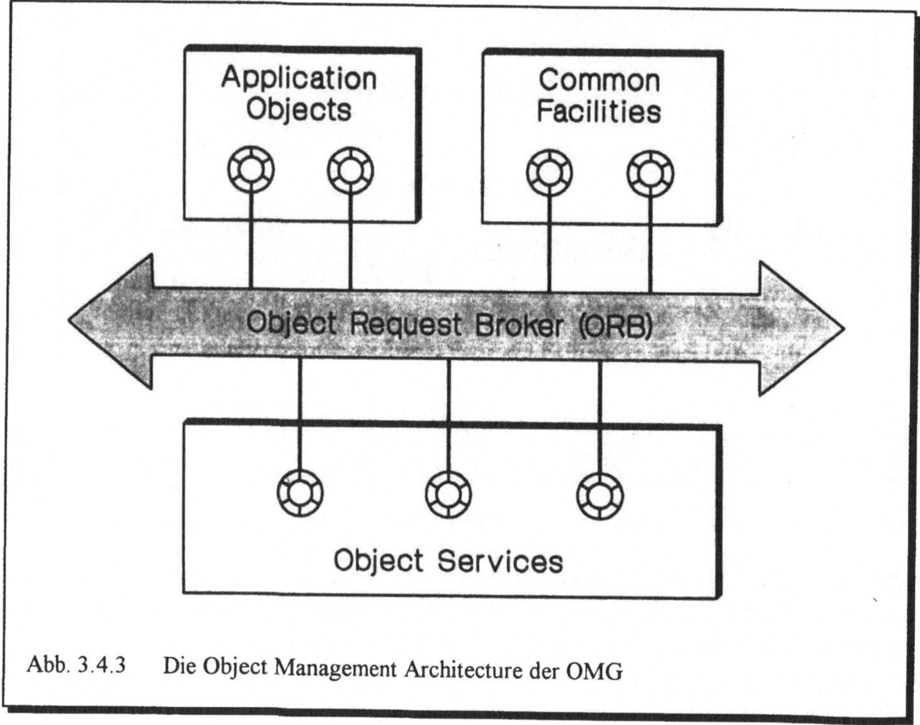

Abb. 3.4.3 Die Object Management Architecture der OMG

[1] Detaillierte Informationen sind anzufordern bei: Object Management Group, 2 Bell Road, Hounslow, Middlesex TW3 3NN, United Kingdom

Warum bieten sich eigentlich objektorientierte Prinzipien für die Realisierung von Client-Server Anwendungen geradezu an?

Abb. 3.4.4 erinnert daran, dass kommunizierende Objekte eine von zwei der nachstehend aufgeführten Rollen übernehmen können:

- *Client* (man sagt auch: *Kunden-Objekt, customer, Auftraggeber, Sender*)
- *Server* (man sagt auch: *Anbieter-Objekt, supplier, Auftragnehmer, Empfänger*)

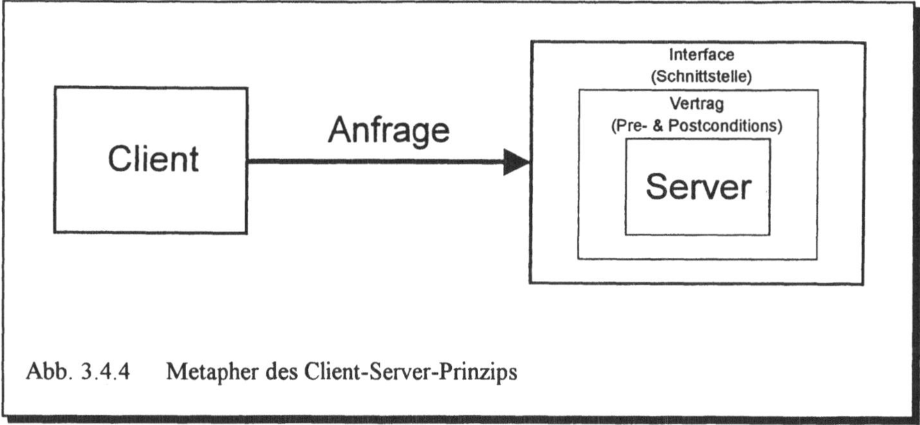

Abb. 3.4.4 Metapher des Client-Server-Prinzips

Wichtig ist, dass es sich sowohl beim Client wie auch beim Server um eigenständige, abgekapselte Einheiten handelt, die durchaus auf unterschiedlichen Maschinen zu implementieren sind. Die Einheiten vermögen durch Austausch von Nachrichten miteinander zu kommunizieren. Im einfachen Fall wird das Senden einer Nachricht als Aufruf einer Prozedur abgewickelt, während im komplizierteren Fall - etwa wenn die kommunizierenden Objekte auf unterschiedlichen Maschinen vorzufinden sind - Interprozess-Kommunikations-Mechanismen zum Zuge kommen.

Die Verlässlichkeit der Kommunikation wird einerseits aufgrund klar definierter Schnittstellen und andrerseits aufgrund von Verträgen gewährleistet. Ein Vertrag regelt die zwischen Client- und Server-Objekten abzuwickelnden "Geschäftsvorfälle". So darf ein Client-Objekt nur vereinbarte Dienstleistungen anfordern, und muss das Server-Objekt eine Anfrage durch geeignete Dienstleistungen beantworten. Zum Vertrag gehören auch die optionalen Pre- und Postconditions. Preconditions binden das Client-Objekt, indem sie festlegen, ob die Anforderung eines Dienstes im Sinne des Vertrags möglich ist. Demgegenüber binden Postconditions die Server-Objekte, indem sie festlegen, in welchem Zustand sich das Server-Objekt nach erbrachter Dienstleistung befindet. Zu erwähnen sind auch Class Invariants - Bedingungen nämlich, die für die ganze Dauer einer Anfrage erfüllt sein müssen. Wesentlich ist, dass die Prüfung des Objektzustands im die Leistung erbringenden Objekt fixiert ist und mit jeder Service- Anforderung zur Abwicklung gelangt[1].

Fragen zum Stoff von Abschnitt 3.4

1. **Welche Ziele verfolgt man mit der Dezentralisierung der Datenverarbeitung?**
2. **Wofür ist der *Object Request Broker* (*ORB*) zuständig?**
3. **Welche Vorteile resultieren aus dem Umstand, dass die Maschinengrenzen für den Benützer transparent sind?**
4. **Welche Ziele verfolgt die *Object Management Group* (*OMG*)?**
5. **Welche Komponenten liegen der *Object Management Architecture* zugrunde?**
6. **Warum bieten sich objektorientierte Prinzipien für die Realisierung von Client-Server Anwendungen geradezu an?**

[1] Dem dargelegten Vertragskonzept trägt das in Abschnitt 2.2 erwähnte, *responsibility-driven-design* genannte Vorgehen von Rebecca Wirfs-Brock am deutlichsten Rechnung. Siehe auch:

Wirfs-Brock R., Wilkerson B., Wiener L.: Objektorientiertes Software-Design, Hanser, 1993, ISBN 3-446-16319-0

3.5 Übungen zum Stoff von Kapitel 3

3.1 Man erstelle ein Ablaufszenario (Objektdiagramm) für das in Abschnitt 3.1 diskutierte *Bibliotheksbeispiel* für den Fall, dass ein Kunde ein Buch zurückbringt.

3.2 Man erweitere das OO-Diagramm für das in Abschnitt 3.1 diskutierte *Bibliotheksbeispiel* so, dass neue Bücher aufzunehmen sind. Wie sieht das entsprechende Ablaufszenario aus?

3.3 Man definiere einige Schnittstellen für das in Abschnitt 3.1 diskutierte *Bibliotheksbeispiel*.

3.4 Man definiere für einige Methoden der in Abb. 3.5.1 gezeigten Klasse KONTO Schnittstellen und Aktionen.

3.5 Man definiere ein Objektstatusdiagramm und eine Statusübergangstabelle, die das Verhalten einer Parkhausschranke reflektieren.

3.6 Man definiere ein Objektstatusdiagramm und eine Statusübergangstabelle für einen einfachen Bankautomaten. Dieser soll die Kundenkarte entgegennehmen und verifizieren, den Sicherheitscode (PIN) entgegennehmen und verifizieren, je nach Wahl des Kunden eine Einzahlung oder Auszahlung vornehmen und die Kundenkarte nach Abschluss der Transaktion retournieren.

3.7 Man beschreibe den eigenen Tagesablauf mit einem Objektstatusdiagramm.

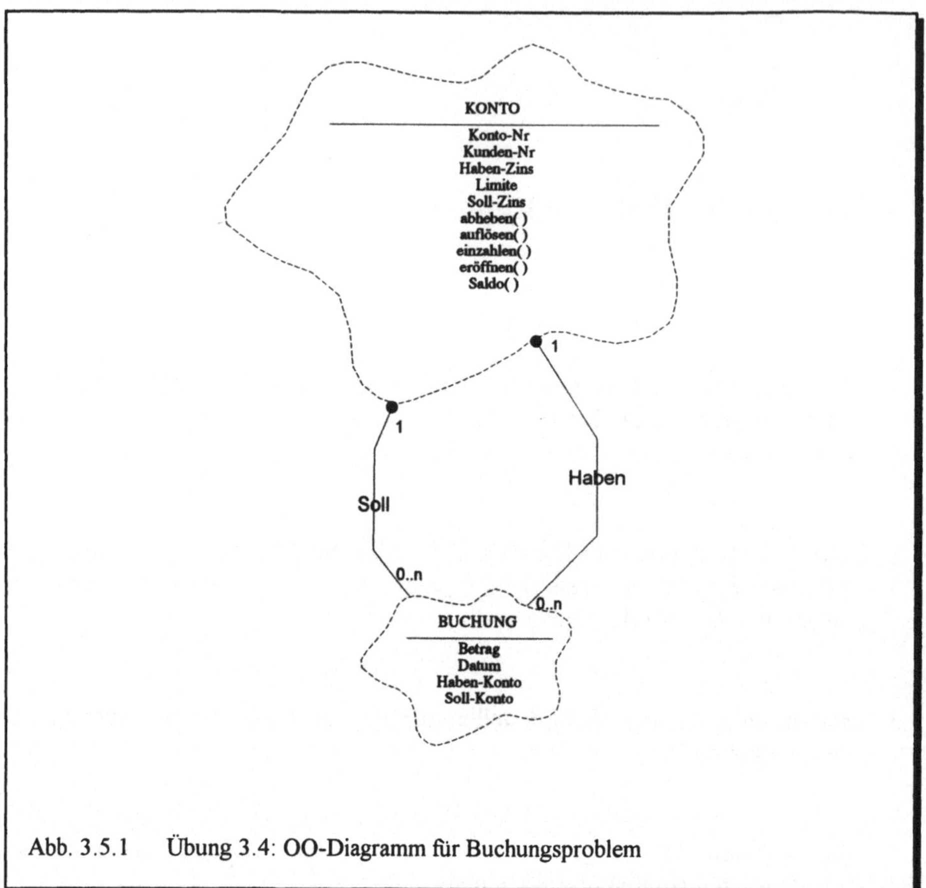

Abb. 3.5.1 Übung 3.4: OO-Diagramm für Buchungsproblem

4. Ganzheitliche Anwendungsentwicklung

Im vorliegenden Kapitel wird dargelegt, wie die diskutierten Prinzipien im Rahmen eines ganzheitlichen Vorgehens zur Anwendung gelangen können. *Ganzheitlich* bedeutet, dass die Entwicklung von Anwendungen *kooperativ* - also mit Beteiligung von Führungskräften, Sachbearbeitern und Informatikern - erfolgt, und dass die entwickelten Lösungen allesamt in ein von der Geschäftsleitung verabschiedetes, von den Unternehmungszielen abgeleitetes Gesamtkonzept passen. Im Vorwort wurde bereits angedeutet, dass das Vorgehen nicht in jedem Fall angebracht ist. Für Wirtschafts- und Verwaltungsprobleme ausgelegt, orientiert sich das Vorgehen in erster Linie an den im Rahmen einer Anwendung zu produzierenden Ergebnissen (d.h. Bildschirmausgaben, Listen, Formularen, Belegen, etc.).

Zur Gliederung: In Abschnitt 4.1 konzentrieren wir uns zunächst auf den organisatorischen Rahmen und damit auf eine für ein ganzheitliches Vorgehen unabdingbare Voraussetzung. Das Vorgehen selber kommt in Abschnitt 4.2 zur Sprache. Wie gewohnt, runden Fragen zum Stoff das Kapitel ab.

4.1 Der organisatorische Rahmen

Wir haben in Abschnitt 3.3 zur Kenntnis genommen, dass *"die technischen Segnungen der Objektorientierung nicht gratis erhältlich sind, sondern einen entsprechenden organisatorischen und methodischen Rahmen erfordern, über dessen Gestaltung heute noch keineswegs ausreichende Kenntnisse vorliegen"*[1].

Wenn auch zuzugeben ist, dass hinsichtlich eines geeigneten organisatorischen und methodischen Rahmens noch viele Fragen offen stehen, so gelten inzwischen einige Erkenntnisse doch als gesichert. Zu deren Verständnis wollen wir uns anhand von Abb. 4.1.1, wie im objektorientierten Umfeld neue Programme entstehen. Zu erkennen ist, dass einer Bibliothek zunächst nach Möglichkeit existierende Klassen entnommen werden. Wo diese nicht ausreichen, werden alsdann existierende Klassen erweitert, bevor mit gänzlich neuen Klassen letzte Lücken geschlossen werden. Man versucht also, bewährtes und zuverlässiges Material möglichst wiederzuverwenden.

Damit das dargelegte Vorgehen auch wirklich funktioniert, sollte die Honorierung der Anwendungsentwickler nicht - wie im klassischen Umfeld üblich - nach Massgabe der produzierten Codezeilen erfolgen, sondern in dem Masse, als bestehende Klassen zur Anwendung gelangen. Hierfür ist aber zu gewährleisten, dass sich der Entwickler im existierenden Klassenangebot zurechtfindet. Umgekehrt muss der Entwickler in der Lage sein, eigene Kreationen in einer für jedermann wiederauffindbaren Weise zu versorgen. Beides - das Zurechtfinden sowohl wie auch das Versorgen - erfordern ein Rahmenwerk, oder wie man im objektorientierten Umfeld zu sagen pflegt: eine *globale Objektarchitektur. Global* bedeutet, dass der Geltungsbereich der Architektur mindestens *anwendungsübergreifender,* besser aber: *unternehmungsweiter* Natur ist.

[1] Dittrich K.: Objektorientierte Datenbanksysteme. Fachseminar "Datenorganisation", Oracle Institut, München, 1994

Programm

neue, bzw. erweiterte Klassen

existierende Klassen

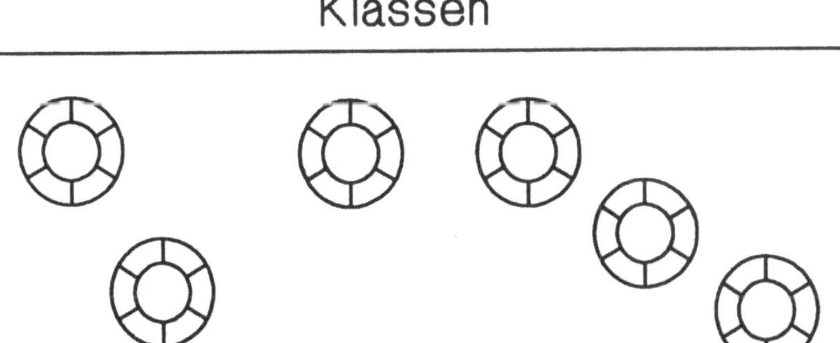

Abb. 4.1.1 Zustandekommen neuer oo-Programme

Das Prinzip von Architekturen ist nicht neu. So pflegt man bei der konventionellen Anwendungsentwicklung - zumindest beim sogenannten *datenorientierten Vorgehen*[1] - eine *globale Datenarchitektur* zu schaffen, noch bevor die Entwicklung einzelner Anwendungen in Angriff genommen wird. Wie eine Objektarchitektur ist auch eine Datenarchitektur als Rahmenwerk aufzufassen. Allerdings geht eine Objektarchitektur insofern über eine Datenarchitektur hinaus, als jene entsprechend Abb. 4.1.2 nicht nur dem geordneten Versorgen der im Verlaufe der Zeit projektbezogen ermittelten Details datenspezifischer Art, sondern auch solchen funktionsspezifischer Art dient. Übrigens pflegt man hinsichtlich einer mit Details ergänzten Architektur von einem *Objekt-* bzw. *Datenmodell* zu sprechen.

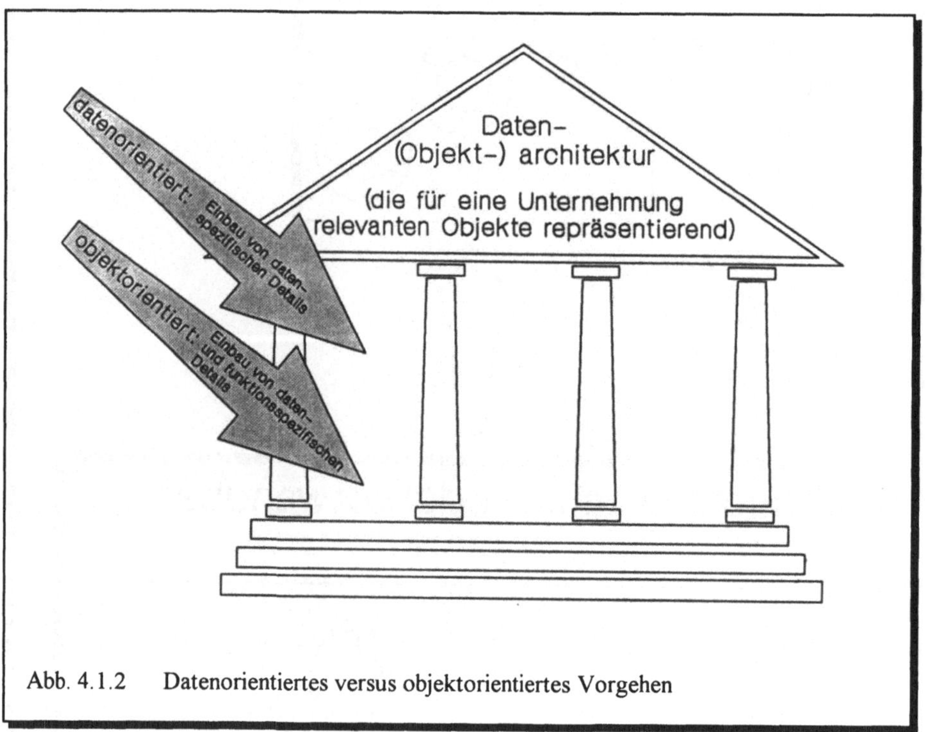

Abb. 4.1.2 Datenorientiertes versus objektorientiertes Vorgehen

[1] Siehe hierzu beispielsweise:

Vetter M.: Aufbau betrieblicher Informationssysteme mittels objektorientierter, konzeptioneller Datenmodellierung. 7., neubearbeitete und erweiterte Auflage, B.G. Teubner, Stuttgart, 1991, ISBN 3-519-12495-5

Vetter M.: Strategie der Anwendungssoftware-Entwicklung (Methoden, Techniken, Tools einer ganzheitlichen, objektorientierten Vorgehensweise). 3., neubearbeitete und erweiterte Auflage, B.G. Teubner, Stuttgart, 1993, ISBN 3-519-22489-5

Eine globale Architektur - und dies gilt im klassischen Umfeld sowohl wie auch im objektorientierten - reflektiert die für eine Unternehmung relevanten Objekte wie *Kunden, Lieferanten, Mitarbeiter, Produkte, Produktionsmittel,* etc. Idealerweise kommt eine globale Architektur *kooperativ* - also mit Beteiligung von Führungskräften, Sachbearbeitern und Informatikern - zustande. So ist die Architektur als das kollektive und additive Produkt der Denktätigkeit einer ganzen Belegschaft aufzufassen und vermag als solches im Sinne eines *Brennpunktes* zu wirken. Erfahrungsgemäss sind damit ordnende, klärende, divergierende Wünsche und Erfordernisse auf einen Nenner bringende, Kommunikationsprobleme entschärfende Effekte zu erzielen. Eine gute Architektur vermag als *Dreh-* und *Angelpunkt* in Erscheinung zu treten, auf den sich Anwendungen beziehen lassen und an dem sich Mitarbeiter orientieren können. Damit kommt entsprechend Abb. 4.1.3 eine *Vernetzung* zustande, die teils - was die Anwendungen anbelangt - technischer, teils aber auch - was die Mitarbeiter betrifft - geistig-ideeller Art ist. Aus dieser Optik ist die Schaffung einer globalen Architektur auch dann anzustreben, wenn der Einsatz von Computern gar nicht zur Debatte steht. Übrigens erinnert Abb. 4.1.3 an den bereits in Abschnitt 3.4 zur Sprache gekommenen Sachverhalt, wonach es zwar ein einziges, dem *Object Request Broker* (*ORB*) bekanntes globales Objektmodell gibt, die Speicherung der eigentlichen Objekte aber nach Massgabe des Verwendungsortes teils zentral, teils dezentral erfolgt.

Wichtig ist, dass man sich bei der Ermittlung einer Architektur an den für eine Unternehmung relevanten Objekten orientiert. Auf diese Weise kommen stabile und dauerhafte Modelle zustande, werden doch für eine Unternehmung *Kunden, Lieferanten, Mitarbeiter, Produkte, Produktionsmittel,* etc. mehr als alles andere auch in Zukunft von Bedeutung sein. Kommt dazu, dass man erfahrungsgemäss hinsichtlich der für eine Unternehmung relevanten Objekte eher auf einen gemeinsamen Nenner kommt als beispielsweise hinsichtlich der Funktionen (Tätigkeiten).

Basiert eine globale Datenarchitektur im wesentlichen auf *Entitäts-* und *Beziehungsmengen*, so liegen einer globalen Objektarchitektur *Klassen* inklusive *Vererbungs-, Beziehungs-* und *Aggregationsstrukturen* zugrunde. Zu ergänzen ist das Ganze mit wichtigen *Attributen* (im Falle einer Datenarchitektur) bzw. mit wichtigen *Instanz-* und *Klassenvariablen* sowie *Methoden* (im Falle einer Objektarchitektur).

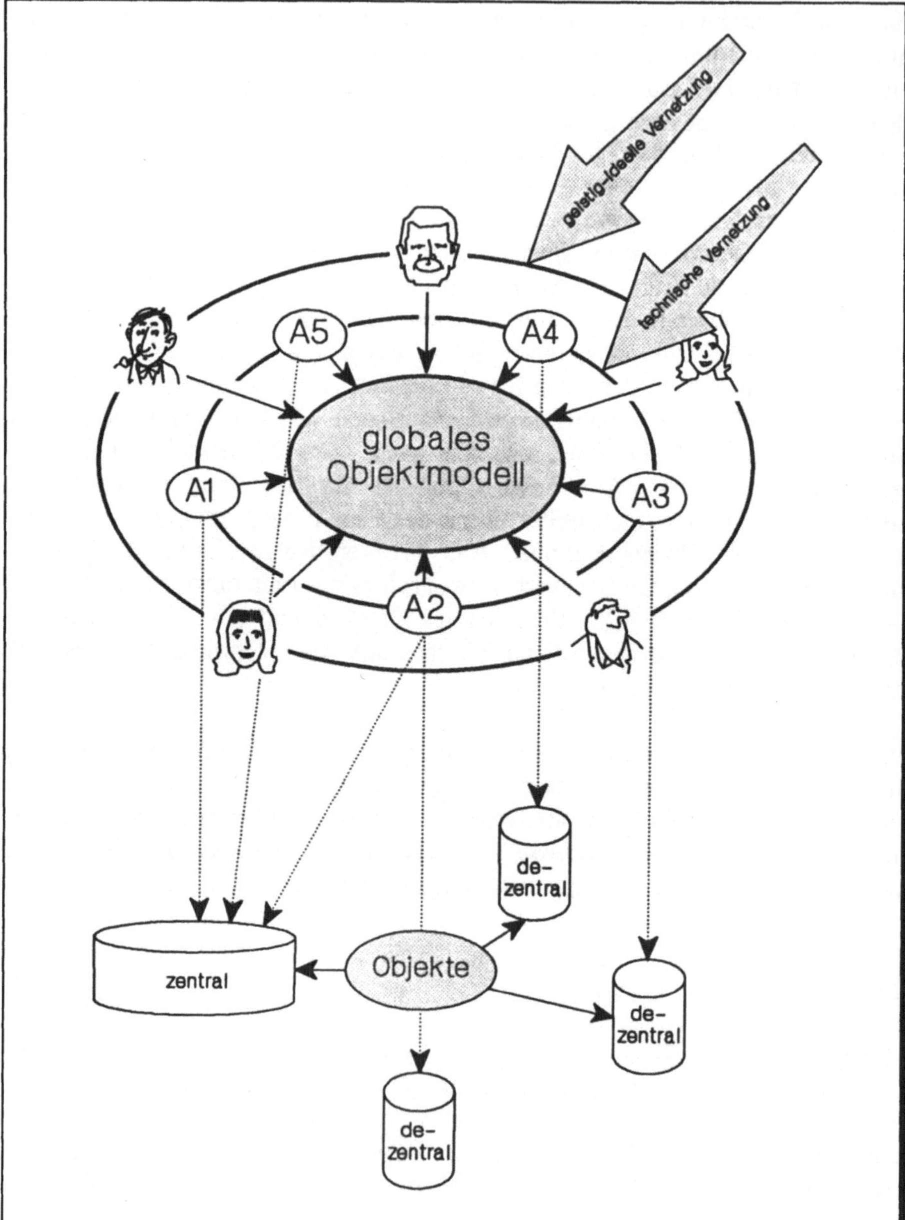

Abb. 4.1.3 Mit Modellen ist eine Vernetzung zu gewährleisten, die teils - was die Anwendungen anbelangt - technischer, teils aber auch - was die Mitarbeiter betrifft - geistig-ideeller Art ist

Die Existenz von Methoden in einer globalen Objektarchitektur ist sehr bedeutsam, sind doch damit einem Entwickler zur Lösung von Problemen ausserordentlich mächtige Bausteine zur Verfügung zu stellen. Abb. 4.1.4 verdeutlicht diesen Sachverhalt, indem zum Ausdruck kommt, dass dem Entwickler in einer gut organisierten Unternehmung nicht nur einzelne Klassen, sondern *Klassenkonglomerate* inklusive geeigneter Methoden zur Verfügung stehen. Klassenkonglomerate (oder wie man entsprechend Abb. 4.1.4 auch zu sagen pflegt: *Modelle*) werden für unternehmungsrelevante Bereiche wie *Einkauf, Verkauf, Produktion,* etc. erstellt. Beispielsweise ist die in Abschnitt 2.5 bzw. 3.3 diskutierte, die Klassen KONTO sowie BUCHUNG involvierende Lösung für das Buchungsproblem einer Bank durchaus im Sinne eines derartigen Konglomerats aufzufassen.

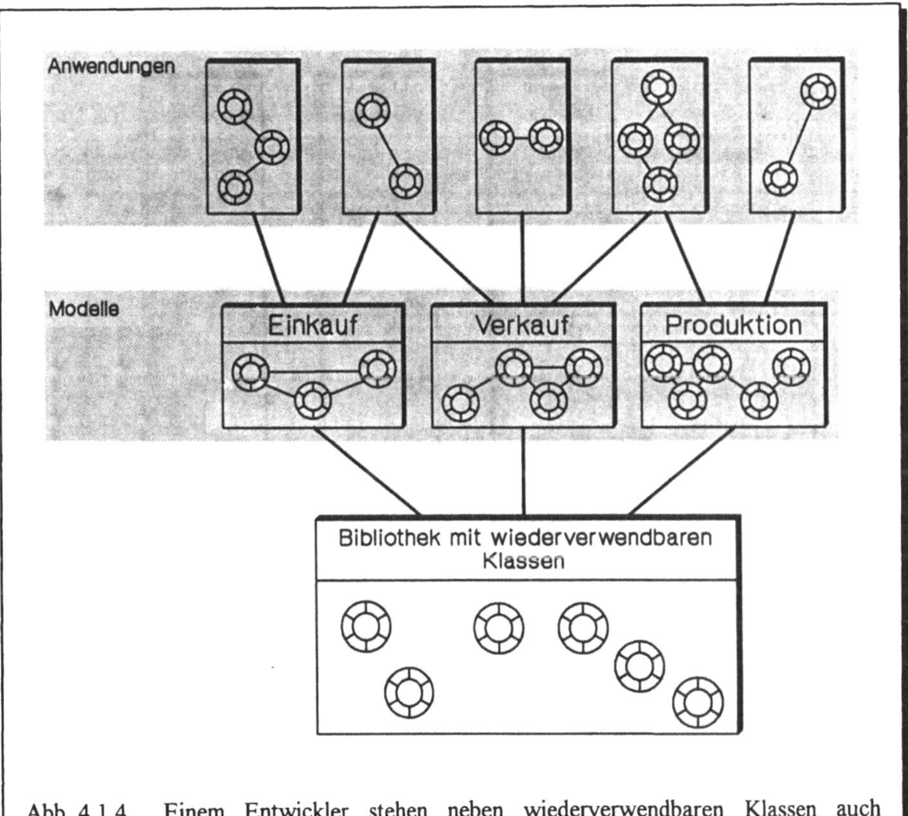

Abb. 4.1.4 Einem Entwickler stehen neben wiederverwendbaren Klassen auch Klassenkonglomerate (im Bilde mit *Modell* bezeichnet) zur Verfügung

Unabdingbare Voraussetzung für ein ganzheitliches Vorgehen im Sinne der vorstehenden Ausführungen ist eine *Objekt-Administration*. Man versteht darunter eine in der Unternehmungshierarchie möglichst hoch angesiedelte, mit Kompetenzen ausgestattete Funktion, die mit erfahrenen, fundierte Sachkenntnisse aufweisenden Mitarbeitern bestückt sein sollte. Diese sind entsprechend Abb. 4.1.5 einerseits für die Verwaltung der allgemeinen Klassenbibliothek zuständig und entwickeln anderseits die zuvor angesprochenen, bereichsspezifischen Klassenkonglomerate. Zudem hält die Objekt-Administration zwecks Ergänzung der eigenen Bestände laufend nach geeigneten, auf dem Markte angebotenen Klassen und Klassenkonglomeraten Ausschau.

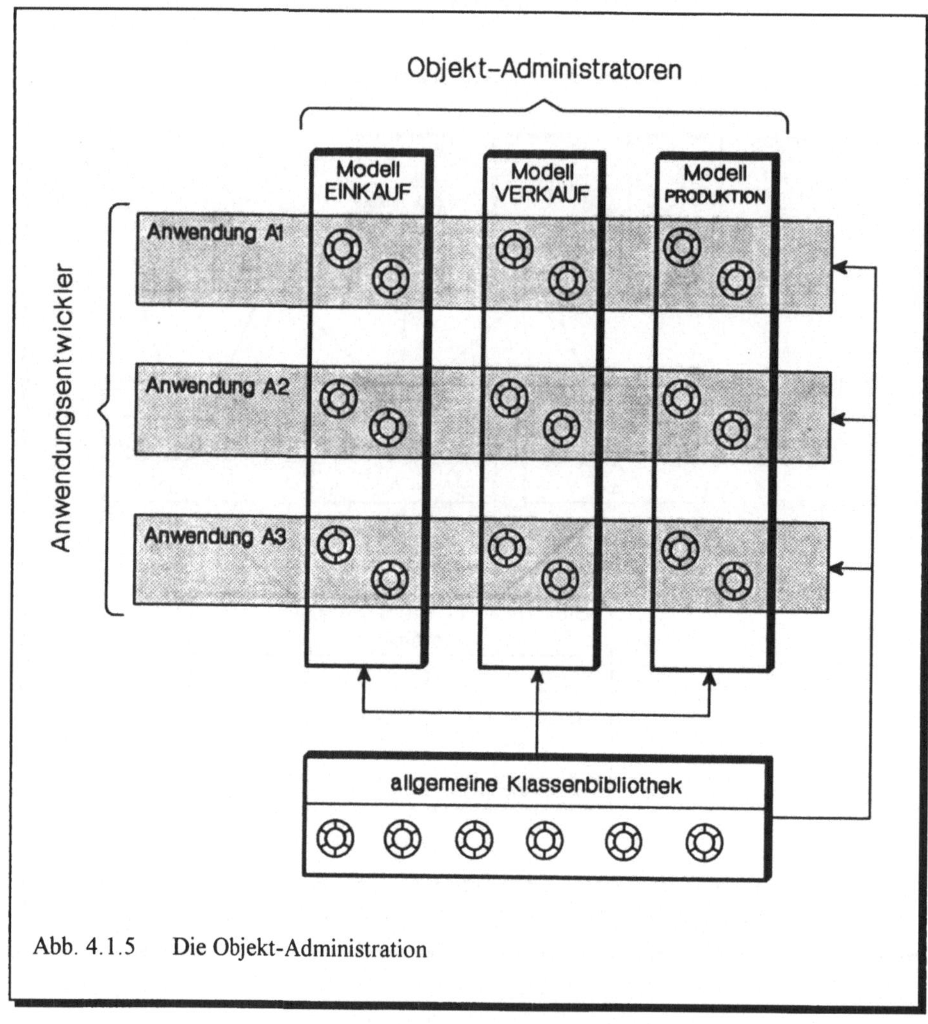

Abb. 4.1.5 Die Objekt-Administration

Eine gute Objekt-Administration stellt den Anwendungsentwicklern ein umfassendes Arsenal an wiederverwendbaren Bausteinen zur Verfügung. Dabei handelt es sich um erprobtes, ausgetestetes Material, besteht doch entsprechend Abb. 4.1.6 die Möglichkeit, den im 1. Kapitel angesprochenen *Anwendungsentwicklungszyklus* für Anwendungen sowohl wie auch für einzelne Klassen und Klassenkonglomerate abzuwickeln.

Damit wird verständlich, warum B.J. Cox[1] die im objektorientierten Umfeld zur Verfügung stehenden Realisierungskonstrukte als *integrierte Schaltkreise der Software* (*Software-IC's*) apostrophiert. Zum Ausdruck kommt damit, dass die Konstruktion von Software neuerdings auf ähnlichen Prinzipien basiert, wie die Konstruktion von Hardware (hier wie dort werden integrierte Schaltkreise zu Komponenten höherer Funktionalität vereinigt). Geeignete Hilfsmittel zum Auffinden der für eine Problemstellung geeigneten *Software-IC's* vorausgesetzt, dürfte der Aufwand für die Realisierung von Anwendungen in Zukunft erheblich zu reduzieren sein. Ob damit - wie von Enthusiasten prognostiziert - Nichtinformatiker je in die Lage kommen, eigene Anwendungen gewissermassen *legomässig zusammenzustecken*, wird die Zukunft zeigen.

Es sei zugegeben, dass nicht alle Exponenten des objektorientierten Ansatzes den vorstehenden Überlegungen beipflichten werden. So wird angesichts der eindrücklichen Erweiterbarkeit von Modellen (wir haben sie in Abschnitt 2.3 anhand des in Abb. 4.1.7 nochmals in Erinnerung gerufenen Beispiels zur Kenntnis genommen) argumentiert, globale Architekturen seien deshalb nicht opportun, weil man Klassenmodelle im Verlaufe der Zeit einfach wachsen lassen könne - saubere Klassenhierarchien ergäben sich ja praktisch von selbst. Mag diese Argumentation noch zutreffen, falls sämtliche Projekte von einer einzigen Projektgruppe bearbeitet werden, so ist das Chaos vorprogrammiert, wenn mehrere Projektgruppen gleichzeitig verschiedene Projekte bearbeiten, ohne sich an eine allseits verbindliche, globale Architektur halten zu müssen. Ganz zu schweigen von den übrigen positiven Effekten, auf die man ohne Schaffung einer globalen Architektur zwangsläufig zu verzichten hätte.

[1] Cox B.J.: Object-Oriented Programming, An Evolutionary Approach. Addison-Wesley Publishing Company, 1987, ISBN 0-201-10393-1

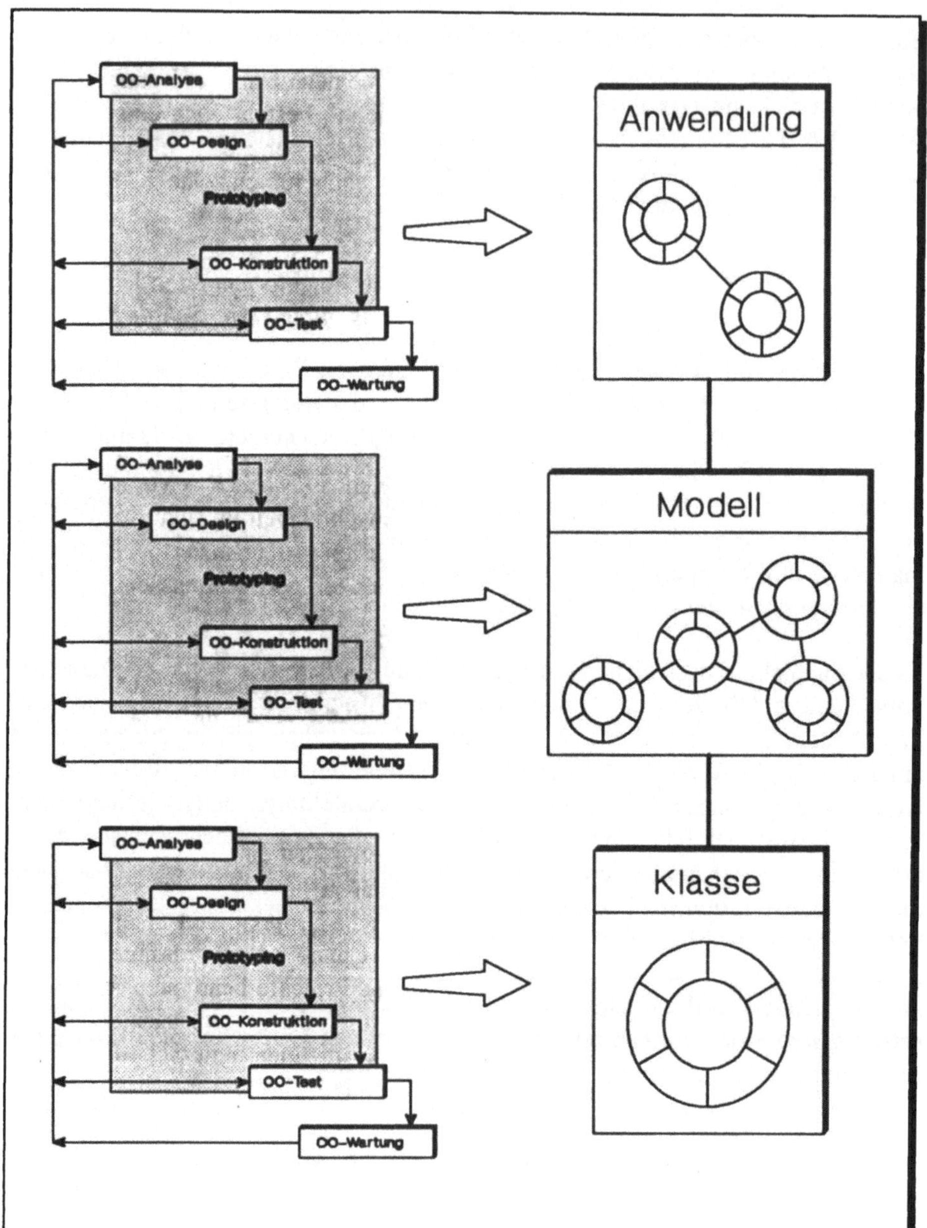

Abb. 4.1.6 Der Anwendungsentwicklungszyklus kann für einzelne Klassen, Klassenkonglomerate sowie Anwendungen zur Abwicklung gelangen

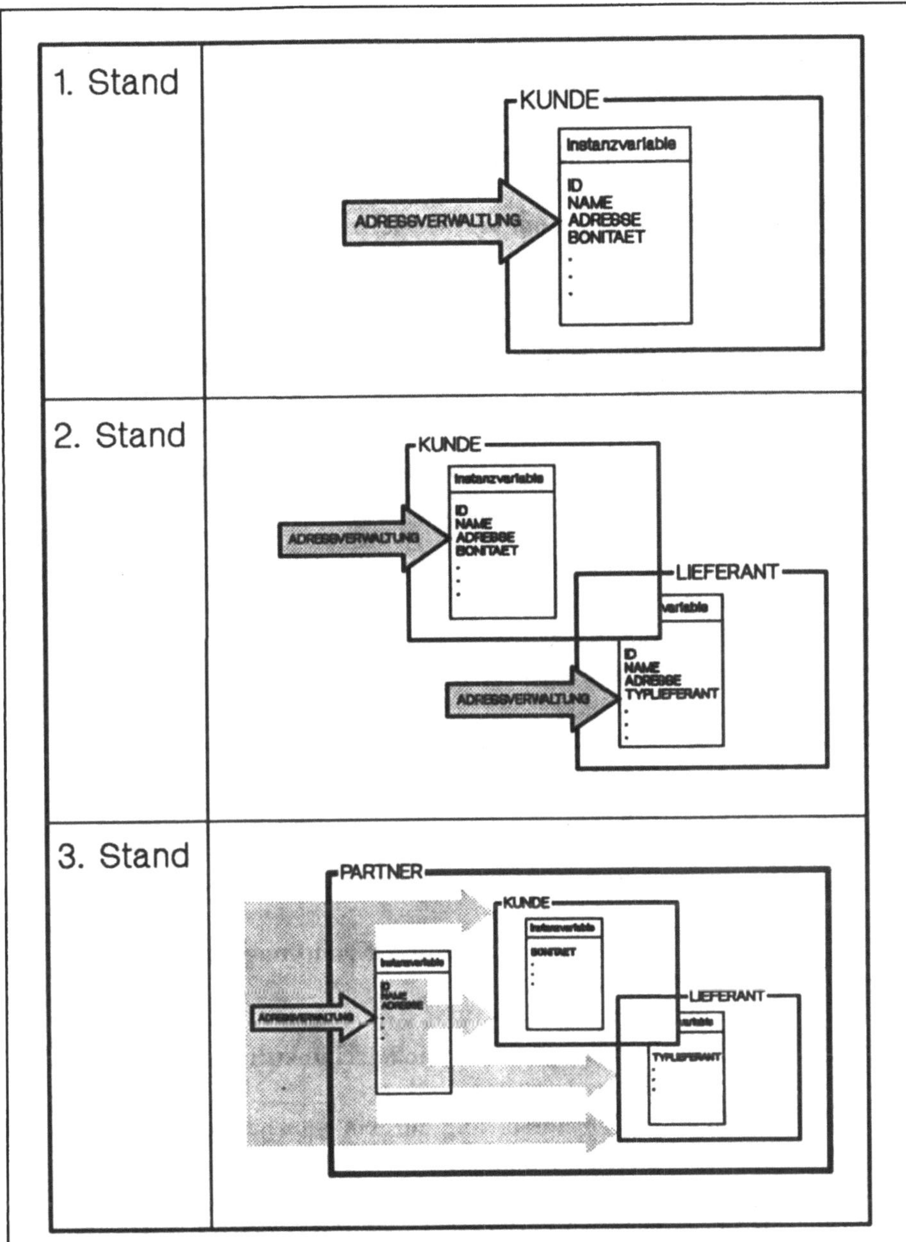

Abb. 4.1.7 Beispiel zur Illustration der Erweiterbarkeit von Modellen (für Erläuterungen siehe Abschnitt 2.3)

Fragen zum Stoff von Abschnitt 4.1

1. **Wie entstehen im objektorientierten Umfeld Programme?**

2. **Wie sind oo-Anwendungsentwickler zu honorieren?**

3. **Wie ist zu gewährleisten, dass sich der Anwendungsentwickler im existierenden Klassenangebot zurechtfindet und eigene Kreationen in einer für jedermann wiederauffindbaren Weise versorgen kann?**

4. **Wie kommt eine globale Datenarchitektur zustande und was ist damit zu bewirken?**

5. **Was bedeutet *global*?**

6. **Worin unterscheidet sich die datenorientierte Vorgehensweise von der objektorientierten?**

7. **Worin unterscheidet sich eine Objektarchitektur von einem Objektmodell?**

8. **Wo ist das globale Objektmodell von Bedeutung und wo erfolgt die Speicherung der eigentlichen Objekte?**

9. **Woran orientiert man sich bei der Ermittlung einer globalen Objektarchitektur?**

10. **Worauf basiert eine globale Objektarchitektur?**

11. **Unabdingbare Voraussetzung für ein ganzheitliches Vorgehen ist ...?**

12. **Warum bezeichnet man die im objektorientierten Umfeld zur Verfügung stehenden Realisierungskonstrukte mitunter auch als *integrierte Schaltkreise der Software*?**

4.2 Der methodische Rahmen

Nachdem wir in Abschnitt 4.1 Sinn und Zweck von Architekturen kennengelernt haben, soll im folgenden gezeigt werden, wie diese im Rahmen eines methodischen Vorgehens einzusetzen sind. Zur Erinnerung: Ein methodisches Vorgehen befasst sich mit der Frage: *Was* hat *wann* mit *welcher Technik* zu geschehen?

Abb. 4.2.1 veranschaulicht das Vorgehen im Überblick. Im oberen Teil des Bildes ist das *globale Objektmodell* in Form einer Pyramide[1] zu erkennen, während im unteren Teil externe Speichermedien für die Speicherung der eigentlichen Objekte angedeutet sind. Zum Ausdruck kommt wiederum, dass es zwar ein einziges, dem *Object Request Broker* (*ORB*) bekanntes, globales Objektmodell gibt, die Speicherung der Objekte aber nach Massgabe des Verwendungsortes teils zentral, teils dezentral erfolgt.

Die das globale Objektmodell repräsentierende Pyramide ist zweigeteilt, wobei die obere Ebene das dem Anwendungsentwickler zur Verfügung stehende Klassenangebot repräsentiert. Dieses umfasst zu Beginn lediglich die der Architektur zugrunde liegenden Klassen, wird aber im Verlaufe der Zeit ständig erweitert und verfeinert. Auf der unteren Ebene der Pyramide hat man sich die projektbezogen ermittelten Ergänzungen vorzustellen. Mit Pfeilen ist angedeutet, dass der Anwendungsentwickler im Rahmen eines Projekts (mit P1, P2, P3 sind im Bilde Projekte gemeint) dem Angebot die für eine Anwendung (A1, A2, A3 sind Anwendungen) geeigneten Klassen entnimmt, allfällige Lücken mittels Erweiterungen existierender Klassen bzw. gänzlich neuer Klassen schliesst und die erarbeiteten Ergänzungen nach erfolgter Erprobung mit dem Angebot vereinigt - sie dergestalt nachfolgenden Projekten zur Verfügung stellend.

---

[1] Verschiedene Versuche scheinen die Annahme zu bestätigen, dass eine Pyramide Energie zu sammeln und umzuwandeln vermag. Genau dieser Sachverhalt soll aber mit dem Bilde zum Ausdruck kommen, sind doch die amorphen Kenntnisse einer Belegschaft mit einem globalen Objektmodell zu fokussieren und brennpunktmässig zur Verfügung zu stellen.

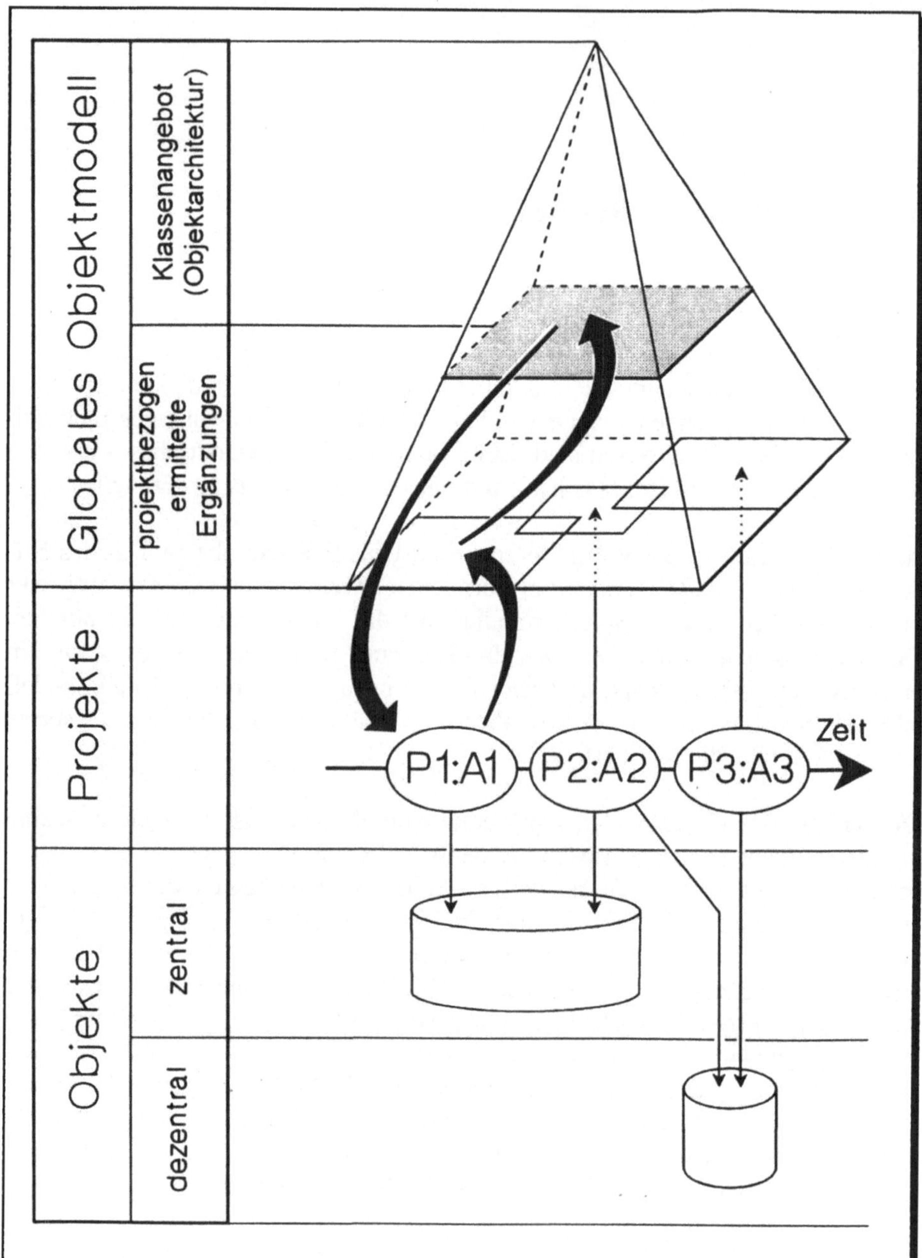

Abb. 4.2.1 Ganzheitliche Anwendungsentwicklung

Abb. 4.2.2 veranschaulicht, dass mit dem geschilderten Vorgehen anwendungsrelevante Objektmodelle resultieren, welche in das durch die globale Objektarchitektur festgelegte Gesamtkonzept passen. Damit kommt aber der von Prof. Zehnder von der Eidg. Technischen Hochschule mit den Worten *"Integration, Zusammenspiel von Systemen, Vernetzung: das liegt im Trend"*[1] umschriebene Sachverhalt vollumfänglich zum Tragen.

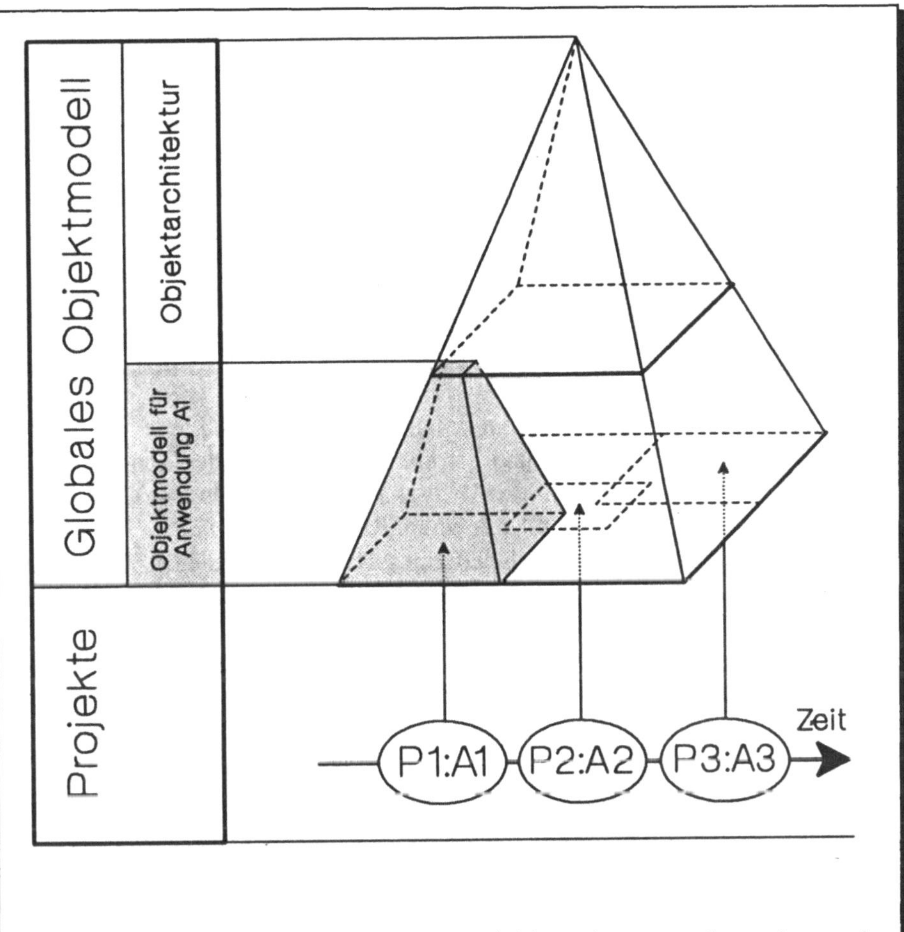

Abb. 4.2.2 Ein ganzheitliches Vorgehen gewährleistet, dass anwendungsrelevante, in ein Gesamtkonzept passende Objektmodelle resultieren

[1] Zehnder C.A.: Die Informatik der 90er Jahre: Informationsnetz statt Routineverarbeitung. "Output" Nr. 7, 1988

Als nächstes wollen wir uns mit der Frage auseinandersetzen, was im Rahmen eines Projektes im einzelnen zu geschehen hat. Vieles lässt sich verhältnismässig einfach herleiten, wenn man akzeptiert, dass im Rahmen von Projekten *Probleme* zu lösen sind, und ein Problem - wie im *Systems Engineering*[1] üblich - als Differenz zwischen einem unbefriedigenden IST und einer Vorstellung von einem zufriedenstellenderen SOLL aufzufassen ist (siehe Abb. 4.2.3).

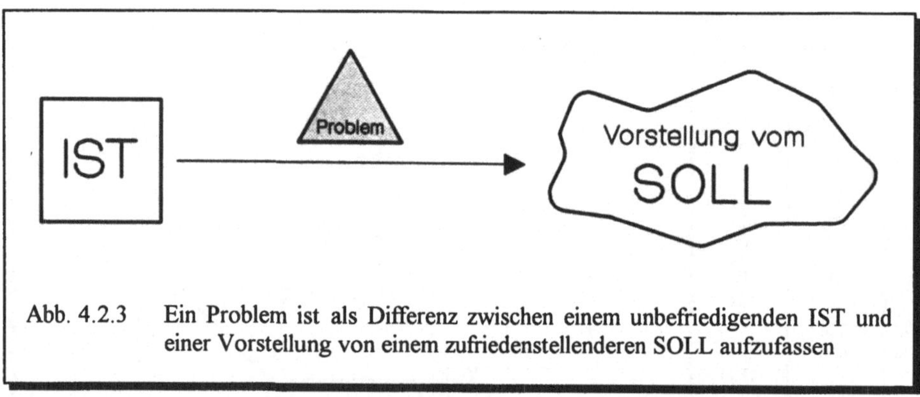

Abb. 4.2.3 Ein Problem ist als Differenz zwischen einem unbefriedigenden IST und einer Vorstellung von einem zufriedenstellenderen SOLL aufzufassen

Wichtig ist sodann, dass man sich im Rahmen eines Projekts zuerst auf das WAS (die zu erzielenden Ergebnisse und die hierfür zu erfassenden Daten also) und erst anschliessend auf das WIE (den Weg zu den Ergebnissen also) konzentriert. Die zu erzielenden Ergebnisse pflegt man im Rahmen einer *Analyse*, den Weg zu den Ergebnissen hingegen im Rahmen eines *Designs* festzulegen. Erst jetzt ist die *Konstruktion* (die *Programmierung* also) und das *Testen* angebracht.

Schon im 1. Kapitel haben wir zur Kenntnis genommen, dass die Schritte *Analyse, Design, Konstruktion* sowie *Test* im objektorientierten Umfeld nicht zur Gänze nacheinander zur Abwicklung gelangen müssen. Vielmehr beginnt man ganz im Sinne *evolutionären Prototypings* mit dem Kern einer Anwendung und verfeinert diesen im Verlaufe der Zeit iterativ und inkrementell, ihn derart den sich allmählich festigenden Bedürfnissen der Benützer anpassend. In Erinnerung gerufen sei hier die in Abb. 1.8 gezeigte Spirale, mit welcher das für die objektorientierte Anwendungsentwicklung typische Vorgehen sehr anschaulich zu visualisieren ist.

Wir wollen im folgenden die Tätigkeiten der *Analyse* und des *Designs* konkretisieren und konzentrieren uns zunächst auf:

[1] Daenzer W.F.: Systems Engineering. Verlag "Industrielle Organisation", Zürich 1976/77

Die Analyse

Akzeptiert man die vorstehende Problemdefinition, so wird man sich im Rahmen eines Projekts entsprechend Abb. 4.2.4 zweckmässigerweise zuerst mit dem IST auseinandersetzen und dessen *Stärken* und *Schwächen* ausfindig machen. Alsdann beschäftigt man sich mit der Vorstellung vom SOLL und legt die *Anforderungen* (man sagt auch: *Ziele*) an die zu realisierende Anwendung fest. Anzustreben ist selbstverständlich, dass die zuvor ermittelten Schwächen zu eliminieren, und die Stärken zu erhalten sind.

Mit einer *Zielformulierung* sind insbesondere folgende Fragen zu beantworten:

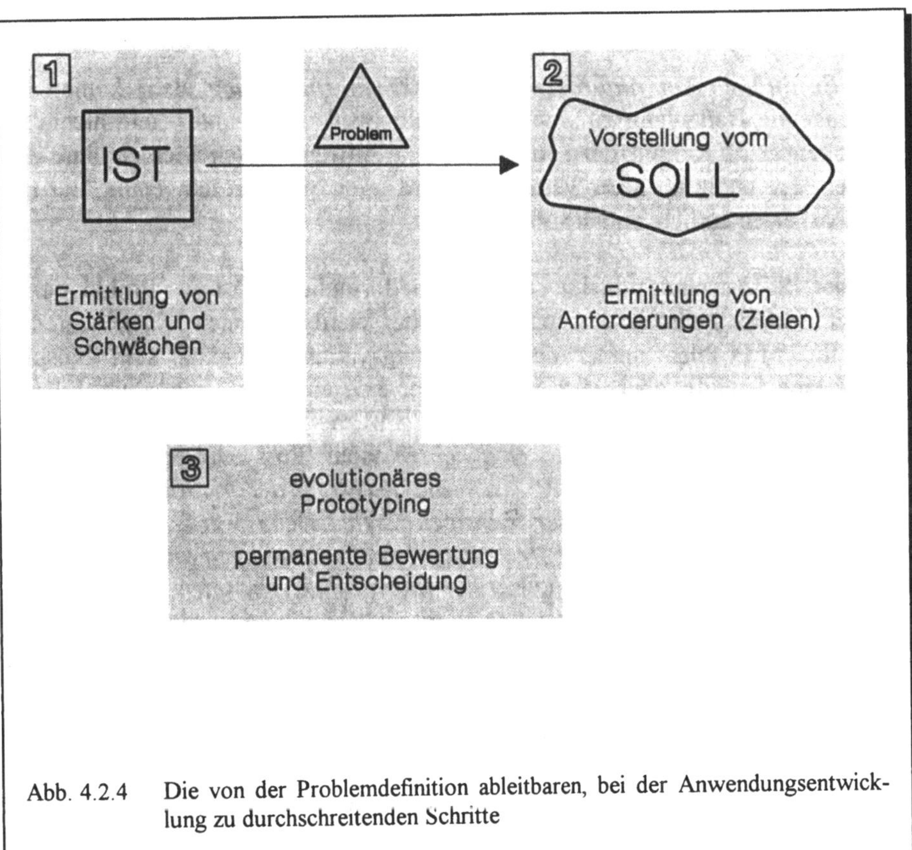

Abb. 4.2.4 Die von der Problemdefinition ableitbaren, bei der Anwendungsentwicklung zu durchschreitenden Schritte

- Warum wird das Projekt durchgeführt?
  (unter anderem selbstverständlich, um die zuvor ermittelten Schwächen zu beseitigen)
- Was soll mit dem Projekt erreicht werden?
- Wie verhält es sich mit den zeitlichen und kostenmässigen Aspekten?
- Welches sind die kritischen Erfolgsfaktoren?
- Wer ist wofür verantwortlich?
- Mit welchen Folgen ist zu rechnen, wenn die Ziele nicht zu erreichen sind?

Der *Ermittlung von Anforderungen* (der *Zielformulierung* also) kommt eine überragende Bedeutung zu - schon deshalb, weil unbekannte Ziele niemals zu erreichen sind! Kommt dazu, dass sich ein Anwendungsentwickler ohne Ziele wie ein Treibholz im Meer verhält: Er wird irgendwo angeschwemmt, nur nicht dort, wo er eigentlich landen sollte[1].

Mit der IST-Zustandsaufnahme und der Zielformulierung ist das Problem eingegrenzt, sodass nunmehr Lösungen erarbeitet werden können. Zu beachten ist, dass für ein Problem immer mehrere Lösungsvarianten denkbar sind (beispielsweise eine feudale, aber teure Lösung oder eine einfache, aber billige Lösung). Demzufolge sind Lösungsvarianten zu *bewerten*, damit man sich für die erfolgversprechendste Variante *entscheiden* kann. Prof. Daenzer[1] äussert sich hierzu sehr treffend: *"Wichtiger als die Auswahl der richtigen Lösung ist zunächst die Bestimmung der richtigen Ziele. Denn werden falsche Ziele gewählt, werden zwangsläufig irrelevante Problemstellungen angegangen. Wird hingegen eine beliebige Lösung auf der Basis von Zielen - deren Formulierung durch eine seriöse IST-Zustandsaufnahme ermöglicht wurde - gewählt, resultiert schlimmstenfalls eine suboptimale Lösung".*

Hinsichtlich der Schritte *IST-Zustandsaufnahme, Zielformulierung, Lösungsfindung, Bewertung und Entscheidung* unterscheidet sich das objektorientierte Vorgehen kaum vom klassischen. Allerdings ist es im objektorientierten Umfeld

[1] Weitere Einzelheiten zur *Zielformulierung* finden sich in:

Daenzer W.F.: Systems Engineering. Verlag "Industrielle Organisation", Zürich 1976/77

Vetter M.: Strategie der Anwendungssoftware-Entwicklung (Methoden, Techniken, Tools einer ganzheitlichen, objektorientierten Vorgehensweise). 3., neubearbeitete und erweiterte Auflage, B.G. Teubner, Stuttgart, 1993, ISBN 3-519-22489-5

entsprechend Abb. 4.2.4 üblich, dass man sich im Sinne *evolutionären Prototypings* kooperativ - d.h. mit Beteiligung des Auftraggebers und der zukünftigen Benützer - an die endgültige Lösung herantastet, mithin permanent bewertet und entscheidet. Zu diesem Zwecke setzt man CASE-Tools ein, mit denen die im Rahmen eines Projekts zu erzielenden Ergebnisse zu simulieren sind. Man konfrontiert also den zukünftigen Benützer direkt mit Benützersichten wie Formularen, Listen, Bildschirmausgaben, ohne dass die hierfür erforderlichen Programme bzw. Daten bereits vorhanden wären. Erfahrungsgemäss ist derart sehr rasch ein Konsens hinsichtlich des weiteren Vorgehens zu erzielen. Allerdings ist zuzugeben, dass das Verfahren nur geeignet ist, wenn im Rahmen einer Anwendung schwerpunktmässig Benützersichten zu erzielen sind, was aber für Wirtschafts- und Verwaltungsprobleme - und diese stehen bei unseren Überlegungen ja im Vordergrund - typischerweise der Fall ist.

Sind die im klassischen Umfeld zum Einsatz gelangenden *Datenfluss-* und *Präzedenzdiagramme* für die oo-Analyse geeignet? Solange jene zur Bestimmung der zu erzielenden Ergebnisse oder zur Visualisierung der Einbettung einer Lösung in das betriebliche Umfeld zur Anwendung gelangen, ist grundsätzlich nichts dagegen einzuwenden. Beispielsweise empfiehlt Rumbaugh[1] in seinem Vorgehen ausdrücklich den Einsatz von Datenflussdiagrammen. Nicht sehr zweckmässig wäre aber, aufgrund von Diagrammverfeinerungen schlussendlich Methoden ausfindig zu machen.

Wenn in den bisherigen, die Analyse betreffenden Ausführungen noch keine Rede von *Klassen* war, so hat das seinen guten Grund. Nochmals: Eine Analyse bezweckt die Beantwortung von WAS-Fragen im Sinne von: *Was für Ergebnisse sind im Rahmen einer Anwendung zu erzielen und welche Daten sind hierfür zu erfassen*? Dabei spielen Klassen eine eher untergeordnete Rolle. Immerhin - und dies gilt namentlich bei umfangreicheren Projekten - empfiehlt es sich, die *Systemgrenzen* (d.h. den zu bearbeitenden *Problembereich*) mit vollständig oder teilweise kollabierten, allenfalls mit expandierten Subjektgruppen entsprechend Abb. 4.2.5 festzuhalten. Es versteht sich, dass man sich dabei an der globalen Objektarchitektur orientiert.

Abb. 4.2.6 fasst die vorstehenden Ausführungen zusammen. Anzumerken ist, dass infolge des zur Anwendung gelangenden, spiralförmigen Vorgehens nicht sämtliche Ergebnisse vor Inangriffnahme des *Designs* festzulegen sind, ist es doch durchaus üblich, wiederholt auf die *Analyse* zurückzukommen.

---

[1] Rumbaugh J., Blaha M., Premerlani W., Eddy F., Lorensen W.: Object-Oriented Modeling and Design. Prentice Hall, Inc., 1991, ISBN 0-13-629841-9

1. RAUM-VERWALTUNG	2. PERSONAL-VERWALTUNG	3. KURS-VERWALTUNG

Vollständig kollabierte Subjektgruppen (Fachbereiche)

1. RAUM-VERWALTUNG	2. PERSONAL-VERWALTUNG	3. KURS-VERWALTUNG
LOKAL RESERVATION SCHALFRAUM	BELEGUNG DOZENT MITARBEITER SPRACHE STUDENT RESERVATION	ABFOLGE KURS KURS-TYP

Teilweise kollabierte Subjektgruppen (Fachbereiche)

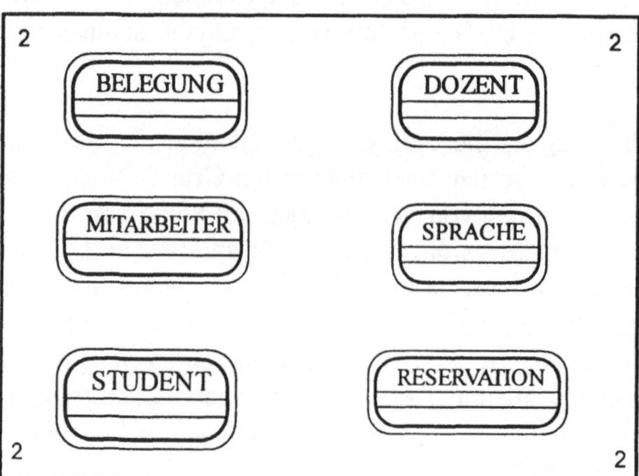

Expandierte Subjektgruppe (Fachbereich)

Abb. 4.2.5 Die Systemgrenzen sind mit vollständig oder teilweise kollabierten, allenfalls mit expandierten Subjektgruppen festzuhalten

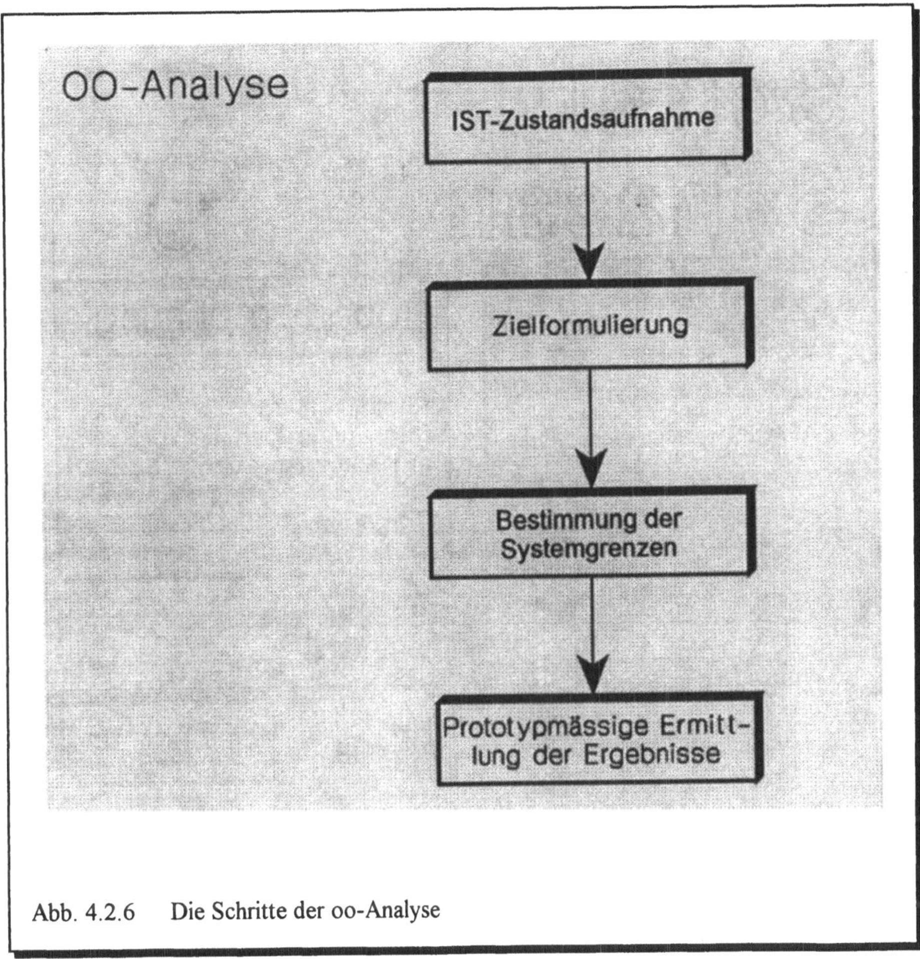

Abb. 4.2.6 Die Schritte der oo-Analyse

Bevor wir uns im folgenden mit dem *Design* auseinandersetzen, sei für unser *Spitalbeispiel* anhand von Abb. 4.2.7 gezeigt, wie man sich eine im Rahmen einer Analyse ermittelte Benützersicht vorzustellen hat. *Anordnungen* (englisch: *Layouts*) der gezeigten Art sind hervorragende *Kommunikationsmittel*, um kooperativ (also mit Beteiligung des Autraggebers und zukünftiger Benützer) zu bedürfnisgerechten Anwendungen zu kommen.

Anzumerken ist, dass eine Benützersicht insgesamt durchaus als ein Objekt aufgefasst werden kann. Es ist daher nicht abwegig, im Zusammenhang mit Benützersichten hinfort von *Darstellungsobjekten* zu sprechen.

Spital Sanasan

Arzt

Name ....
Adresse ....

Honorarrechnung

Rechnungs-Nr. ....
Rechnungs-Datum ....
in Behandlung von ....
bis ....
Diagnose ....

Patient

Name ....
Adresse ....

Datum	Anzahl	Leistungen		Betrag
		Tarif-Pos.	Bezeichnung	
				Total

Abb. 4.2.7 Beispiel einer Benützersicht (d.h. eines *Darstellungsobjekts*)

Das Design

Das *Design* beschäftigt sich mit WIE-Fragen der Art: *Wie sind die in der Analyse festgelegten Ergebnisse zu erzielen*?

Abb. 4.2.8 veranschaulicht die Stellung des *oo-Designs* im Rahmen des gesamten Anwendungsentwicklungszykluses. Mit Pfeilen sind die wiederholt angesprochenen Rückkoppelungsschritte zwischen oo-Design, oo-Analyse sowie oo-Konstruktion/Test angedeutet.

Das oo-Design selber besteht aus den Schritten

- *Darstellungsobjekt-Design* (*DOD*)
- *Geschäftsobjekt-Design* (*GOD*)

Im oo-Design ist also zwischen *Darstellungsobjekten* und *Geschäftsobjekten* zu unterscheiden. Was man darunter zu verstehen hat, ist den nachfolgenden Rahmen zu entnehmen.

Was ist ein Darstellungsobjekt?

Darstellungsobjekte **entsprechen den zu produzierenden Ergebnissen (d.h. Anordnungen für Bildschirmausgaben, Druckausgaben, etc.) sowie den zur Erfassung von Daten erforderlichen Anordnungen.**

Für unser *Spitalbeispiel* stellt beispielsweise die in Abb. 4.2.7 gezeigte Benützersicht ein Darstellungsobjekt dar.

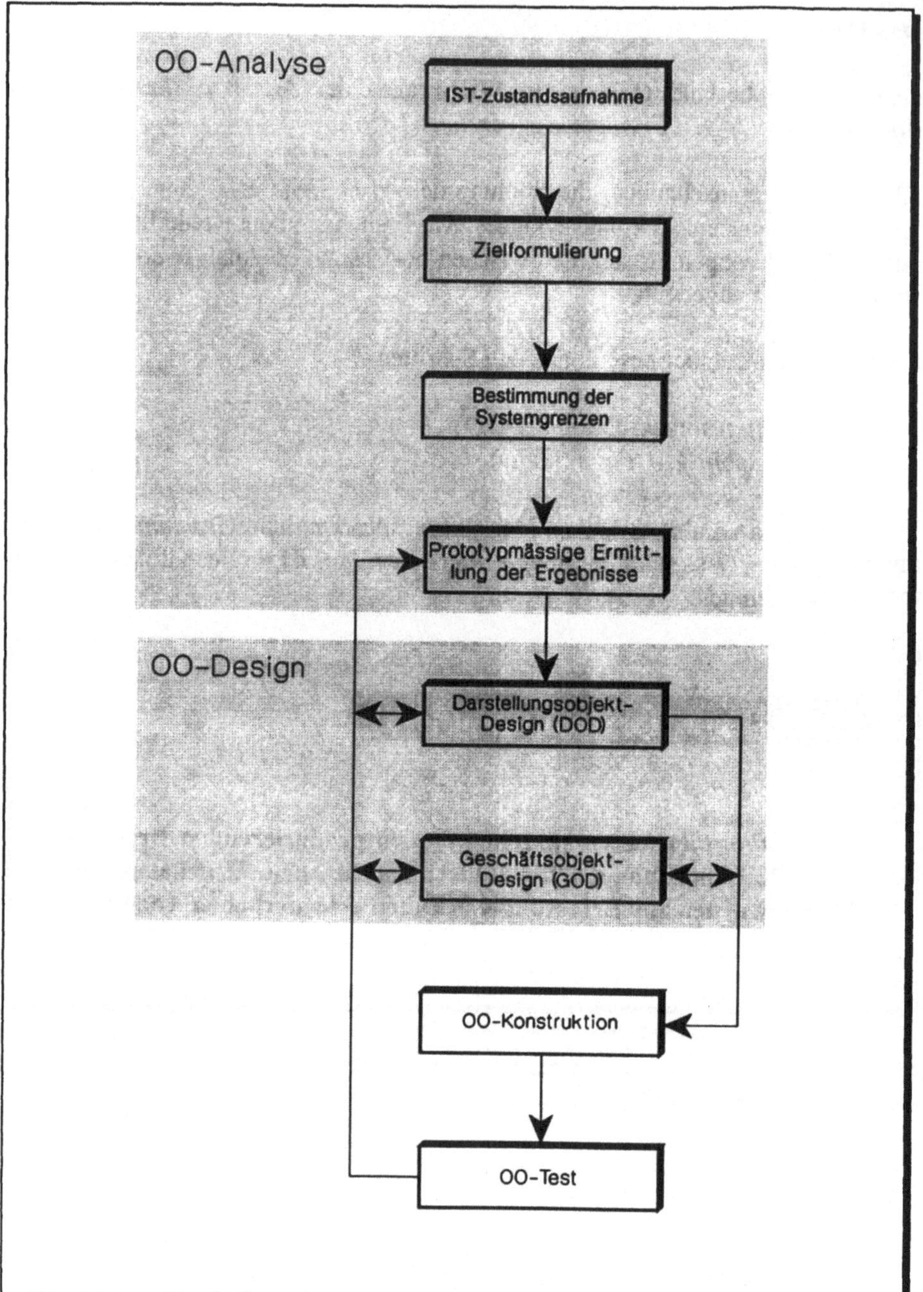

Abb. 4.2.8 Die Stellung des oo-Designs im Rahmen des Anwendungsentwicklungszykluses

Was ist ein Geschäftsobjekt?

***Geschäftsobjekte* entsprechen einem individuellen Exemplar von Dingen, Personen oder Begriffen der realen oder der Vorstellungswelt und sind im klassischen Umfeld mit einer *Entität* oder einer *Beziehung* zu vergleichen. Für Geschäftsobjekte wird man immer Daten und Methoden auf externen Speichermedien festhalten wollen.**

Im *Spitalbeispiel* sind *Mitarbeiter, Ärzte, Patienten, Räume* aber auch *Arzt-Patienten* oder *Patienten-Raum-Beziehungen* als *Geschäftsobjekte* aufzufassen.

Das Darstellungsobjekt-Design (DOD) und das Geschäftsobjekt-Design (GOD) sind pro Benützersicht durchzuführen, wobei die Reihenfolge keine Rolle spielt. Abb. 4.2.9 illustriert überblicksmässig was dabei zu geschehen hat.

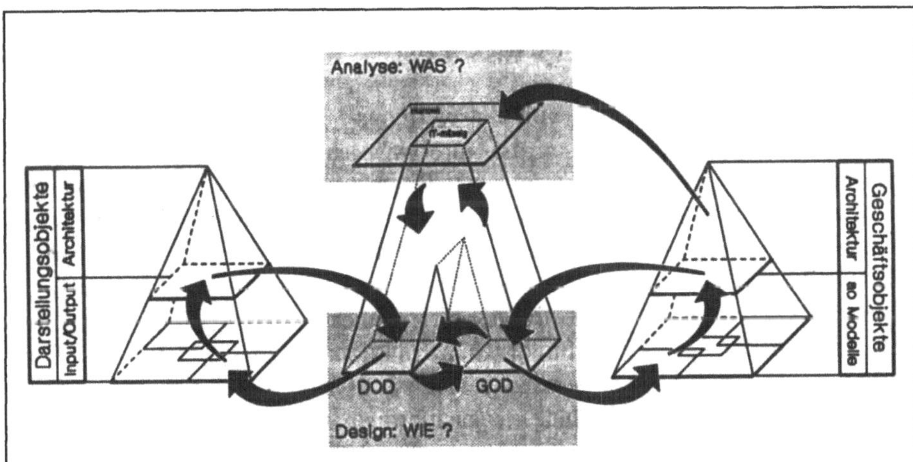

Abb. 4.2.9 Die im *Darstellungsobjekt-Design* (*DOD*) und *Geschäftsobjekt-Design* (*GOD*) ermittelten Ergebnisse sind in entsprechenden Modellen zu versorgen

In Abb. 4.2.9 ist angedeutet, dass die im Darstellungsobjekt-Design (DOD) sowie Geschäftsobjekt-Design (GOD) ermittelten Ergebnisse in dem pyramidenförmig zum Ausdruck kommenden *Darstellungsobjektmodell* bzw. *Geschäftsobjektmodell* zu versorgen sind. Die dabei zum Einsatz gelangenden Techniken wurden in vorangehenden Abschnitten bereits erläutert. Zur Erinnerung:

Das Darstellungsobjekt-Design (DOD)

In Abschnitt 3.3 wurde dargelegt, wie man die von CASE-Tools zur Verfügung gestellten Funktionalitäten zur Präsentation von Ergebnissen und zur Erfassung der erforderlichen Daten wie

- Vergrösserung bzw. Verkleinerung von Fenstern
- Menüleisten mit Pulldown-Menüs
- abrufbare Pop-up-Menüs
- Dialogboxen
- verschiedenartige Knöpfe und Schieber

mit gebräuchlichen Funktionalitäten firmenspezifischer Art wie

- Präsentation des Firmenlogos
- Präsentation der Adresse
- Präsentation des Datums und der Uhrzeit

ergänzen und beim Erstellen von Auswertungs- bzw. Erfassungsprogrammen nutzen kann. Bekanntlich stehen die vorerwähnten Funktionalitäten nach Ein-/ Ausgabemedium geordnet in Form einer Baumstruktur zur Verfügung. In Abb. 4.2.9 hat man sich die Funktionalitäten im Darstellungsobjektmodell auf der mit *Architektur* gekennzeichneten Ebene vorzustellen. Die Tätigkeiten des Darstellungsobjekt-Designs (DOD) bestehen nun darin, in der Baumstruktur jenen Hierarchiepfad zu ergänzen, der insgesamt am ehesten die für die Auswertungs- bzw. Erfassungsprogramme erforderlichen Funktionalitäten anbietet. Was die angesprochenen Ergänzungen anbelangt, so ist in der Regel nur anzumerken, welche Instanzvariablen (Attribute) wo anzuordnen sind.

Das Geschäftsobjekt-Design (GOD)

In Abschnitt 2.2 wurde dargelegt, wie man aufgrund von *Benützersichtanalysen* zu Klassen, Strukturen, Variablen (Attributen) sowie Methoden kommen kann.

Bei einer Benützersichtanalyse hält man sich grundsätzlich an die in Abb. 4.2.10 gezeigten, von Coad/Yourdon[1] empfohlenen Schritte, d.h.:

- Man identifiziert die Klassen
- Man identifiziert die Struktur
- Man ordnet die Klassen Subjektgruppen (Fachgebieten) zu
- Man ermittelt Instanzvariablen (Attribute)
- Man ermittelt Methoden

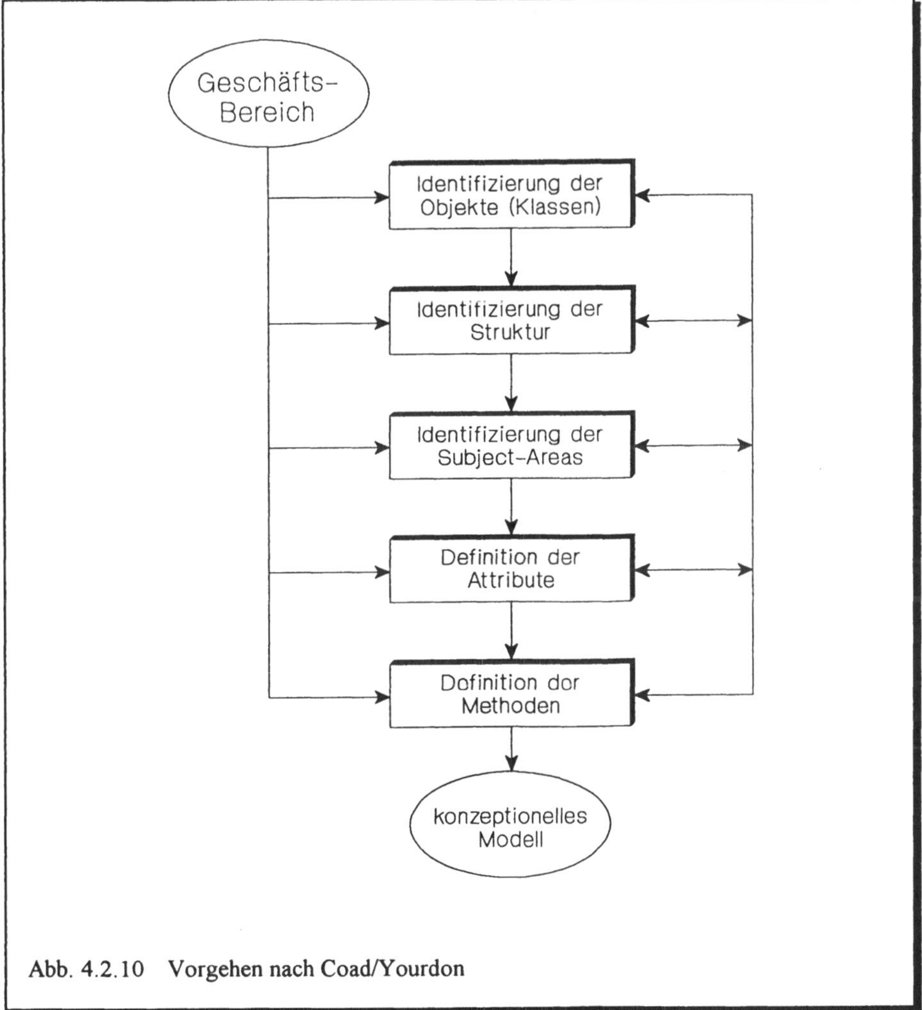

Abb. 4.2.10 Vorgehen nach Coad/Yourdon

[1] Coad P., Yourdon E.: Object-Oriented Analysis. Prentice Hall, 1990, ISBN 0-13-629122-8

Anzumerken ist, dass man zumindest einfachere Methoden direkt mit der zum Einsatz gelangenden Programmiersprache spezifiziert und nicht - wie in Abschnitt 3.2 dargelegt - zunächst textuell bzw. mittels Service-Charts dokumentiert. Damit gehen aber die Phasen *Design* und *Konstruktion* in ähnlicher Weise ineinander über wie die Phasen *Analyse* und *Design*.

Im folgenden illustrieren wir unsere Ausführungen anhand unseres *Spitalbeispiels*. Zu diesem Zweck gehen wir gemäss Abb. 4.2.11 davon aus, dass uns eine *globale Objektarchitektur* entsprechend Abb. 4.2.12 zur Verfügung steht, und dass im Rahmen eines Projekts P1 eine Anwendung A1 zu realisieren ist, in welcher unter anderem die in Abb. 4.2.7 gezeigte *Benützersicht* von Bedeutung ist. Zu ermitteln ist schlussendlich das in Abb. 4.2.15 bzw. Abb. 4.2.16 gezeigte, *anwendungsrelevante Objektmodell*, welches in das durch die Objektarchitektur vorgegebene Rahmenwerk passen muss.

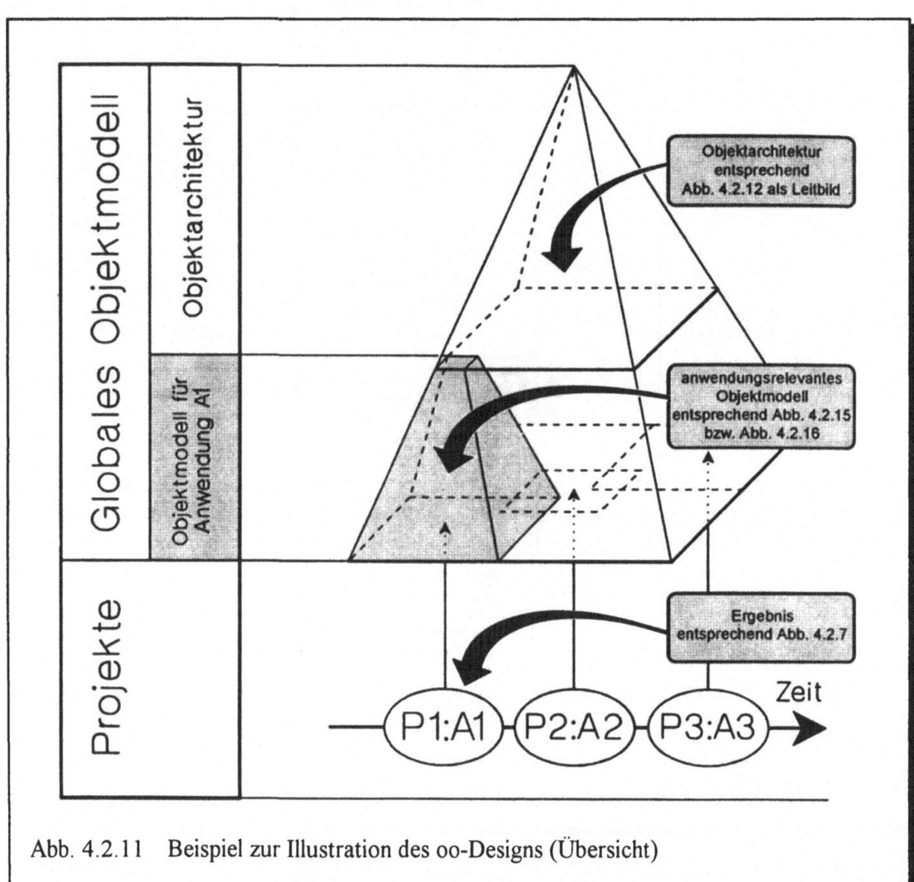

Abb. 4.2.11 Beispiel zur Illustration des oo-Designs (Übersicht)

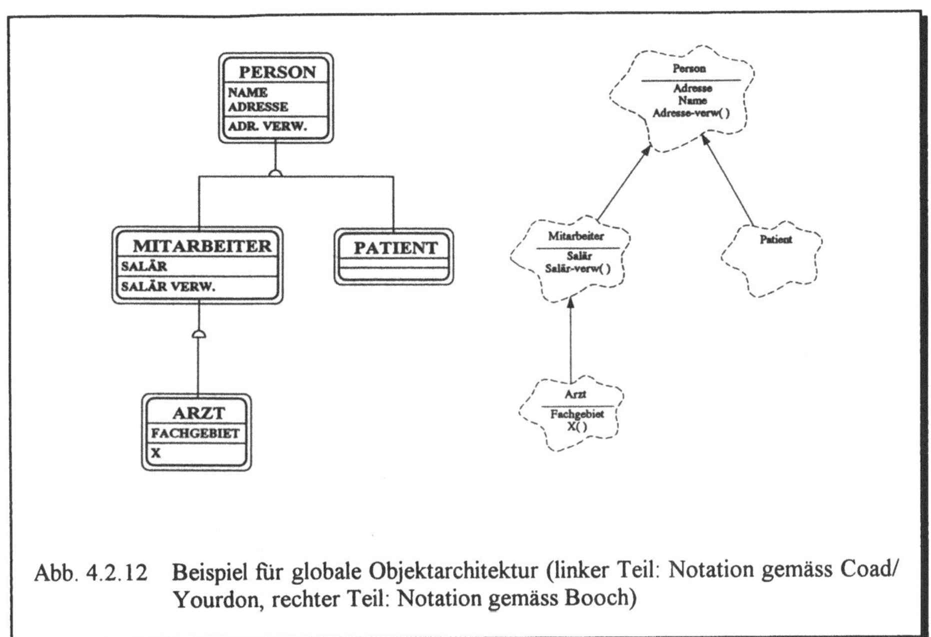

Abb. 4.2.12 Beispiel für globale Objektarchitektur (linker Teil: Notation gemäss Coad/ Yourdon, rechter Teil: Notation gemäss Booch)

Im *Darstellungsobjekt-Design* (*DOD*) ergänzen wir entsprechend Abschnitt 3.3 jenen Hierarchiepfad, der insgesamt am ehesten die zur Erstellung der Benützersicht erforderlichen Funktionalitäten anbietet. Abb. 4.2.13 veranschaulicht, wie man sich den Vorgang vorzustellen hat.

Im *Geschäftsobjekt-Design* (*GOD*) sind zunächst die der Benützersicht zugrunde liegenden Objekttypen (Klassen) ausfindig zu machen, für die man Daten und Methoden auf externen Speichermedien zu speichern gedenkt. Auf unser Beispiel bezogen betrifft dies gemäss Abb. 4.2.14 die Objekttypen *Arzt, Patient, Leistung* sowie *Honorarrechnung*. Die Klassen *Arzt* und *Patient* sind bereits in der Objektarchitektur (Abb. 4.2.12) vorzufinden und müssen deshalb nicht neu definiert werden. Für die Objekttypen *Honorarrechnung* sowie *Leistung* sind hingegen neue Klassen zu definieren und entsprechend Abb. 4.2.15 (Notation gemäss Booch) bzw. Abb. 4.2.16 (Notation gemäss Coad/Yourdon) mit den existierenden Klassen in Beziehung zu setzen. Zum Ausdruck kommt, dass mit der Klasse *Honorarrechnung* Ärzte und Patienten miteinander in Beziehung zu setzen sind. Die in einer Honorarrechnung aufgeführten, im Verlaufe der Zeit erbrachten Leistungen definieren wir entsprechend Abschnitt 2.4 mit der Ereignisklasse *Posten*. Da einzelne Posten als Teile einer Honorarrechnung aufzufassen sind, bietet sich die Definition einer *Aggregationsstruktur* an.

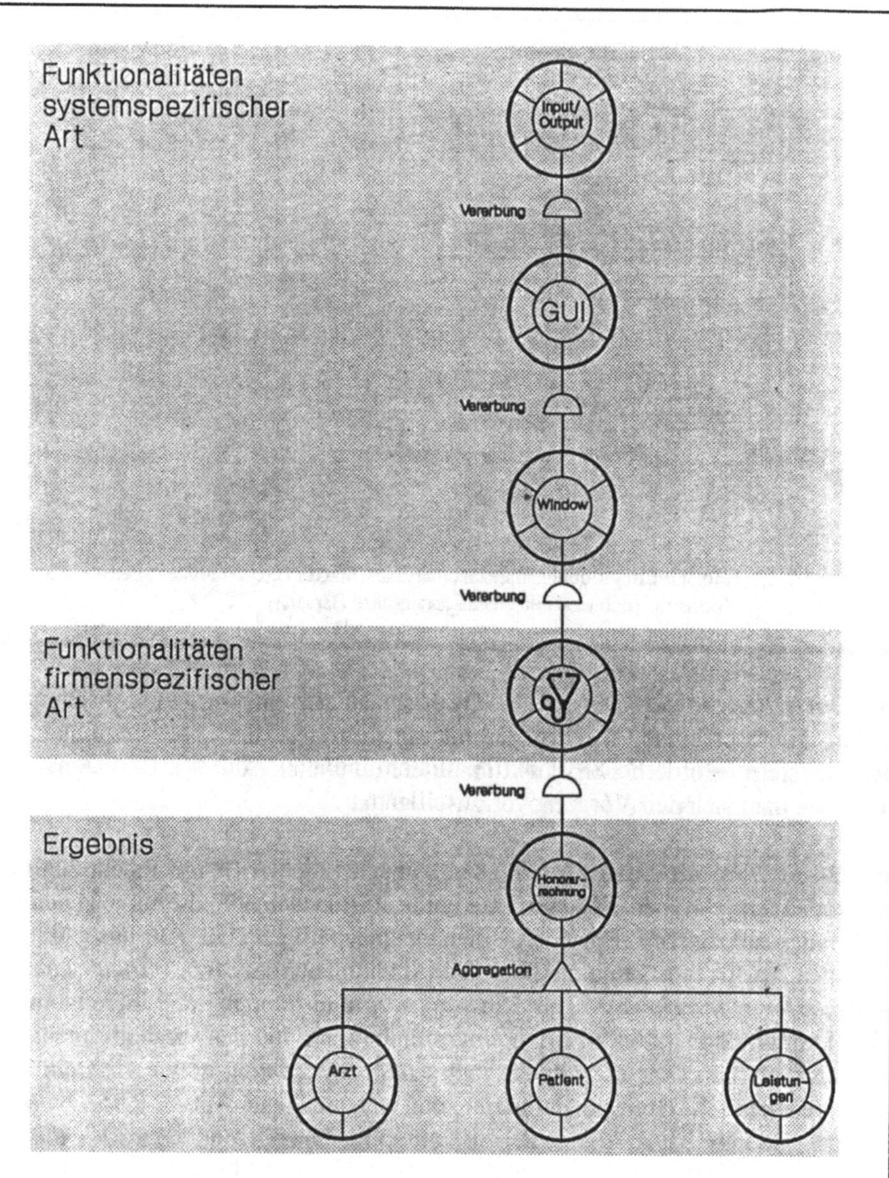

Abb. 4.2.13 Im *Darstellungsobjekt-Design* (*DOD*) ist jener Hierarchiepfad zu ergänzen, der insgesamt am ehesten die zur Erstellung einer Benützersicht erforderlichen Funktionalitäten anbietet

Spital
Sanasan

Arzt

Name ....
Adresse ....

Honorarrechnung

Rechnungs-Nr. ....
Rechnungs-Datum ....
in Behandlung von ....
bis ....
Diagnose ....

Patient

Name ....
Adresse ....

Datum	Anzahl	Leistungen		Betrag
		Tarif-Pos.	Bezeichnung	
				Total

Abb. 4.2.14 Im *Geschäftsobjekt-Design* (*GOD*) sind unter anderem die einer Benützersicht zugrunde liegenden Objekttypen (Klassen) ausfindig zu machen

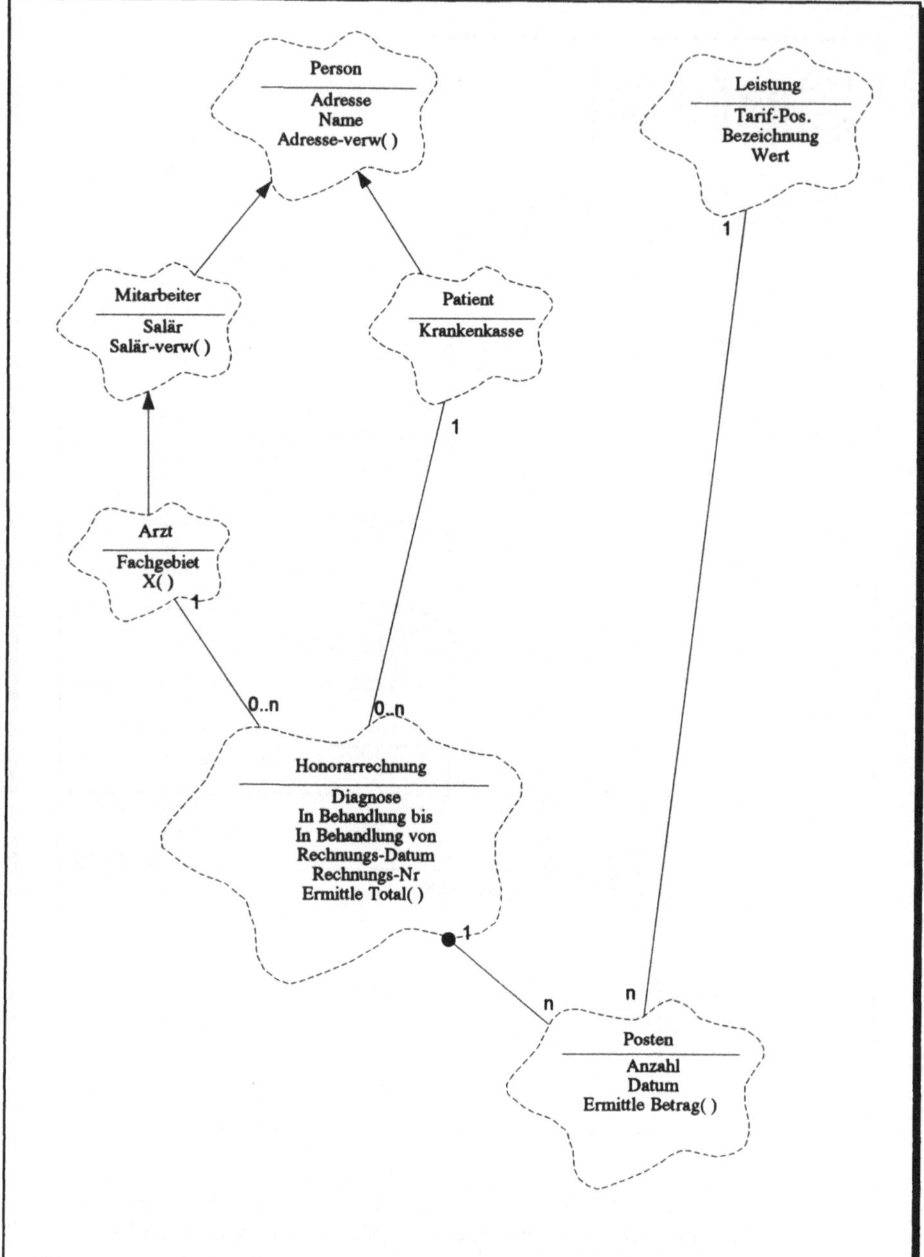

Abb. 4.2.15 Die im *Geschäftsobjekt-Design* (*GOD*) ermittelten Klassen, Strukturen, Instanzvariablen (Attribute) sowie Methoden sind in der Objektarchitektur zu versorgen (Notation gemäss Booch)

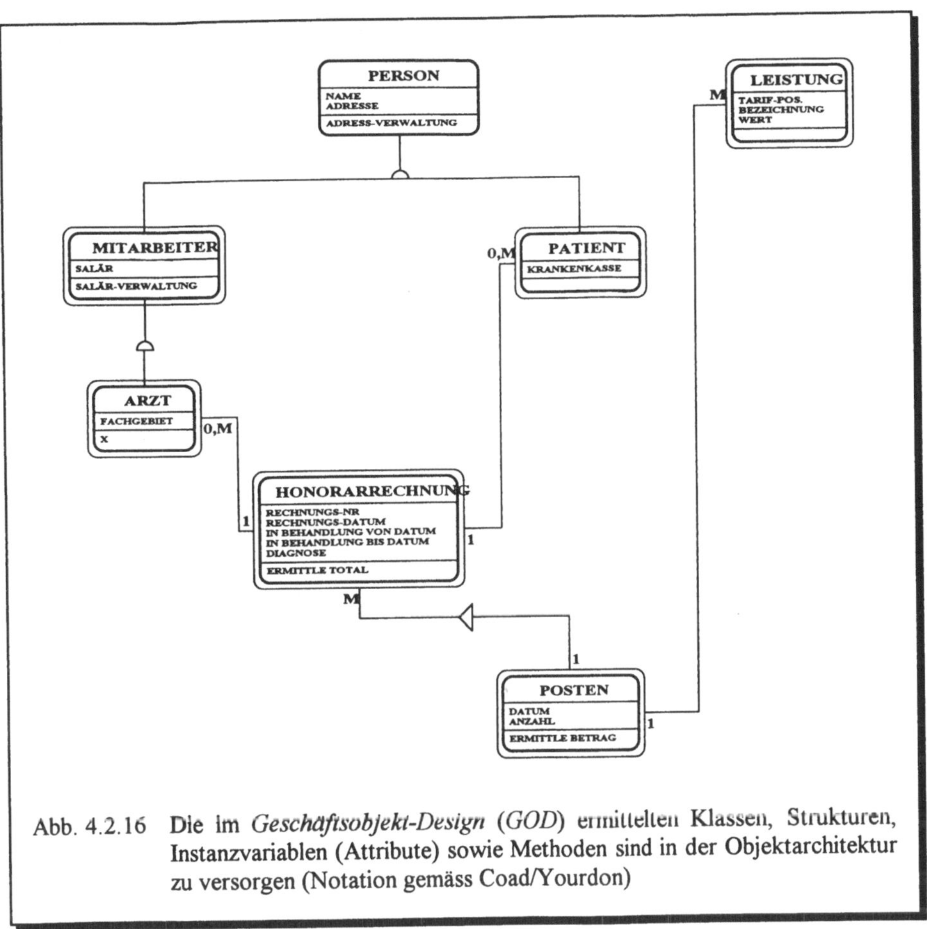

Abb. 4.2.16 Die im *Geschäftsobjekt-Design* (*GOD*) ermittelten Klassen, Strukturen, Instanzvariablen (Attribute) sowie Methoden sind in der Objektarchitektur zu versorgen (Notation gemäss Coad/Yourdon)

Der Vollständigkeit halber sei hier noch angedeutet, dass eine ganzheitliche Anwendungsentwicklung auch eine

Planungsphase

umfasst. Diese ist im Rhythmus von zwei bis drei Jahren abzuwickeln und bezweckt die Ermittlung der Anwendungen, die man zur Erreichung der Geschäftsziele in Zukunft realisieren sollte. Wichtig ist, dass die Planung *kooperativ* - also wieder mit Beteiligung von Führungskräften und kompetenten Sachbearbeitern - erfolgt. Ferner ist von Bedeutung, dass man nicht nur die zu realisierenden Anwendungen ermittelt, sondern auch die Sequenz der Realisierung festlegt.

Was die Planungstätigkeiten anbelangt, so sind diese für das klassische und objektorientierte Umfeld identisch. Wir verzichten daher an dieser Stelle auf weitere diesbezügliche Überlegungen - umsomehr, als das Thema in der einschlägigen Literatur schon hinreichend diskutiert wird[1].

Abb. 4.2.17 fasst die Ausführungen dieses Kapitels zusammen und veranschaulicht, dass zu einer *ganzheitlichen Anwendungsentwicklung* folgende Komponenten zu zählen sind:

1. Die einmalige Ermittlung einer als verbindliches Leitbild einzusetzenden *globalen Objektarchitektur.*

   Die globale Objektarchitektur ist als Rahmenwerk aufzufassen, das im Verlaufe der Zeit mit projektbezogen ermittelten Details daten- und funktionsspezifischer Art zu ergänzen ist. Eine mit Details ergänzte Objektarchitektur bezeichnet man als *Objektmodell.*

2. Die im Rhythmus von zwei bis drei Jahren durchzuführende *Planung.*

   Die Planung bezweckt die Ermittlung eines sogenannten *Anwendungsportfolios*, welchem die zur Erreichung der Unternehmungsziele in Zukunft zu realisierenden Anwendungen zu entnehmen sind.

3. Den pro Anwendung abzuwickelnden *Anwendungsentwicklungszyklus* mit den iterativ und inkrementell zur Ausführung gelangenden Schritten:

   - oo-Analyse
   - oo-Design
   - oo-Konstruktion und oo-Test
   - Nutzung und oo-Wartung

In Erinnerung gerufen sei auch, dass eine ganzheitliche Anwendungsentwicklung *kooperativ* - also mit Beteiligung von Führungskräften, kompetenten Sachbearbeitern sowie Informatikern - zu erfolgen hat.

[1] Siehe beispielsweise: Vetter M.: Strategie der Anwendungssoftware-Entwicklung (Methoden, Techniken, Tools einer ganzheitlichen, objektorientierten Vorgehensweise). 3., neubearbeitete und erweiterte Auflage, B.G. Teubner, Stuttgart, 1993

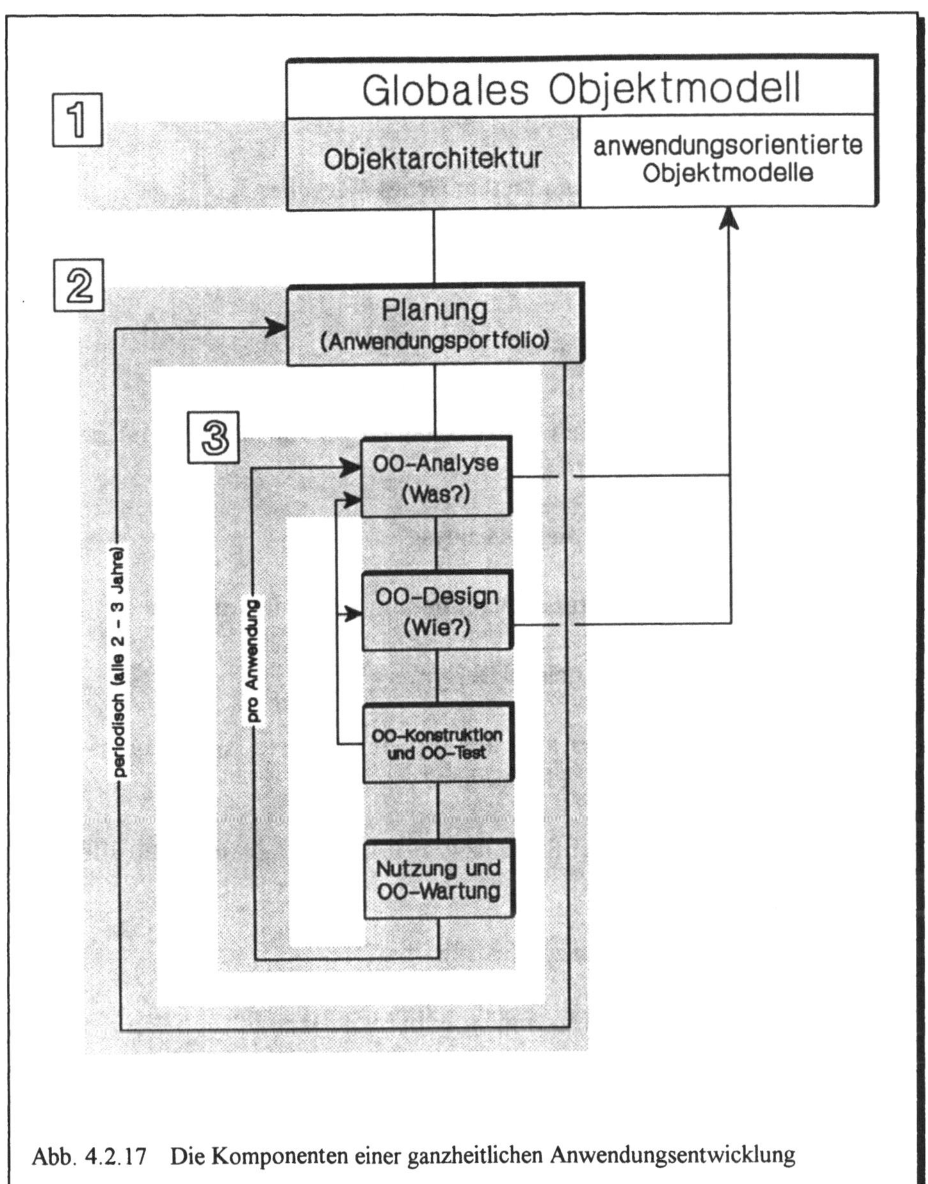

Abb. 4.2.17 Die Komponenten einer ganzheitlichen Anwendungsentwicklung

Fragen zum Stoff von Abschnitt 4.2

1. **Womit befasst sich ein methodisches Vorgehen?**
2. **Wozu dient eine globale Objektarchitektur bzw. ein globales Objektmodell?**
3. **Was ist ein Problem?**
4. **Welche Phasen beinhaltet der oo-Anwendungsentwicklungszyklus?**
5. **Womit befasst sich die oo-Analyse?**
6. **Welche Schritte unterscheidet man in einer oo-Analyse?**
7. **Womit befasst sich das oo-Design?**
8. **Worin unterscheidet sich die objektorientierte Anwendungsentwicklung von der klassischen?**
9. **Inwiefern sind Datenfluss- bzw. Präzedenzdiagramme für die oo-Analyse geeignet?**
10. **Wie sind Systemgrenzen festzuhalten?**
11. **Welche Schritte unterscheidet man im oo-Design?**
12. **Was ist ein Darstellungsobjekt?**
13. **Was ist ein Geschäftsobjekt?**
14. **Was bezweckt die Planungsphase?**
15. **Welche Komponenten gehören zu einer ganzheitlichen Anwendungsentwicklung?**

5. Konklusion

Mit Blick auf die Probleme, welche die menschliche Zivilisation bedrohen, fordert die amerikanische Wirtschaftswissenschaftlerin Hazel Henderson[1] *globales Denken und lokales Handeln*. Sie bringt damit zum Ausdruck, dass der fortschreitenden Zerstörung der natürlichen Lebensgrundlagen Einhalt zu gebieten ist, sofern wir in kleinen, lokal begrenzten Schritten auf ein vorab auf höchster Ebene verabschiedetes Ziel zuschreiten.

Eine Unternehmung, welche die Bedeutung der Daten erkannt hat (für viele - wie beispielsweise für eine Bank oder eine Versicherung - sind Daten mittlerweile zum zentralen *Produktionsfaktor* aufgerückt), ist gut beraten, sich an ein Prinzip zu halten, das in Anlehnung an Henderson's Aussage wie folgt zu formulieren ist: *"Daten (Objekte) global planen und konzipieren aber lokal verfeinern und realisieren."*

Bejaht man dieses Prinzip, so steht man auch zu einer *ganzheitlichen Anwendungsentwicklung*. Diese lässt sich zusammenfassend wie folgt umschreiben:

---

[1] In: Schaeffer M., Bachmann A. (Hrsg.): Neues Bewusstsein - neues Leben (Bausteine für eine menschliche Welt). Wilhelm Heyne Verlag, München, 1988

Ganzheitliche Anwendungsentwicklung

heisst, dass...

1. **Die für eine Unternehmung relevanten *Objekte* wie Kunden, Produkte (Angebot), Produktionsmittel, Lieferanten, etc. in Form einer für die ganze Belegschaft verbindlichen *globalen Objektarchitektur* (d.h. eines groben, als Rohbau aufzufassenden Modells) abzubilden sind**

2. **Die *globale Objektarchitektur* zur Erzielung von Synergieeffekten und zwecks Verankerung in der Belegschaft *kooperativ* - also mit Beteiligung von Führungskräften, Sachbearbeitern und Informatikern - zu ermitteln ist**

3. **Im Verlaufe der Zeit grössen- und risikomässig begrenzte technische Systeme (Anwendungen) zu realisieren und sowohl daten- wie auch funktionsmässig in das durch die *globale Objektarchitektur* festgelegte Gesamtkonzept einzupassen sind**

Globale Modelle, die im Sinne der vorstehenden Ausführungen als *Dreh- und Angelpunkt* in Erscheinung zu treten vermögen, haben sich im klassischen Umfeld längst bewährt. Zu gewährleisten ist damit insbesondere:

- Die Bewältigung des Datenchaos, das sich infolge unkontrolliert gewachsener Datenbestände fast überall eingestellt hat

- Die geordnete Dezentralisierung der Datenverarbeitung mit gleichzeitiger Integration und Vernetzung von Systemen

- Der Einsatz von auch Nichtinformatikern zumutbaren Anwendungsgeneratoren und höheren Datenbanksprachen

- Ein effizienter Einsatz der Informatik zum Vorteil für eine Unternehmung

Dies bedeutet keineswegs, dass globale Objektmodelle nur im Zusammenhang mit dem Einsatz von Computern gerechtfertigt sind. Wiederholt hat sich mittlerweile gezeigt, dass derartige Modelle - vorausgesetzt, sie kommen *kooperativ* zustande - das Verständnis für die betrieblichen Zusammenhänge ausserordentlich zu fördern vermögen. Insbesondere sind damit ordnende, klärende, divergierende Wünsche und Erfordernisse auf einen Nenner bringende, Kommunikationsprobleme entschärfende Effekte zu erzielen. Eine Unternehmung ist daher gut beraten, die Ermittlung eines globalen Objektmodells auch dann in die Wege zu leiten, wenn der Einsatz von Computern gar nicht zur Debatte steht. Angesichts der nachweisbaren, positiven Auswirkungen derartiger Modelle muss man heute fast zwangsläufig zu folgender Schlussfolgerung kommen:

Schlussfolgerung:

Eine auf ein globales Objektmodell verzichtende Unternehmung wird gegenüber der Konkurrenz, welche die vorteilhaften und günstigen Auswirkungen derartiger Modelle zu nutzen weiss, früher oder später in Rückstand geraten.

In Japan (und bis vor kurzem auch in namhaften, westlichen Betrieben) versammeln sich die Mitarbeiter einer Unternehmung allmorgendlich, um singend einen neuen Arbeitstag in Angriff zu nehmen. Im Liede erinnert man sich der von der Geschäftsleitung vorgegebenen Marschrichtung - der Unité de doctrine - und fördert damit sowohl das Zusammengehörigkeitsgefühl wie auch eine positive Arbeitsatmosphäre. Heute kann man auf derartige Lieder verzichten, ist doch mit einem kooperativ zustande gekommenen, globalen Objektmodell eine ähnliche Wirkung zu erzielen.

Fragen zum Stoff des Buches

1. **Warum treffen Verheissungen wie:**

    - **Produktivität**
    - **Leichte Änderbarkeit von Anwendungen**
    - **Leichte Erweiterbarkeit von Anwendungen**
    - **Hoher Grad an Wiederverwendbarkeit**
    - **Unterstützung bei der Realisierung moderner Konzepte wie Client/Server Anwendungen und Benutzerschnittstellen (Graphical User Interfaces: GUI's)**

    für das objektorientierte Umfeld eher zu als für das klassische?

2. **Warum stellt sich im objektorientierten Umfeld ohne globale Architektur eher ein Chaos ein als im klassischen?**

3. **Was unterscheidet das objektorientierte Vorgehen vom klassischen?**

4. **Welche Voraussetzungen sind zu treffen, damit *Wiederverwendbarkeit* im objektorientierten Umfeld zum Tragen kommt?**

5. **Wie ist eine *ganzheitliche Anwendungsentwicklung* zu charakterisieren?**

Anhang A: Lösungen zu den Übungen

Im folgenden werden im Sinne eines Vorschlages Lösungen zu den Übungen der einzelnen Kapitel präsentiert. Zu beachten ist, dass für eine Übung in der Regel verschiedene Lösungsvarianten denkbar sind.

Lösung zu Übung 2.1

Abb. A.1 zeigt die Lösung zu Übung 2.1

Urs Müller	Person	Klassifikation
Urs Müller	Maja Meier	Assoziation
Urs Müller	intelligent	nicht anwendbar
Urs Müller	Univ. Prof.	Klassifikation (ev. Attribut)
Urs Müller	Univ. Zürich	Assoziation
Urs Müller	spielt Tennis	nicht anwendbar
Urs Müller	sein Knie	Aggregation
Maja Meier	Kunststudentin	Klassifikation (ev. Attribut)
Lehrer	Univ. Prof.	Generalisierung
Univ. Zürich	Fachbereich Geologie	Aggregation

Abb. A.1 Lösung zu Übung 2.1

Lösung zu Übung 2.2

Abb. A.2 und Abb. A.3 zeigen, dass den Benützersichten *Faktur* und *Forderung* Objekte der Klassen KUNDE, ARTIKEL, FAKTUR sowie POSTEN zugrunde liegen. Die Beziehungen zwischen den Klassen sind ebenfalls den genannten Abbildungen zu entnehmen. Abb. A.4 zeigt im oberen Teil ein entsprechendes OO-Diagramm in der Notation von Coad/Yourdon und im unteren Teil ein solches in der Notation von Booch.

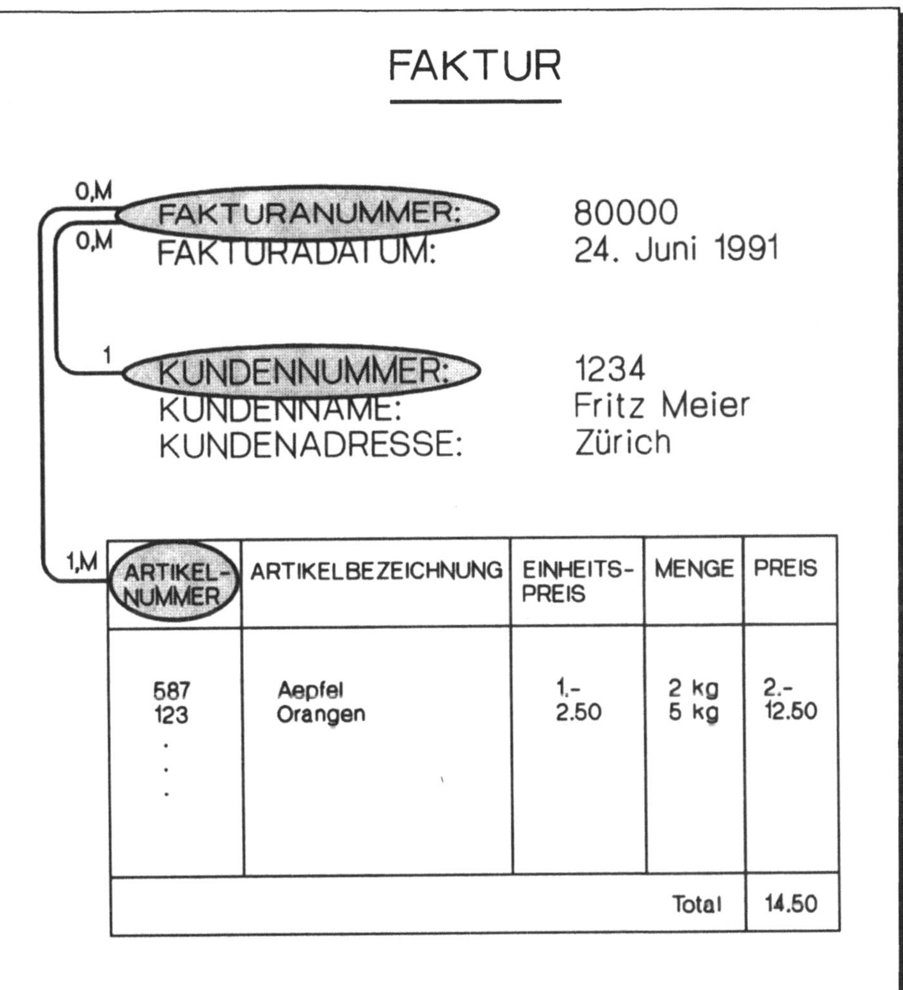

Abb. A.2 Übung 2.2: Der Benützersicht *Faktur* liegen Objekte der Klassen KUNDE, ARTIKEL, FAKTUR sowie POSTEN zugrunde

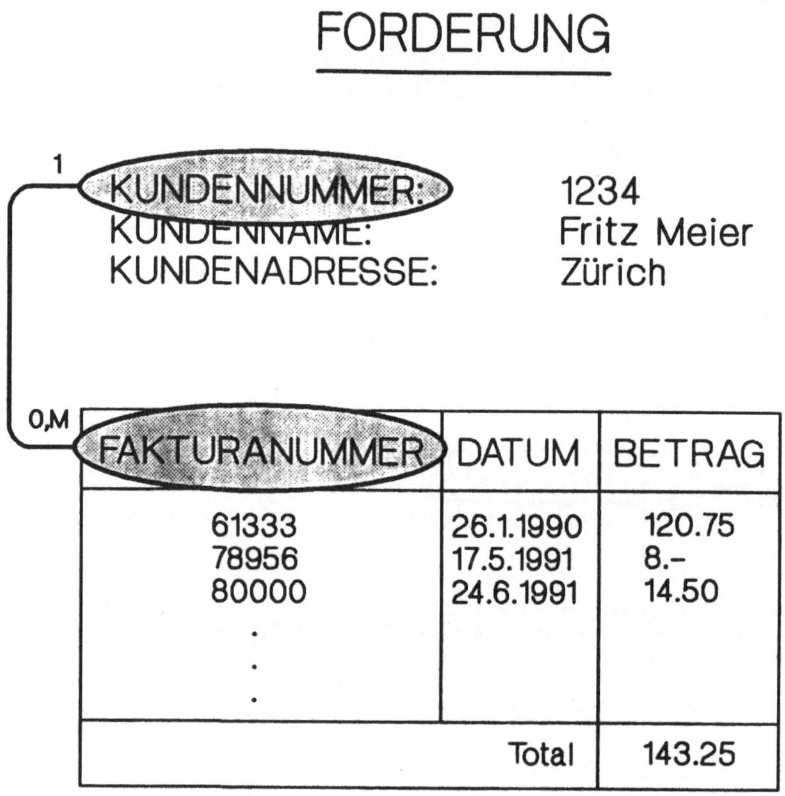

FORDERUNG

1 KUNDENNUMMER: 1234
KUNDENNAME: Fritz Meier
KUNDENADRESSE: Zürich

0,M

FAKTURANUMMER	DATUM	BETRAG
61333 78956 80000 . . .	26.1.1990 17.5.1991 24.6.1991	120.75 8.– 14.50
	Total	143.25

Abb. A.3 Übung 2.2: Der Benützersicht *Forderung* liegen Objekte der Klassen KUNDE sowie FAKTUR zugrunde

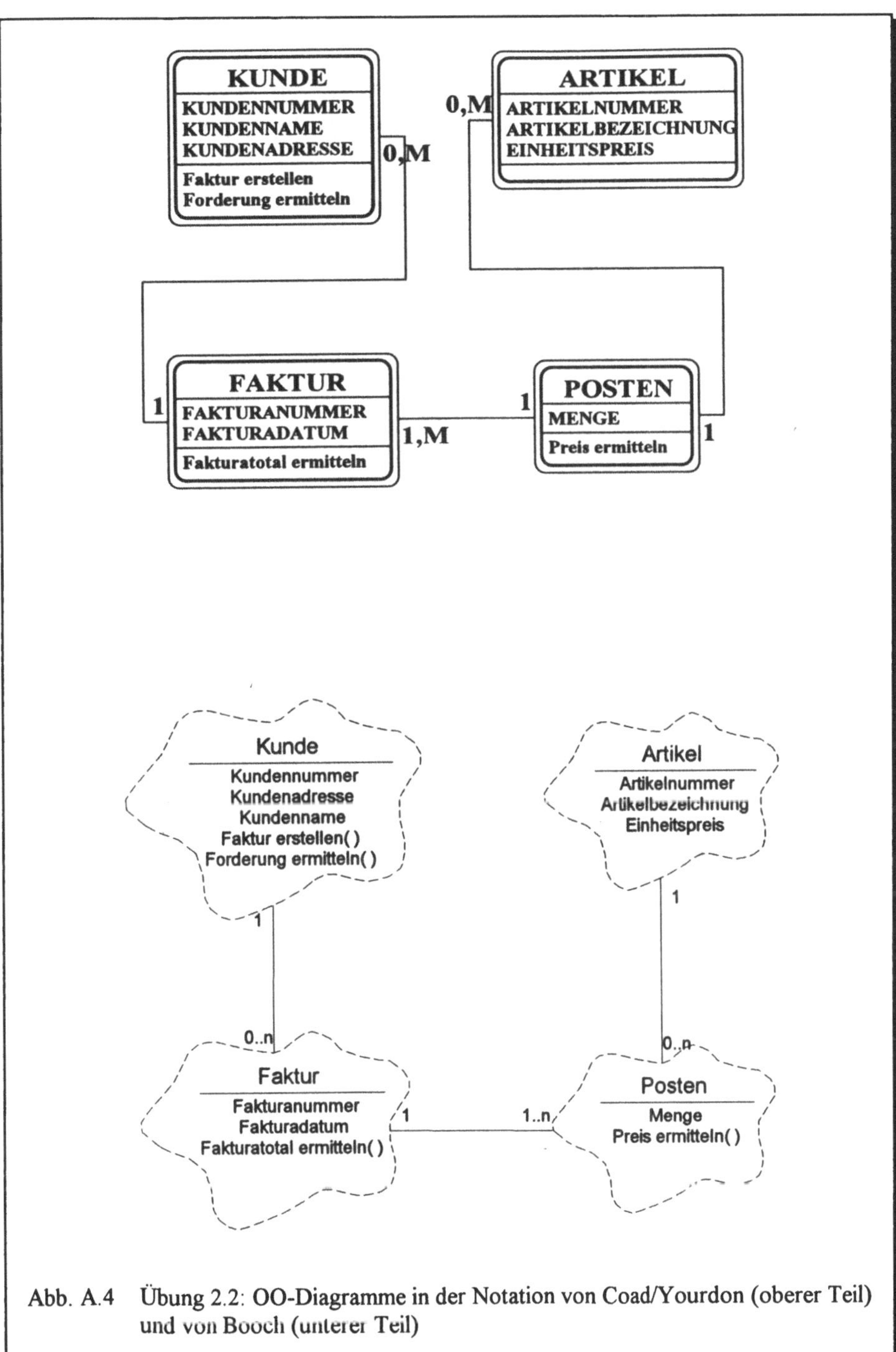

Abb. A.4 Übung 2.2: OO-Diagramme in der Notation von Coad/Yourdon (oberer Teil) und von Booch (unterer Teil)

Lösung zu Übung 2.3

Abb. A.5 zeigt die der Benützersicht aus Abb. A.2 zugrunde liegende Aggregationsstruktur in der Notation von Coad/Yourdon (linker Teil) und in der Notation von Booch (rechter Teil).

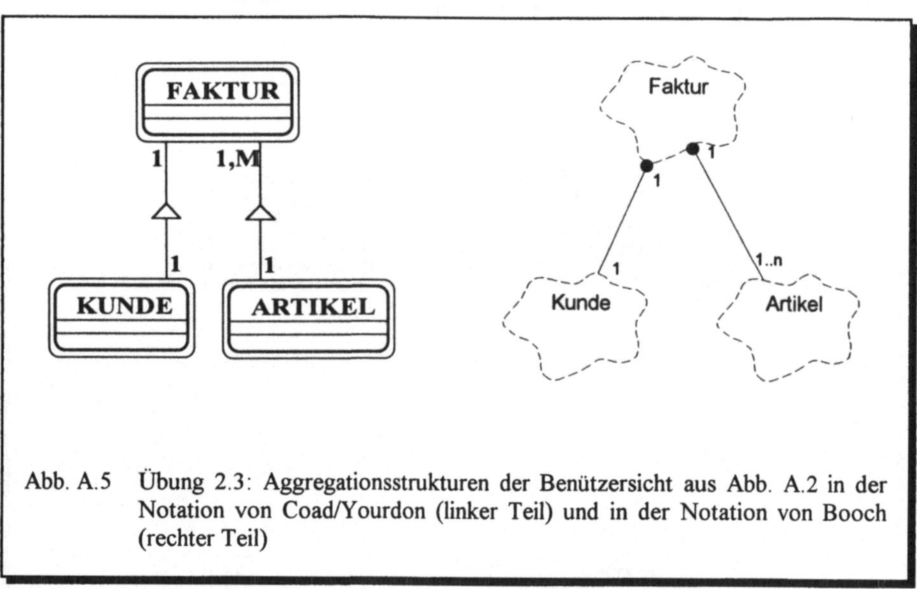

Abb. A.5 Übung 2.3: Aggregationsstrukturen der Benützersicht aus Abb. A.2 in der Notation von Coad/Yourdon (linker Teil) und in der Notation von Booch (rechter Teil)

Lösung zu Übung 2.4

Abb. A.6 zeigt eine mögliche Lösung zu Übung 2.4

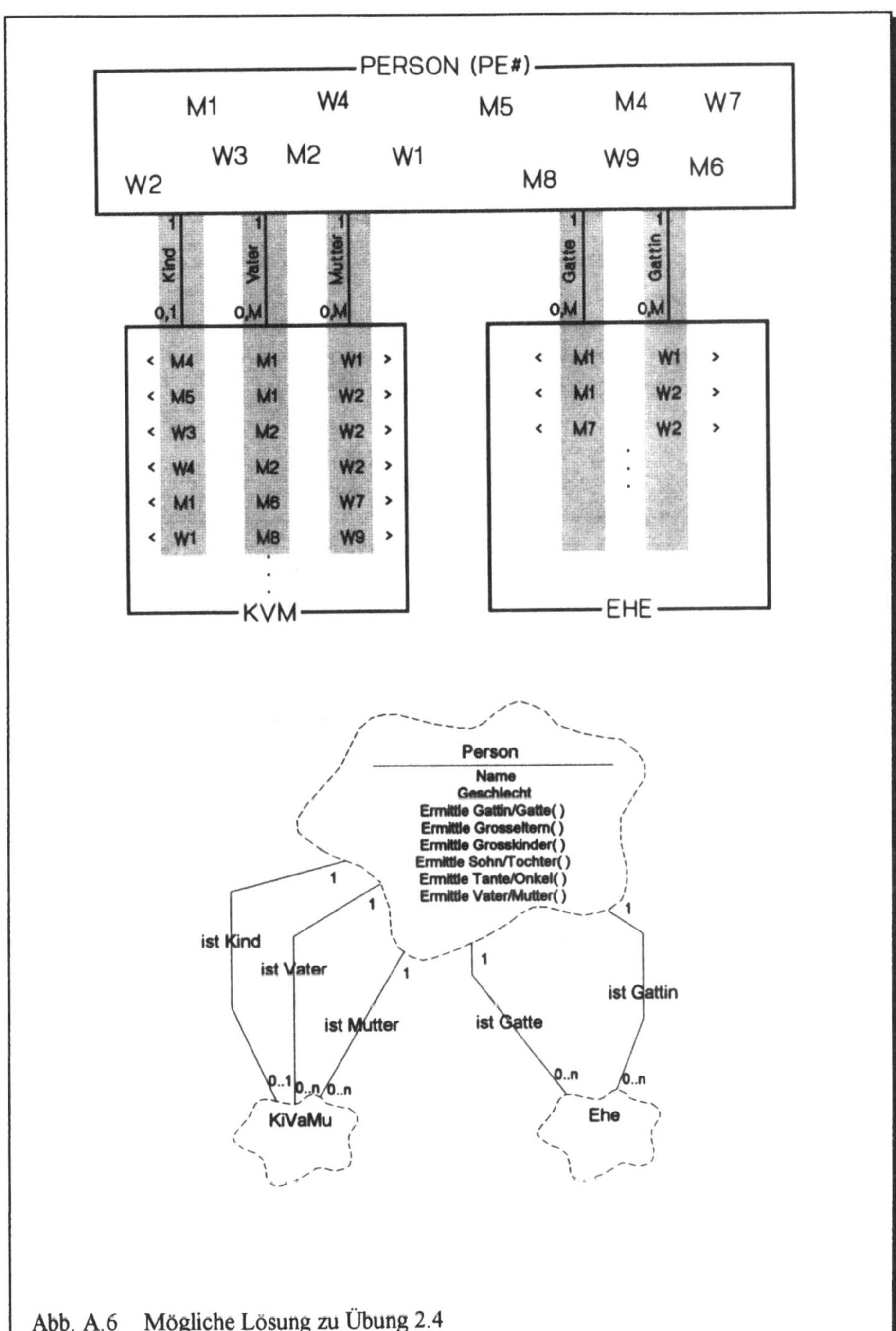

Abb. A.6 Mögliche Lösung zu Übung 2.4

Lösung zu Übung 2.5

Abb. A.7, Abb. A.8 und Abb. A.9 zeigen mögliche Lösungen zu Übung 2.5.

Mitarbeiterzeiterfassung

Mitarbeiter:

Maja Fischer, Direktorin, 35, verheiratet, ...
Fabian Eugster, Informatiker, 24, ledig, ...

Klasse	Mitarbeiter
Daten	**Methoden**
Name Beruf Alter Zivilstand . . .	Eingang erfassen Eingangszeit erf. Ausgangszeit erf. Ferien erfassen Krankheit erfassen . . .

Objekt	Maja Fischer
Daten	**Methoden**
Maja Fischer Direktorin 35 verheiratet . . .	Eingang erfassen Eingangszeit erf. Ausgangszeit erf. Ferien erfassen Krankheit erfassen . . .

Abb. A.7 Mögliche Lösung zu Übung 2.5 (1. Teil)

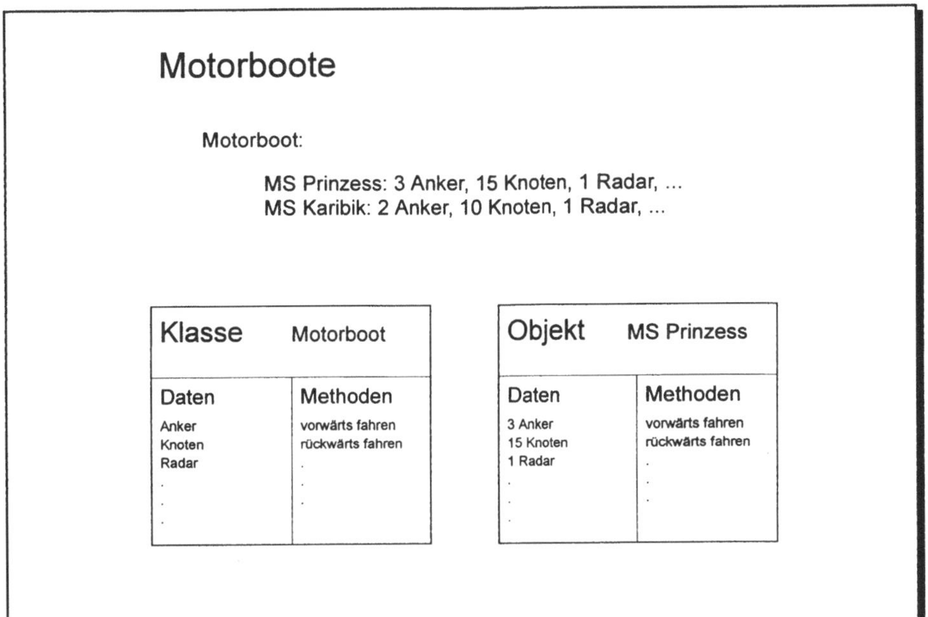

Motorboote

Motorboot:

MS Prinzess: 3 Anker, 15 Knoten, 1 Radar, ...
MS Karibik: 2 Anker, 10 Knoten, 1 Radar, ...

Klasse Motorboot	
Daten	Methoden
Anker Knoten Radar . . .	vorwärts fahren rückwärts fahren . . .

Objekt MS Prinzess	
Daten	Methoden
3 Anker 15 Knoten 1 Radar . . .	vorwärts fahren rückwärts fahren . . .

Abb. A.8 Mögliche Lösung zu Übung 2.5 (2. Teil)

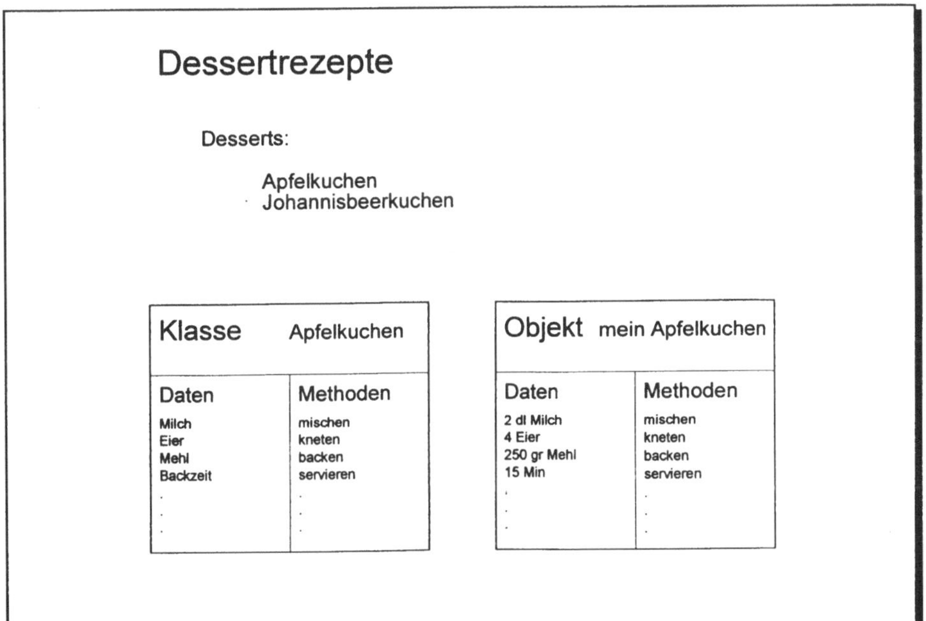

Dessertrezepte

Desserts:

Apfelkuchen
Johannisbeerkuchen

Klasse Apfelkuchen	
Daten	Methoden
Milch Eier Mehl Backzeit . . .	mischen kneten backen servieren . . .

Objekt mein Apfelkuchen	
Daten	Methoden
2 dl Milch 4 Eier 250 gr Mehl 15 Min . . .	mischen kneten backen servieren . . .

Abb. A.9 Mögliche Lösung zu Übung 2.5 (3. Teil)

Lösung zu Übung 2.6

Abb. A.10 zeigt eine mögliche Lösung zu Übung 2.6

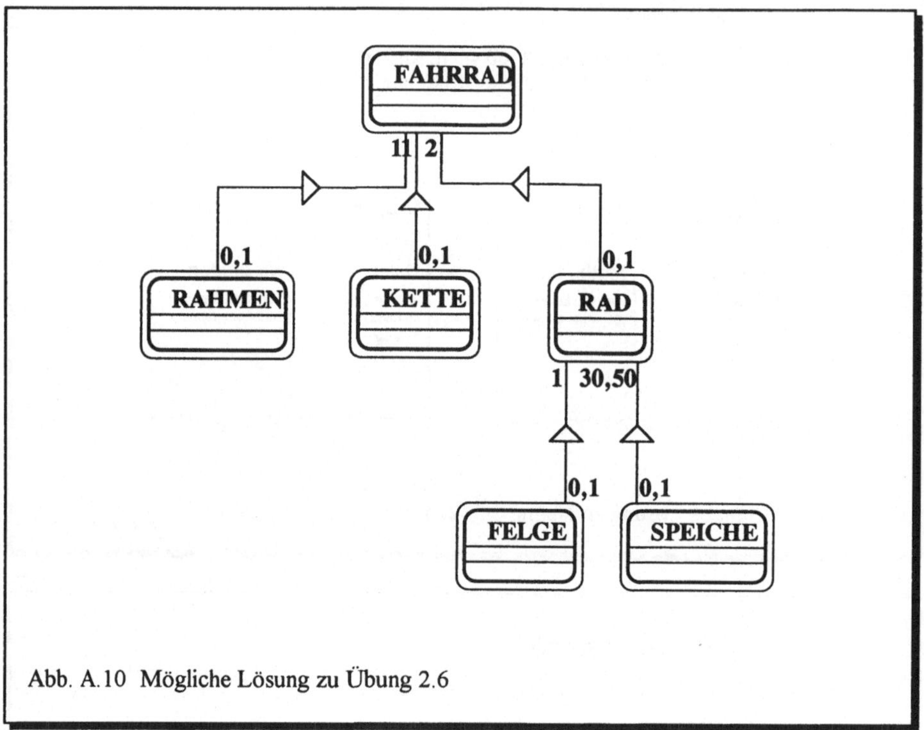

Abb. A.10 Mögliche Lösung zu Übung 2.6

Lösung zu Übung 2.7

Abb. A.11 zeigt die Lösung zu Übung 2.7. Was die Karriere von Herrn Jordi anbelangt, so trat dieser am 15.8.75 in die Personalabteilung ein, wechselte am 1.1.79 in die Ausbildungsabteilung, war vom 1.8.84 bis 31.3.85 beurlaubt und ist seit 1.4.85 in der Abteilung für Informatik beschäftigt.

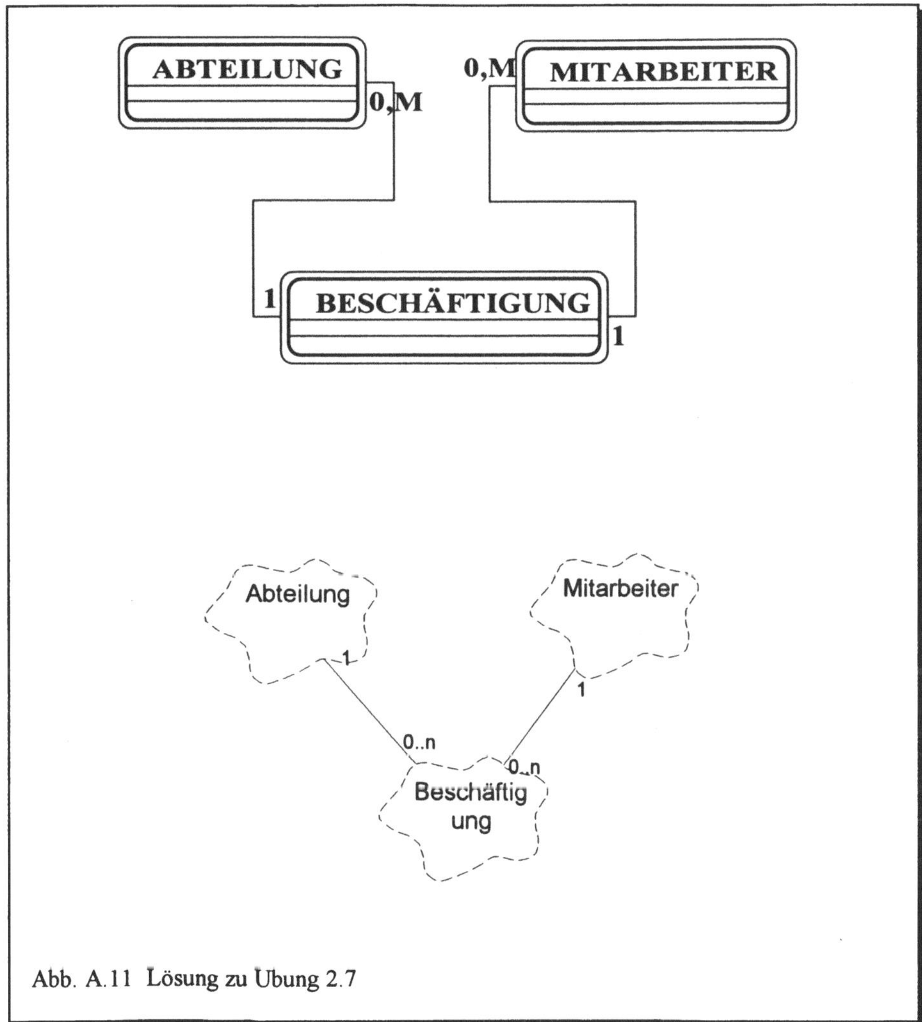

Abb. A.11 Lösung zu Übung 2.7

Lösung zu Übung 3.1

Abb. A.12 zeigt eine mögliche Lösung zu Übung 3.1.

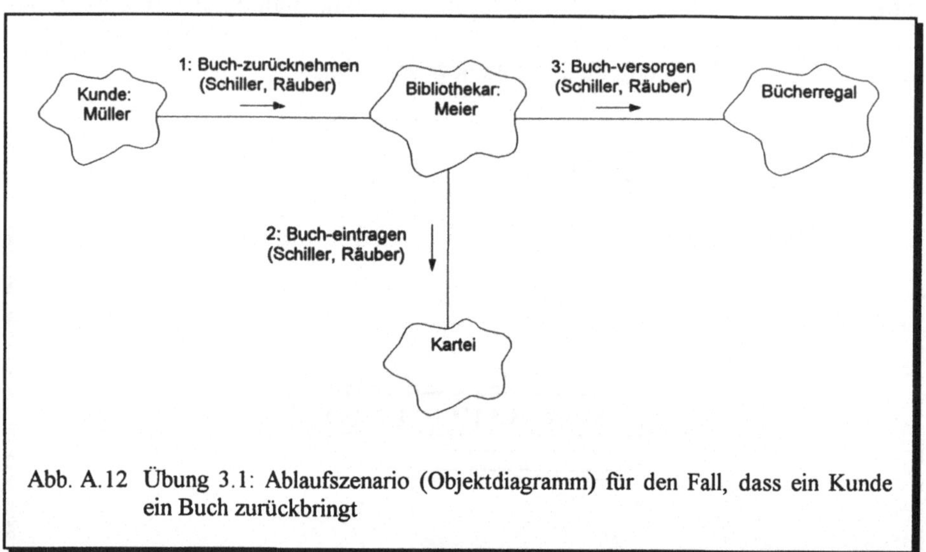

Abb. A.12 Übung 3.1: Ablaufszenario (Objektdiagramm) für den Fall, dass ein Kunde ein Buch zurückbringt

Lösung zu Übung 3.2

Abb. A.13 zeigt das erweiterte OO-Diagramm für das *Bibliotheksbeispiel*. Das Ablaufszenario für den Fall, dass neue Bücher aufzunehmen sind, ist Abb. A.14 zu entnehmen.

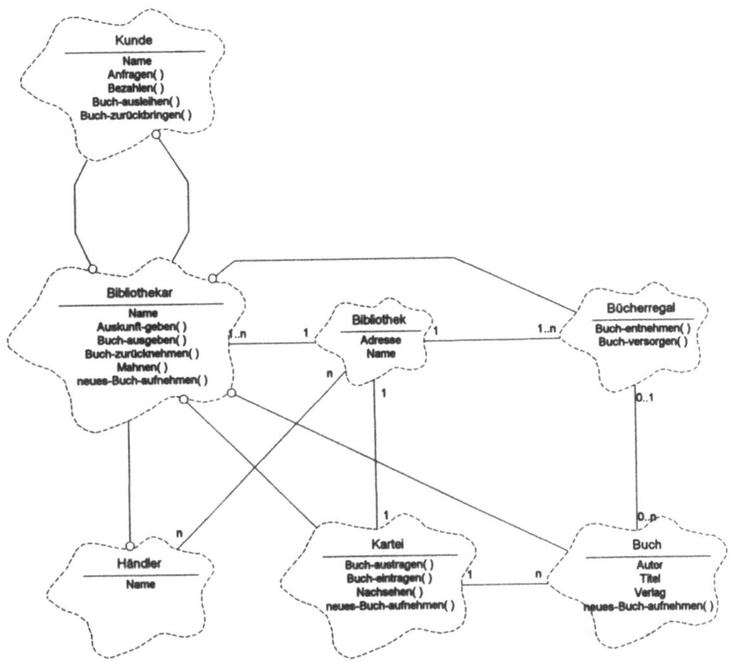

Abb. A.13 Übung 3.2: Erweitertes OO-Diagramm für *Bibliotheksbeispiel*

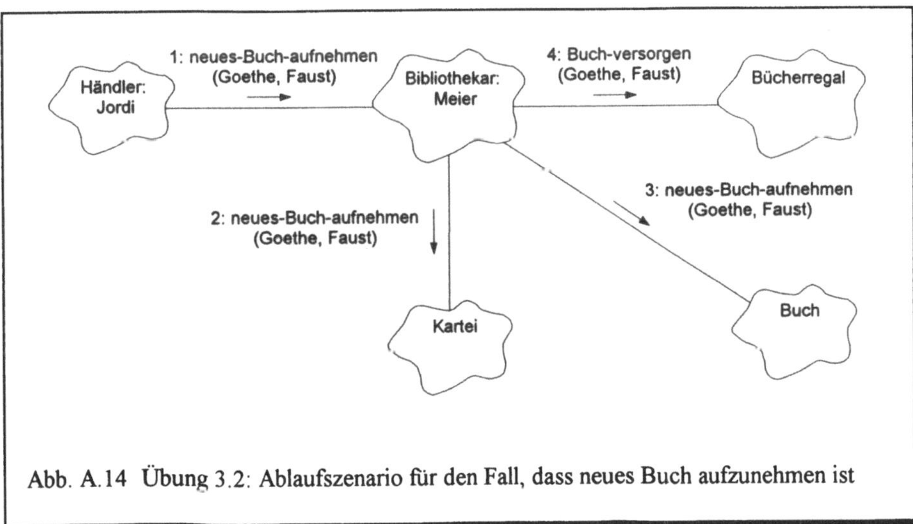

Abb. A.14 Übung 3.2: Ablaufszenario für den Fall, dass neues Buch aufzunehmen ist

Lösung zu Übung 3.3

Abb. A.15, Abb. A.16 sowie Abb. A.17 zeigen eine mögliche Lösung zu Übung 3.3.

Methode: **KUNDE.Anfragen** (bearbeitet Kundenanfragen)

Input-Parameter:
AUTOR
TITEL
Output-Parameter:
STATUS: ok (Buch vorhanden), nicht ok (Buch ausgeliehen)

Methode: **KUNDE.Bezahlen** (bearbeitet Bezahlung von Leihgebühr)

Input-Parameter:
BETRAG: zu bezahlende Leihgebühr
Output-Parameter:
STATUS: ok (Gebühr entrichtet), nicht ok (Gebühr schuldig)

Methode: **KUNDE.Buch-ausleihen** (bearbeitet Ausgabe von Büchern)

Input-Parameter:
AUTOR
TITEL
Output-Parameter:
STATUS: ok (Buch), nicht ok (kein Buch)

Abb. A.15 Übung 3.3: Schnittstellenspezifikationen für *Bibliotheksbeispiel* (1. Teil)

Methode: **KUNDE. Buch-zurückbringen** (bearbeitet Buchrückgabe)

Input-Parameter:

BUCH: zurückgebrachtes Buch

Methode: **BIBLIOTHEKAR. Auskunft-geben** (bearbeitet Auskunftserteilung)

Input-Parameter:

AUTOR

TITEL

Output-Parameter:

STATUS: ok (Buch vorhanden), nicht ok (Buch ausgeliehen)

Methode: **BIBLIOTHEKAR. Buch-ausgeben** (bearbeitet Buchausgabe)

Input-Parameter:

AUTOR

TITEL

Output-Parameter:

STATUS: ok (Buch), nicht ok (kein Buch)

Methode: **BIBLIOTHEKAR. Buch-zurücknehmen** (bearbeitet Buchrückgabe)

Input-Parameter:

BUCH: zurückgebrachtes Buch

Abb. A.16 Übung 3.3: Schnittstellenspezifikationen für *Bibliotheksbeispiel* (2. Teil)

Methode: **KARTEI. Buch-austragen** (bearbeitet Buchausgabe)

Input-Parameter:

AUTOR

TITEL

Methode: **KARTEI. Buch-eintragen** (bearbeitete Buchrückgabe)

Input-Parameter:

AUTOR

TITEL

Methode: **KARTEI.Nachsehen** (prüft Buchverfügbarkeit)

Input-Parameter:

AUTOR

TITEL

Output-Parameter:

STATUS: vorhanden, ausgeliehen, unbekannt

Methode: **BÜCHERREGAL. Buch-entnehmen** (bearbeitet Buchentnahme aus Regal)

Input-Parameter:

AUTOR

TITEL

Output-Parameter:

STATUS: ok (Buch), nicht ok (kein Buch)

Abb. A.17 Übung 3.3: Schnittstellenspezifikationen für *Bibliotheksbeispiel* (3. Teil)

Lösung zu Übung 3.4

Abb. A.18 und Abb. A.19 zeigen eine mögliche Lösung zu Übung 3.4.

Methode: **KONTO.eröffnen** (eröffnet neues Konto)

Input-Parameter:
- KUNDEN-NR
- KONTO-NR
- EINLAGE: getätigte Einlage beim Eröffnen

Output-Parameter:
- STATUS: ok (Einlage ausreichend), nicht ok (Einlage zu niedrig)

Preconditions:
1. Einlage >= Fr. 100.-
2. Kontonummer entsprechend Regelung x

Aktionen:
1. Erzeuge Konto-Objekt mittels "create"-Methode
2. Initialisiere Konto-Objekt mit Input-Parametern

Postconditions:
1. SALDO stimmt mit EINLAGE überein

Abb. A.18 Übung 3.4: Schnittstellen- und Aktionsspezifikation für Methode KONTO.eröffnen

Methode: **KONTO.einzahlen** (bearbeitet Einzahlungen)

Input-Parameter:

BETRAG: einbezahlter Betrag

Preconditions:

1. BETRAG >= Fr. 10.-

Aktionen:

1. SALDO = SALDO + BETRAG

Postconditions:

1. neuer SALDO gleich alter SALDO + BETRAG

Abb. A.19 Übung 3.4: Schnittstellen- und Aktionsspezifikation für Methode KONTO.einzahlen

Lösung zu Übung 3.5

Das Objektstatusdiagramm für eine Parkhausschranke ist Abb. A.20 (in der Notation von Booch) und Abb. A.21 (in einer ebenfalls gebräuchlichen Notation) zu entnehmen. Abb. A.22 zeigt die entsprechende Statusübergangstabelle.

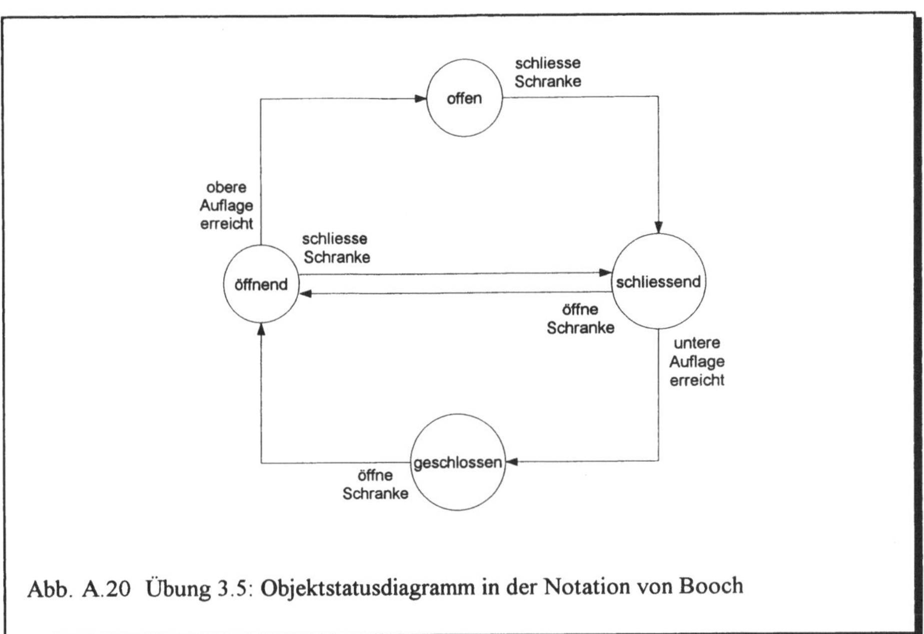

Abb. A.20 Übung 3.5: Objektstatusdiagramm in der Notation von Booch

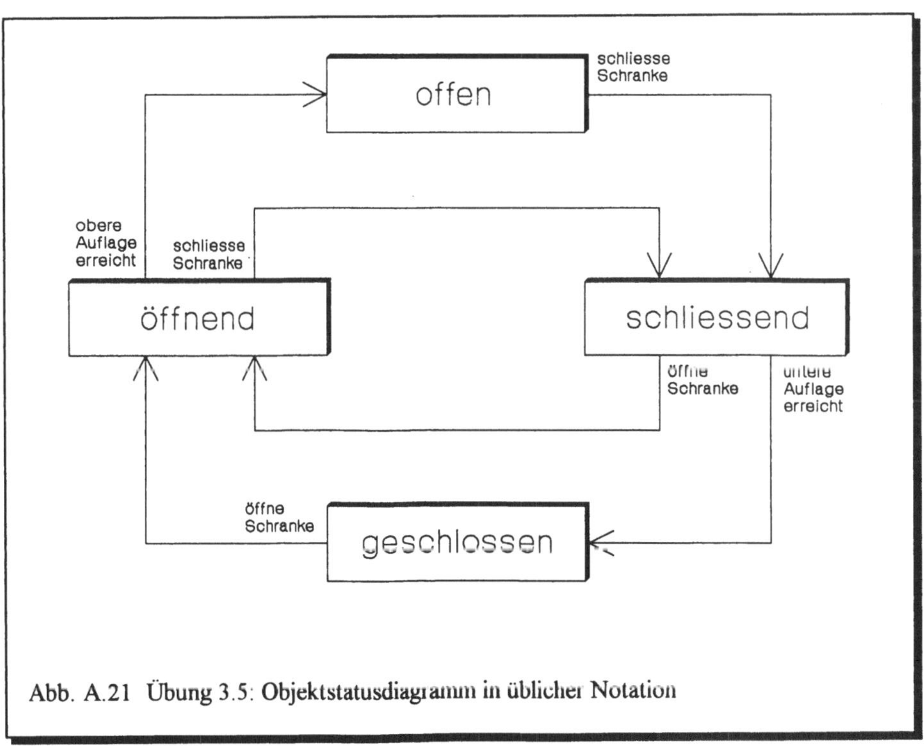

Abb. A.21 Übung 3.5: Objektstatusdiagramm in üblicher Notation

		Ereignis			
		öffne Schranke	schliesse Schranke	untere Auflage erreicht	obere Auflage erreicht
Zustand	offen	ignoriert	schliessend	nicht möglich	nicht möglich
	schliessend	öffnend	ignoriert	geschlossen	nicht möglich
	geschlossen	öffnend	ignoriert	nicht möglich	nicht möglich
	öffnend	ignoriert	schliessend	nicht möglich	offen

Abb. A.22 Übung 3.5: Statusübergangstabelle

Lösung zu Übung 3.6

Das Objektstatusdiagramm für einen einfachen Bankautomaten ist Abb. A.23 (in der Notation von Booch) zu entnehmen. Abb. A.24 zeigt die entsprechende Statusübergangstabelle.

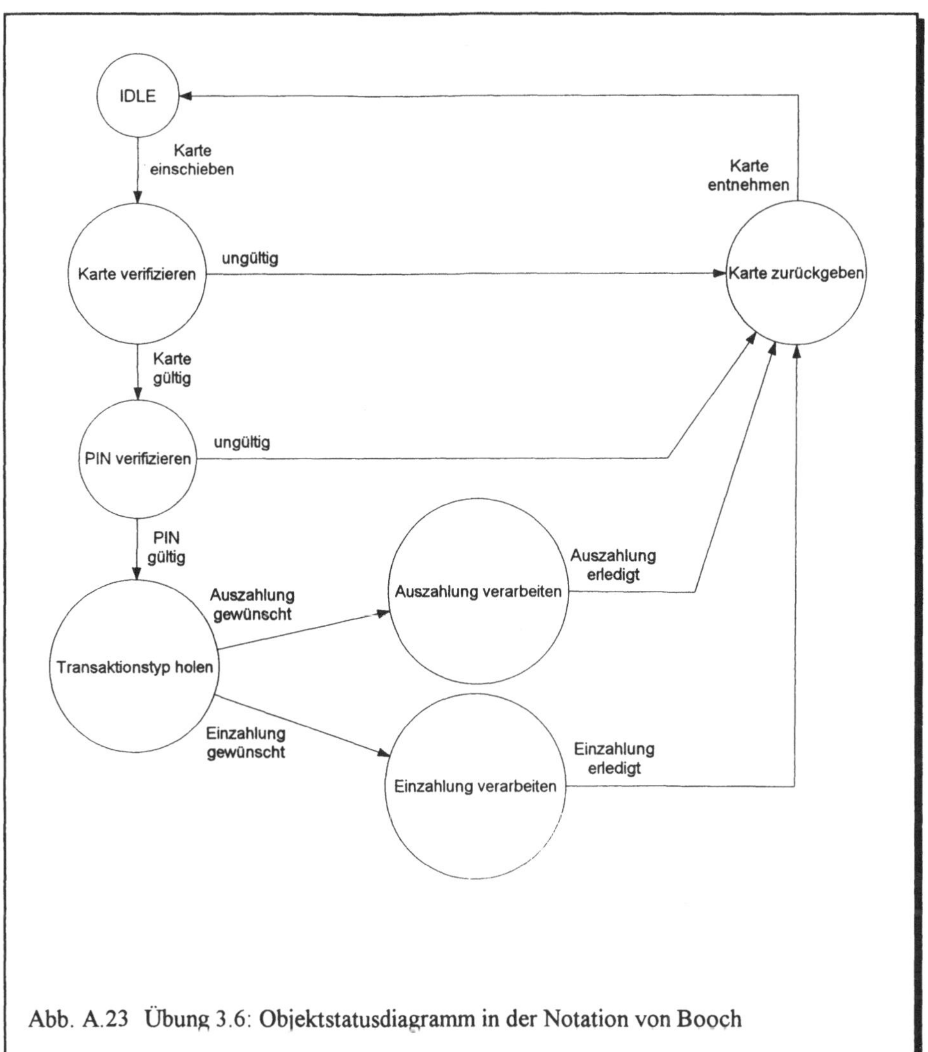

Abb. A.23 Übung 3.6: Objektstatusdiagramm in der Notation von Booch

Zustand \ Ereignis	Karta eingesohoben	Karte ungültig	Karte ungültig	PIN gültig	PIN ungültig	Auszahlung gewünsoht	Einzahlung gewünsoht	Karts entnommsn	Auszahlung erledigt	Einzahlung erledigt
IDLE	Karte verifizieren									
Karta verifizieren		Karte zurüokgeben	PIN verifizieren							
PIN verifizieren				Transaktionstyp holen	Karte zurüokgeben					
Transaktionstyp holen						Auszahlung verarbeiten	Einzahlung verarbeiten			
Auszahlung verarbeiten									Karts zurüokgeben	
Einzahlung verarbeiten										Karts zurüokgeben
Karts zurüokgeben								IDLE		

Abb. A.24 Übung 3.6: Statusübergangstabelle für einfachen Bankautomaten

Anhang B: Anderweitige OO-Methoden

Die im vorliegenden Buch diskutierten Prinzipien wurden durchwegs entweder mit der Notation von Coad/Yourdon[1] oder jener von Booch[2] dokumentiert. Nun gibt es aber zur Zeit noch zahlreiche weitere, sich konkurrenzierende Ansätze. So ist Abb. B.1 die Notation jener Ansätze zu entnehmen, die sich derzeit wohl grösster Verbreitung erfreuen. Alles macht den Anschein, dass sich der frühere Religionsstreit um Programmiersprachen neuerdings auf Software-Engineering Methoden verlagert hat. Wie bei den Programmiersprachen wird sich vermutlich aber auch bei den Methoden kaum ein einziger Ansatz durchsetzen können - zu verschieden sind nämlich nicht nur die zu lösenden Probleme, sondern auch die Geschmäcker, ganz abgesehen vom so einflussreichen *NIH-Syndrom* (*not invented here Syndrom*). Hieran werden wohl auch die Bemühungen der in Abschnitt 3.4 erwähnten *Object Management Group* (*OMG*) kaum etwas zu ändern vermögen.

---

[1] Coad P., Yourdon E.: Object-Oriented Analysis. Prentice Hall, 1990, ISBN 0-13-629122-8

[2] Booch G.: Object-Oriented Analysis and Design with Applications. The Benjamin/Cummings Publishing Company, Inc., Second Edition (1994), ISBN 0-8053-5340-2

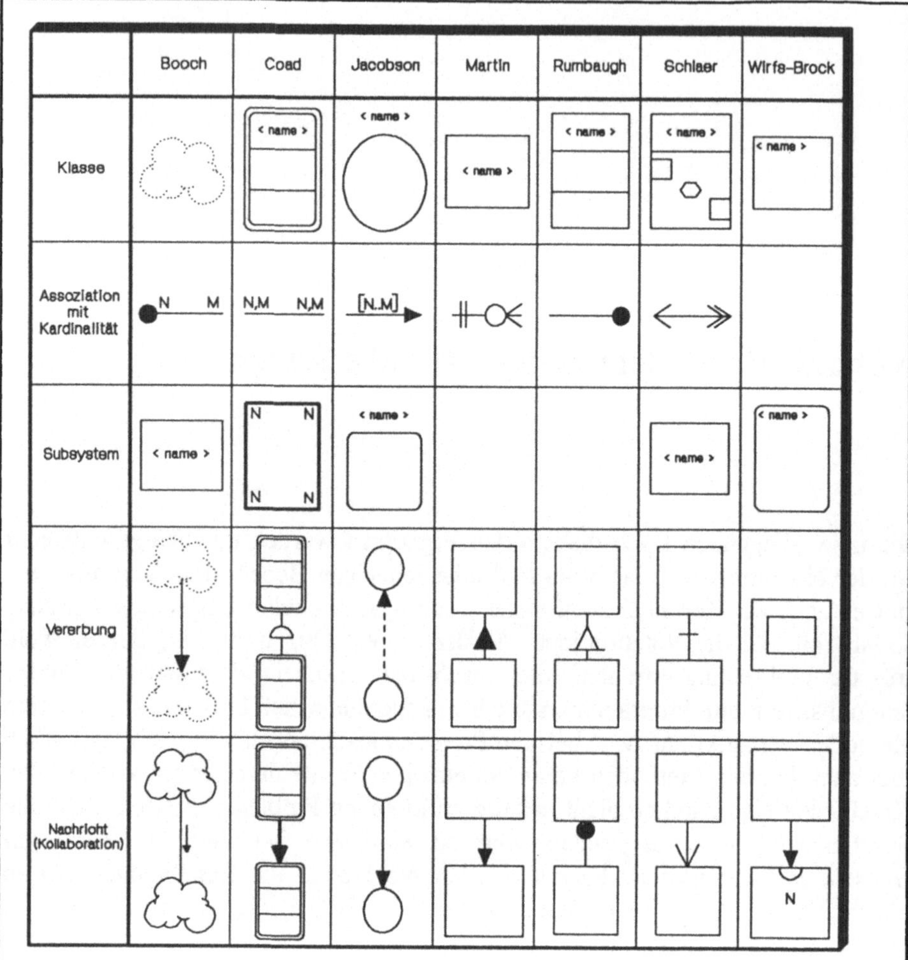

Abb. B.1 Notation verschiedener OO-Methoden

Literatur

[1] Abbot R.: Program Design by Informal English Descriptions. Communications of the ACM vol. 26 (11), 1983

[2] Abrial J.R.: Data Semantics. Data Base Management. Klimbie and Koffeman, Editors, Norths Holland, Amsterdam, 1974

[3] Atkinson M., Bancilhon F., DeWitt D., Dittrich K., Maier D., Zdonik S.: The Object-Oriented Database System Manifesto. Proc. of the First International DOOD Conference, Kim, Nicolas, Nishio (eds.), Kyoto, 1989

[4] Balzert H.: Objektorientierte Software-Entwicklung. Beitrag zur Fachkonferenz *Objektorientierung*, Institute for International Research, Köln, 1993

[5] Booch G.: Object-Oriented Analysis and Design with Applications. The Benjamin/ Cummings Publishing Company, Inc., Second Edition (1994), ISBN 0-8053-5340-2

[6] Coad P., Yourdon E.: Object-Oriented Analysis. Prentice Hall, 1990, ISBN 0-13-629122-8

[7] Committee for Advanced DBMS Functionality: Third-generation database system manifesto. ACM SIGMOD Record 19 (1990)

[8] Cox B.J.: Object-Oriented Programming, An Evolutionary Approach. Addison-Wesley Publishing Company, 1987, ISBN 0-201-10393-1

[9] Daenzer W.F.: Systems Engineering. Verlag "Industrielle Organisation", Zürich 1976/77

[10] Denert E.: Software-Engineering. Springer-Verlag, 1991, ISBN 3-540-53404-0 und ISBN 0-387-53404-0

[11] Dittrich K.: Objektorientierte Datenbanksysteme: Konzepte, Nutzen und Positionierung. In: Wirtschaftsinformatik in Forschung und Praxis, Hrsg. Curth M., Lebsanft E., Carl Hanser Verlag München, 1992

[12] Dittrich K.: Objektorientierte Datenbanksysteme. Fachseminar "Datenorganisation", Oracle Institut, München, 1994

[13] Gibson E.: Objects - Born and Bred. In: Byte Vol. 15, Nr. 10, October 1990

[14] Harmon P., Taylor D.A.: Objects in action: commercial applications of object-oriented. Addison-Wesley, ISBN 0-201-63336-1

[15] Heuer A.: Objektorientierte Datenbanken, Konzepte, Modelle, Systeme. Addison-Wesley, 1992, ISBN 3-89319-315-4

[16] IBM: Object-Oriented Interface Design. Published by Que Corporation, 1992, ISBN 1-56529-170-0

[17] Kilberth K., Gryczan G., Züllighoven H.: Objektorientierte Anwendungsentwicklung, Konzepte, Strategien, Erfahrungen. Vieweg, 1993, ISBN 3-528-05346-1

[18] Martin J., Odell J.J.: Object-Oriented Analaysis & Design. Prentice Hall, 1992, ISBN 0-13-630245-9

[19] Marty R.: Von der Subroutinentechnik zu Klassenhierarchien - Eine schrittweise Hinführung zu objektorientierter Programmierung. Institut für Informatik, Universität Zürich-Irchel, 1988

[20] Meyer B.: Object-Oriented Software Construction. Prentice Hall, 1988, ISBN 0-13- 629031-0

[21] Quibeldey-Cirkel K.: Das Objekt-Paradigma in der Informatik. B.G. Teubner, Stuttgart, 1994

[22] Rubin K., Goldberg A.: Object Behavior Analysis. In: Communications of the ACM, September 1992, Vol. 35, No. 9

[23] Rumbaugh J., Blaha M., Premerlani W., Eddy F., Lorensen W.: Object-Oriented Modeling and Design. Prentice Hall, Inc., 1991, ISBN 0-13-629841-9

[24] Schaeffer M., Bachmann A. (Hrsg.): Neues Bewusstsein - neues Leben (Bausteine für eine menschliche Welt). Wilhelm Heyne Verlag, München, 1988

[25] Soley R. (Hrsg.): Object Managament Group: Common Object Request Broker Architecture and Specification. Framingham, Mass., 1992

[26] Stepp R., Michalski R.: Conceptual Clustering of Structured Objects: A Goal-Oriented Approach. Artificial Intelligence vol. 28(1), 1986

[27] Stoyan H.: Objektorientierte Systementwicklung. Handbuch der modernen Datenverarbeitung, Heft 145, Januar 1989, ISSN 0723-5208

[28] Taylor D.A.: Objektorientierte Technologien, Ein Leitfaden für Manager. Addison- Wesley, 1992, ISBN 3-89319-436-3

[29] Taylor D.A.: Object-Oriented Information Systems, Planning and Implementation. John Wiley & Sons, Inc., 1992, ISBN 0-471-54364-0

[30] Vetter M.: Aufbau betrieblicher Informationssysteme mittels objektorientierter, konzeptioneller Datenmodellierung. 7., neubearbeitete und erweiterte Auflage, B.G. Teubner, Stuttgart, 1991, ISBN 3-519-12495-5

[31] Vetter M.: Strategie der Anwendungssoftware-Entwicklung (Methoden, Techniken, Tools einer ganzheitlichen, objektorientierten Vorgehensweise). 3., neubearbeitete und erweiterte Auflage, B.G. Teubner, Stuttgart, 1993, ISBN 3-519-22489-5

[32] Vetter M.: Global denken, lokal handeln in der Informatik (10 Gebote eines ganzheitlichen, objektorientierten Informatik-Einsatzes). B.G. Teubner, Stuttgart, 1994, ISBN 3-519-02188-9

[33] Vetter M.: Informationssysteme in der Unternehmung (Eine Einführung in die Datenmodellierung und Anwendungsentwicklung). 2., überarbeitete Auflage, B.G. Teubner, Stuttgart, 1994, ISBN 3-519-12181-6

[34] Wegner P.: The Object-Oriented Classification Paradigm. In: Research Directions in Object-Oriented Programming. Ed. Schriver B., Wegner P., Cambridge, MA: The MIT Press

[35] Winblad A.L., Edwards S.D., King D.R.: Object-Oriented Software. Addison-Wesley, 1990, ISBN 0-201-50736-6

[36] Wirfs-Brock R., Wilkerson B., Wiener L.: Objektorientiertes Software-Design, Hanser, 1993, ISBN 3-446-16319-0

[37] Zehnder C.A.: Informatik-Projektentwicklung. B.G. Teubner, 1986

[38] Zehnder C.A.: Die Informatik der 90er Jahre: Informationsnetz statt Routineverarbeitung. "Output" Nr. 7, 1988

Stichwortverzeichnis

A

B

C

H

I

K

L

M

N

O

P

R

S

T

U

V

W

Z